山东省自然科学基金项目资助(项目号 ZR2016DM03)

GAOGUANGPU YAOGAN YUANLI YU FANGFA

高光谱遥感原理与方法

李西灿　朱西存　编著

化学工业出版社

·北京·

本书主要内容包括：高光谱遥感的概念、特点、数据表达及其发展概况；高光谱遥感机理和光谱仪；地物光谱数据获取与预处理；地物光谱分析与特征提取；高光谱定量估测建模技术；高光谱遥感技术的应用。

本书力求系统完整、便于自学，突出新方法、新技术和实用性，可作为普通高等学校研究生、本科生测绘课程的教材，也可作为工程技术人员的参考书。

图书在版编目（CIP）数据

高光谱遥感原理与方法／李西灿，朱西存编著. —
北京：化学工业出版社，2019.6（2023.2重印）
ISBN 978-7-122-34144-0

Ⅰ.①高⋯　Ⅱ.①李⋯　②朱⋯　Ⅲ.①遥感图像—图
象处理　Ⅳ.①TP751

中国版本图书馆CIP数据核字（2019）第052914号

责任编辑：王文峡　　　　　　　　　　　文字编辑：李　瑾
责任校对：杜杏然　　　　　　　　　　　装帧设计：王晓宇

出版发行：化学工业出版社（北京市东城区青年湖南街13号　邮政编码100011）
印　　装：北京机工印刷厂有限公司
787mm×1092mm　1/16　印张11　字数265千字　2023年2月北京第1版第2次印刷

购书咨询：010-64518888　　　　　　　　　售后服务：010-64518899
网　　址：http://www.cip.com.cn
凡购买本书，如有缺损质量问题，本社销售中心负责调换。

定　　价：42.00元

前言
Preface

　　高光谱遥感技术是20世纪80年代初出现的新型对地观测综合技术,现已成为地物识别、地球环境动态变化监测、遥感定量反演等遥感应用的前沿技术之一。因其具有光谱分辨率高、波段窄而多、图谱合一、信息丰富等特点,使本来在宽波段遥感中不可探测的物质,在高光谱遥感中能被探测。目前高光谱遥感已在地质调查、植被监测、精细农业、土壤养分监测、环境质量监测、农产品质量检测以及在医学医药、化学化工和国防安全等领域得到广泛应用。

　　遥感传感器研发、高光谱遥感理论研究和数据挖掘应用是高光谱遥感技术发展的三个重要环节。近年来,国内外实用化的高光谱遥感载荷研制步伐大大加快,高光谱遥感技术理论研究和应用也得到了快速发展,在各领域的应用成果不断涌现。目前越来越多的科技工作者参与高光谱遥感技术研究和应用,又极大推进了高光谱遥感技术的发展。本书编写以高光谱遥感信息获取、处理、建模和应用为主线,并结合作者多年来的教学经验和研究成果,以满足广大科技工作者学习、研究和应用高光谱遥感技术的需求。

　　本书主要内容包括:高光谱遥感的概念、特点、数据表达及其发展概况;高光谱遥感机理和光谱仪;地物光谱数据获取与预处理;地物光谱分析与特征提取;高光谱定量估测建模技术;高光谱遥感技术在植被监测、精细农业等方面的应用。本书力求系统完整、便于自学,突出新方法、新技术和实用性,可作为普通高等教育研究生、本科生的教材,也可作为工程技术人员的参考书。

　　本书共分6章,其中朱西存执笔第1~第3章,李西灿执笔第4~第6章。本书由李西灿总体策划和统一定稿。本书编著参阅了大量已出版与发表的著作、教材和论文,引用了许多高光谱遥感技术的应用实例,在此谨向各位作者表示诚挚的谢意!感谢化学工业出版社所做的辛勤工作!

　　由于编者水平有限,书中疏漏之处在所难免,敬请读者批评指正。

编　者

2019 年 2 月

目录

Contents

第 **1** 章

绪　　论

001 ─────────

第 **2** 章

高光谱遥感机理和光谱仪

009 ─────────

第 3 章
地物光谱数据获取与预处理
038 ————————

第 **4** 章

**地 物 光 谱 分 析 与 特 征
提取**

060 ————————

第 5 章
高光谱定量估测建模技术

100 ———

第 **6** 章
高光谱遥感技术的应用
143 ————

第1章 绪 论

本章主要介绍高光谱遥感的概念、特点和数据表达方式,以及高光谱遥感的发展概况。

1.1 高光谱遥感的概念

遥感(remote sensing, RS)是 20 世纪 60 年代发展起来的对地观测综合性技术。它是运用现代光学、电子学探测仪器,在不与目标物相接触的情况下,从远距离把目标物的电磁波特性记录下来,通过分析、解译,来揭示目标物本身的特征、性质及其变化规律。因其具有大面积的同步观测、时效性、数据的综合性和可比性强、经济效益和社会效益高等特点,在农业、林业、地质、海洋、气象、水文、军事、环保等领域得到了广泛应用。

遥感的发展经历了由从全色(黑白)、彩色摄影到多光谱扫描成像之后,随着 20 世纪 80 年代成像光谱技术的出现,遥感进入了高光谱遥感(hyperspectral remote sensing)阶段。高光谱遥感是高光谱分辨率遥感的简称,其光谱分辨率为纳米级。高光谱遥感技术把遥感波段从几个、几十个推向数百个、上千个,使得高光谱遥感数据每个像元可以提供几乎连续的地物光谱曲线,如图 1-1 所示,将表征地物属性特征的光谱信息与表征地物几何位置关系的空间信息有机结合起来,使得地物的精准定量分析与细节提取成为可能。

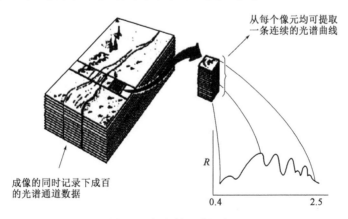

图 1-1　高光谱遥感示意图

高光谱遥感是指利用很多很窄的电磁波波段(通常小于 10nm),从感兴趣的物体获取有关数据,利用"图谱合一"的特点,研究地表物质的成分、含量、存在状态和动态变化与光谱反射率之间的对应关系的科学。高光谱遥感研究的光谱波长范围包括:可见光、近红外(VIS-

NIR)、短波红外(SWIR)、中热红外(MIR)和热红外波段(MIR-TIR)。

高光谱遥感是建立在航空航天、传感器、计算机等技术上的一门新兴的交叉学科,涉及电磁波理论、光谱学与色度学、物理/几何光学、固体理论、电子工程、信息学、地理学、地质学、大气科学、林学、农学、海洋学等多门学科。其中电磁波理论是遥感最重要的物理基础,电磁波与(地表)物质的相互作用机理、电磁波在不同介质中的传输模型和对其进行接收、分析是凝聚各门学科和技术的核心。高光谱遥感已成为国际遥感技术研究的热门课题和光电遥感的最主要手段。

1.2　高光谱遥感的特点

高光谱遥感具有不同于传统遥感的新特点,主要表现在以下方面。

① 波段多,可以为每个像元提供几十、数百甚至上千个波段。将图像上每个像元的灰度值按波长排列,可以得到一条波谱曲线,如果再加上时间维,每一个像元就可以定义为一个波谱曲面。

② 光谱分辨率高,光谱范围窄,一般小于10nm。

③ 波段连续,有些传感器可以在350~2500nm的太阳光谱范围内,提供几乎连续的地物光谱。

④ 数据量大,随着波段数的增加,数据量呈指数增加。

⑤ 信息冗余增加,由于相邻波段高度相关,信息冗余也相对增加。

因此,一些针对传统遥感数据的图像处理算法和技术,如特征选择与提取、图像分类等技术面临挑战,而用于特征提取的主分量分析方法、用于分类的最大似然法、用于求植被指数的归一化指数算法等,不能简单地直接应用于高光谱数据。

高光谱遥感信息的分析与处理,侧重于从光谱维的角度对遥感图像信息进行展开和定量分析,其图像处理模式的关键技术如下。

① 超多维光谱图像信息的显示,如图像立方体的生成。

② 光谱重建,即通过成像光谱数据的定标、定量化并基于大气纠正的模型与算法,实现成像光谱信息的图像-光谱转换。

③ 光谱编码,尤其指光谱吸收位置、深度、对称性等光谱特征参数的算法。

④ 基于光谱数据库的地物光谱匹配识别算法。

⑤ 混合光谱分解模型。

⑥ 基于光谱模型的地表生物物理化学过程与参数的识别和反演算法。

1.3　高光谱数据表达方式

1.3.1　图像立方体

高光谱遥感是将成像技术和光谱技术相结合的多维信息获取技术。高光谱遥感能够同时获取目标区域的二维几何空间信息与一维光谱信息,因此高光谱数据具有"图像立方体"的形式和结构,如图1-2所示,其图像空间用于表述地物的空间分布,而光谱空间则用于表述每个像素的光谱属性,体现出"图谱合一"的特点和优势。

成像光谱技术集成像与光谱于一体,它以纳米级超高光谱分辨率,几十至数百个波段对地物同时成像,在获得地面二维空间图像信息的同时,还获取地物的连续光谱信息。

光谱图像立方体,其获取的数据形成一个三维数据集,可表达成数据立方体的形式,(X,Y)维组成图像所覆盖的地面空间,第三维为光谱维,由光谱空间的若干波段组成。对光谱图像立方体作多维切面,可得到不同类型的光谱特征,如任意像元点处的光谱特征、任意空间剖面线上某一光谱区间的光谱变化、光谱维上任意波段的空间图像等。这样既可以在空间切面上依据图像特征对地物做图像分析和鉴别,又可在光谱维上依据光谱特征对地物做光谱特征分析,直接识别地物的种类、组分和含量。

图1-2 光谱图像立方体

成像光谱图像相对于其他遥感图像的主要优势是它除了拥有二维的平面图像外,还包含了光谱维,从而蕴涵了丰富的图像及光谱信息。但是如何表达这些信息,就成为成像光谱应用中的一个重要问题。人们希望能尽量把这些信息转化为可视的图像,这样既可以给用户以直观、形象的认识,也可以发挥人眼对图像的细节分辨能力及对图像的总体特征的概括能力,更好地进行数据分析。

在通常二维图像信息的基础上添加光谱维,就可以形成三维的坐标空间。如果把成像光谱图像的每个波段数据都看成是一个层面,将成像光谱数据整体表达到该坐标空间,就会形成一个拥有多个层面、按波段顺序迭合构成的数据(图像)立方体。由于在现实中只有二维显示设备,因而需要利用人眼的特性,将三维的图形图像信息通过视图变换的方法显示到二维设备上,以达到三维的视觉效果。

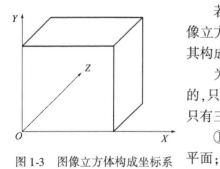

图1-3 图像立方体构成坐标系

若设图像灰度值为 DN,则可以简单定义构成成像光谱图像立方体的三维:空间方向维 X,空间方向维 Y,光谱波段维 Z,其构成坐标系如图1-3所示。

为了简化处理,假设图像立方体的各个层面是"不透明"的,只能看到立方体的表面。图像立方体共有六个表面,最多只有三个可以同时看见。这六个表面又可分成两类:

①空间直线 X 与空间直线 Y 决定的空间平面,即 OXY 平面;

②空间维与波段维构成的平面,即 OXZ,OYZ 平面。

其中,OXY 平面的图像与传统的图像是相同的。它可以是黑白灰度图像,反映某一个波段的信息;或者是三个波段的彩色合成图像,表达三个波段的合成信息,这时三个波段可以根据需要任意选择以突出某方面的信息。

OXZ,OYZ 平面的图像则与传统图像不尽相同,它反映的不是地物特征的二维空间分布,而是某一条直线上的地物光谱信息。从直观上说,是成像光谱数据立方体在光谱维上的切面。因为图像立方体是"不透明"的,不能看见立方体内部,所以在系统实现时可以增加选择功能,由用户任意选择立方体内部的任意切面来显示。

成像光谱切面是一单色平面,该切面数据反映了各波段的辐射能量,不能显示出图像的光谱特征。考虑到人对彩色的敏感程度更高,采用密度分割的方法,给各灰度级赋予不同的色彩值,可将光谱切面的灰度图转换成彩色图,再用一个256级的彩色转化表来完成 DN 值到彩色的转换。为了使彩色值有尽量大的动态范围,可以在彩色表中尽量均匀地分布红(R)、绿(G)、蓝(B)三色的取值范围。彩色表如下:

设彩色表的第 i 项为 $R(i)$、$G(i)$、$B(i)$,则有

$R(i) = i \times 3, G(i) = B(i) = 0, i = 0, 1, \cdots, 85$

$R(i) = 0, G(i) = (i - 86) \times 3, B(i) = 0, i = 86, 87, \cdots, 172$

$R(i) = 225, B(i) = (i - 173) \times 3, G(i) = 0, i = 173, 174, \cdots, 225$

为更好地显示出光谱的吸收特征,必须将光谱切面数据进行相对反射率转换,即将 DN 值转换为相对反射率值 r,即 $DN(i,j,b) \rightarrow r(i,j,b)$;再对 r 做包络线消除,得 r' 的取值范围为 $0 \sim 1.0$;为了显示的需要,将 r' 线性拉伸到 $0 \sim 255$,得到 r'',即 $r''(i,j,b) \rightarrow 225r'(i,j,b)$。

显示 $r''(i,j,b)$ 能够直接反映出光谱的吸收特征。

1.3.2　光谱曲线

对于某一点的光谱特征最直观的表达方式就是二维的光谱曲线。如果已知某一点的反射率数据为 $r(i)$,i 为光谱的波段序号,对应每一波段有光谱的波长数据 $\lambda(i)$,$i = 1, \cdots, N$。用直角坐标系表示光谱数据,横轴表示波长,纵轴表示反射率,则光谱的吸收特征可以从曲线的极小值获得。在显示曲线时,必须将波段序号转换到光谱波长值,映射到水平轴上。如图1-4所示。

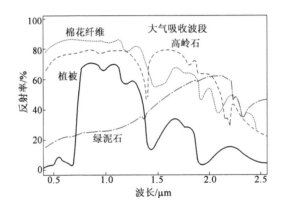

图1-4　地物光谱曲线

由于成像光谱图像的波段数有限,光谱曲线只是一些离散的样点,通过这些样点再现光谱曲线需进行插值。最简单也最常用的插值方法是线性插值,即用折线连接样点构成光谱曲线。然而,这样连成的曲线不够光滑,特别是在波段数较少时尤为明显,如果要获得光滑的曲线就要采用三次样条插值或其他方法。

1.3.3　光谱曲面

二维光谱图只能表示某一像元地物的特征,反映的信息量较少,不利于对整个成像光谱、图像光谱特征的整体表达。为了同时表达出更多的光谱信息,选取一簇光谱曲线,构成三维空间的曲面,用投影方式显示在二维平面上,形成三维光谱曲面图。

三维光谱曲面用一般函数表示为:

$$r = f(x, \lambda) \tag{1-1}$$

式中 x——空间轴,例如沿扫描线方向或飞行方向;

$\quad\quad\lambda$——波长轴,对应于图像的波段;

$\quad\quad r$——反射率,可用 DN 值经反射率转换获得。

实际上 f 不是一个连续函数,只知道光谱曲面上的一些离散的点,即光谱曲面上的一些网格点,可用简单的线性插值法计算曲面上网格点以外的点。

在显示光谱曲面时,用直线段连接相邻的网格点就可以表达出光谱曲面的形状。为了在二维显示设备上表达三维的光谱曲面图,还需进行二维视图变换以及隐藏线、隐藏面消除等处理。

1.4 高光谱遥感的发展概况

1.4.1 高光谱遥感的仪器研制

1983 年,世界上第一台成像光谱仪 AIS-1(aero imaging spectrometer-1)在美国喷气推进实验室研制成功,并在矿物填图、植被、化学等方面的应用中取得了成功,显示了成像光谱仪的巨大潜力。此后,先后研制的航空成像光谱仪有美国的机载可见光红外成像光谱仪(AVIRIS)、加拿大的荧光线成像光谱仪(FLI)和在此基础上发展的小型机载成像光谱仪(AIS)、美国 Deadalus 公司的 MIVIS、美国 GER 公司的 79 波段机载成像光谱仪(DAIS-7915)、芬兰的机载多用成像光谱仪(DAISA)、德国的反射式成像光谱仪(ROSIS-10 和 ROSIS-22)、美国海军研究所实验室的超光谱数字图像采集试验仪(HYDICE)等。其中,AVIRIS 的影响最大,是一台具有革命性意义的成像光谱仪,极大地推动了高光谱遥感技术及其应用的发展。

近年来,世界上一些有条件的国家竞相投入到成像光谱仪的研制和应用中来。而在航空高光谱成像仪的家族中,新的成员仍不断崭露头角。这些高光谱系统均基于新一代技术成就之上,因而在稳定性、探测效率及综合技术性能方面均有很大提高。其中,具有代表性的有澳大利亚的 HyMap、美国的 Probe、加拿大 ITRES 公司的系列产品以及美国 GER 公司为德士古(TEXACO)石油公司专门研制的 TEEMS 系统等。

中国成像光谱仪的发展也取得了长足的进步。研制的专题应用扫描仪有红外与紫外(IR/UV)扫描仪,可见光、中红外与红外(VIS/MIR/IR)三波段扫描仪;71 波段模块化航空成像光谱仪 MAIS;224 波段推扫式高光谱成像仪 PHI;128 波段的机载实用型模块化成像光谱仪 OMIS;中分辨率成像光谱仪 CMODIS;HJ-1-A 搭载的超成像光谱仪 HIS 等。

1.4.2 高光谱数据的分析技术

常见的高光谱数据的分析技术主要包括以下 6 个方面。

(1)光谱微分分析技术

光谱微分分析技术包括对反射光谱进行数学模拟和计算不同阶数的微分值,以迅速地确定光谱弯曲点及最大最小反射率的波长位置。光谱的一阶、二阶和高阶微分可以消除背景噪声、分辨重叠光谱。

光谱微分分析技术主要用来消除大气的影响,如程辐射(路径辐射)、大气透过率和太阳辐照度随波长的变化量等。通过对初始光谱微分,使这些量的影响趋于零,从而可以消除或抑制它们对光谱带来的影响。

光谱微分分析技术可以用来提取植被生物化学成分信息。光谱微分除整数阶微分外,还可采用分数阶微分计算。

（2）光谱匹配技术

光谱匹配技术是对地物光谱和实验室测量的参考光谱进行匹配或地物光谱与参考光谱数据库比较,求得它们之间的相似性或差异性,以达到识别的目的。光谱匹配是遥感影像识别地物的一种方法,通过研究两个光谱曲线的相似度来判断地物的归属类别。两种光谱曲线的相似性常用计算的交叉相关系数及绘制交叉相关曲线图来确定。有时也采用编码匹配技术粗略识别岩石矿物的光谱。常用方法有以下几种。

① 二值编码匹配。

② 光谱角度匹配（spectral angle match,SAM）:通过计算一个测量光谱（像元光谱）与一个参考光谱之间的"角度"来确定它们两者之间的相似性。

③ 交叉相关光谱匹配:通过计算一个测试光谱（像元光谱）和一个参考光谱（实验室或像元光谱）在不同的匹配位置的相关系数,来判断两光谱之间的相似程度。测试光谱和参考光谱在每个匹配位置（假设有 m 个波段）的交叉相关系数等于两光谱之间的协方差除以它们各自方差的积。

④ 聚类分析技术。

（3）混合光谱分解技术

混合像元分解指从实际光谱数据（一般为多地物光谱混合的数据）中提取各种地物成分（端元）以及各成分所占的比例（丰度）的方法。端元提取和丰度估计是混合像元分解的两个重要的过程。传统的混合像元分解方法,常用的有纯净像元指数法（pixel purity index,PPI）、N-FINDR、凸锥分析法（convex cone analysis,CCA）、顶点组分分析法（vertex component analysis,VAC）、最小二乘法等。

（4）光谱分类技术

光谱分类技术在高光谱遥感中是有效的识别方法之一。光谱分类技术常用的方法有最大似然法（MLC）、人工神经元网络法（ANN）和高光谱角度制图法（spectral angle masppwe,SAM）。

（5）光谱维特征提取技术

特征提取是指对原始的光谱空间特征进行重新组合和优化,提取出最适合当前应用需求的新特征。因为高光谱数据具有波段多、波段间相关性高及数据冗余度高等特点,所以对高光谱遥感数据的特征提取具有特殊意义。遥感图像特征提取包含的内容非常广泛,提取方法也很多,光谱维特征提取和空间维特征提取是表现图像特征提取的两种主要方法。

特征是对象所表现出来的各种属性与特点。在遥感图像分析中,特征提取可以从两个意义上来实施:一种是按照一定的准则直接从原始空间中选出一个子集（即子空间）,实践中的波段选择即属于此类;另一类是在原始特征空间和新特征空间之间找到某种映射关系 $P,P:X \rightarrow Y$,将原始特征空间 $X=\{x_1,x_2,\cdots,x_n\}$ 映射到维数降低了的特征空间 Y 中去, $Y=\{y_1,y_2,\cdots,y_m\}$, $m<n$。对于用于分类目的的特征提取,好的特征提取方法能使同类物质样本的分布具有密集性,即类内具有较好的紧致性,而不同类物质的样本在特征空间中能够隔离分布,即类间具有较好的分离性,从而为进一步分类打下良好的基础。

（6）模型方法

模型方法包括基于矿物和岩石的散射和吸收光光谱性质模拟反射光谱的各种模型方法。因为成像光谱测量数据可以提供连续的光谱抽样信息以产生细微的光谱特征,故这种模型方法可以是确定性的而不是统计性的方法。高斯改进模型(MGM)是最近几年为分析反射光谱而发展起来的一种分析技术。这种分析技术与其他曲线拟合模型相比,算法上有扎实的理论基础,因而能提供更有效更可靠的分析结果。

1.4.3 高光谱遥感的应用

由于高光谱图像具有很高的光谱分辨率,因而能够提供更为丰富的地物细节,有利于地物的物理化学特性反演。高光谱遥感已经在各方面显示出巨大的应用潜力,已受到国内外专家学者的广泛关注,今后必将在以下诸多领域发挥越来越重要的作用。

(1)海洋遥感

由于中分辨率成像光谱仪具有光谱覆盖范围广、分辨率高和波段多等许多优点,因此已成为海洋水色、水温的有效探测工具。它不仅可用于海水中叶绿素浓度、悬浮泥沙含量、某些污染物和表层水温的探测,也可用于海水、海岸带等的探测。

由于海洋光谱特征是海洋遥感的一项重要研究内容,各国在发射海洋遥感卫星前后都开展了海洋波谱特征的研究,包括大量的海洋光谱特征测量研究。早期的海洋遥感应用,所使用的传感器波段少,已满足不了现代定量遥感应用研究的需要。随着中分辨率成像光谱仪的应用,不仅促进了高维数据分析方法的研究,也将促进海洋高光谱特性研究的发展。它可以使人们更准确地了解海洋光谱结构,识别在海水中不同物质成分的光谱特征,掌握近岸水域光学参数的分布、变化规律,为海洋遥感应用和海洋光学遥感器的评价提供可靠的依据。

① 赤潮监测。陆源污染物大量排入海,造成海水的富营养化,在一定的水温、盐度条件下,引起海水表面浮游生物的大量繁殖和聚集,从而引发赤潮。赤潮水体与正常海水的光谱都包含两个反射峰(570~590nm、680~720nm)和一个吸收峰(650~670nm),分析成像光谱数据,可以排除大气干扰,区分和探测特定藻类的色素,识别赤潮生物优势物种,对海洋灾害(如赤潮、海面溢油、河口污染等)进行监测。已有实验结果表明,成像光谱技术在海洋灾害和环境监测等方面具有广泛的应用前景。

② 绿潮监测。自2007年以来,黄海海域每年都会发生绿潮灾害,2008年青岛爆发的绿潮灾害更是严重影响了第29届国际帆船赛的顺利进行。绿潮的大规模爆发会遮挡阳光,消耗海水中的氧气、阻塞海上航道、导致水体恶化,还会影响观光旅游业、造成环境次生灾害等,导致一系列生态问题。王宁等(2013)以MODIS光学影像,利用两个阈值的方法对绿潮覆盖面积进行提取;辛蕾等(2014)以空间分比率30m的环境卫星数据提取的覆盖面积为“真值”,建立与MODIS混合像元分解所提取覆盖面积相关的模型,为绿潮监测提供了技术参考。

(2)植被研究

植被中的非光合作用组分用传统宽带光谱无法测量,而用高光谱对植被组分中的非光合作用组分进行测量和分离则较容易实现。因此,可以通过高光谱遥感定量分析植被冠层的化学成分,监测由于大气和环境变化引起的植物功能的变化。植被应用方面还有许多成功的实例,如作物类型识别、森林树种识别、植被荒漠化研究、植被水分含量、植被光合色素、植物碳氮比、植被氮磷钾含量等。

(3)精准农业

土壤的水分含量、有机质含量、土壤粗糙度等特性是精准农业中重要的信息,而传统遥感技术无法提供这些信息。高光谱遥感凭借其极高的光谱分辨率为精细农业的发展提供了技术保障和数据来源。高光谱遥感应用于精准农业已经有许多成功的例子,如刘卫东(2002)利用高光谱提取了土壤信息。利用高光谱遥感技术,可以快速精确地获取作物生长状态及环境胁迫下的各种信息,从而相应调整投入物质的施入量,达到减少浪费、增加产量、保护农业资源和环境质量的目的。高光谱遥感是未来精准农业和农业可持续发展的重要手段(张良培,2011)。赵春江等(2001,2002a,2002b,2003a,2003b)对不同品种、水肥条件下的冬小麦作了专项研究,研究了光谱红边位置与叶面积指数、叶绿素、叶片氮含量的关系,分析了水、氮肥条件变化对不同生长阶段小麦的影响,尤其是对小麦籽粒中蛋白质的影响,利用红边振幅推算叶片全氮含量或叶绿素总量,探索预测小麦粗蛋白含量的方法,在小麦按质收购方面具有应用价值。刘云良等(2004)应用高光谱数据反演小麦的生化组分,诊断小麦的营养状况,也为精细农业研究奠定了基础。张凤丽等开展环青草湖草场生态质量监测研究,系统分析了天然和人工草场的最佳分类时相、最佳分类方法以及最佳波段。

(4)地质调查

地质是高光谱遥感应用中最成功的一个领域。例如,利用航空高光谱数据进行地质填图和岩石鉴别,可以识别出地表不同矿物质的诊断特性。因为一般矿物质的光谱吸收峰宽度为30nm左右,只有利用光谱分辨率小于30nm的传感器才能够识别出来。高光谱遥感已经在地质领域扮演着重要角色。王青华等仔细分析了用国产光谱仪MAIS获取的河北省张家口地区的高光谱遥感数据,指出可以借助高光谱丰富的光谱信息,依据实测的岩石矿物波谱特征,对不同岩石类型进行直接识别,达到直接提取岩性的目的。

(5)大气与环境遥感

大气中的分子和粒子成分在太阳反射光谱中有强烈反应,这些成分包括水汽、二氧化碳、氧气、云和气溶胶等。常规宽波段遥感方法无法识别出由于大气成分的变化而引起的光谱差异,高光谱由于波段很窄,因此能够识别出光谱曲线的细微差异。

(6)城市下垫面特征与环境研究

由于人类活动,城市下垫面特征与环境显得异常复杂,同物异谱、同谱异物及混合像元现象也非常严重;而高光谱遥感的发展使得人们有能力对城市地物的光谱特性进行深入研究,可以通过对高光谱数据进行处理,得到城市地物的光谱成分,为城市遥感分析及制图提供基础。

(7)军事侦察与识别伪装

根据目标光谱与伪装材料光谱特征的不同,利用高光谱技术可以从伪装的物体中自动发现目标。在调查武器生产方面,超光谱成像光谱仪不但可探测目标的光谱特性、存在状况,甚至可以分析其物质成分。根据工厂产生烟雾的光谱特性,直接识别其物质成分,从而可以判定工厂生产武器的种类,特别是攻击性武器。

(8)其他方面

诸如自然灾害监测、林业遥感、宇宙和天文学等领域,高光谱遥感都有着广阔的应用前景。随着科学技术的不断进步,高光谱遥感的应用领域将会进一步拓宽,在各个领域的影响也会进一步扩大。

第 2 章　高光谱遥感机理和光谱仪

本章主要介绍高光谱遥感物理基础的基本知识、高光谱非成像光谱仪、高光谱遥感机理和成像光谱系统。

2.1　高光谱遥感物理基础

2.1.1　电磁波与电磁辐射

自然界的所有物体在温度高于0K时都会发射电磁辐射,也会吸收、反射其他物体发射的辐射。遥感技术就是准确接收、记录电磁波与物质间的这种相互作用随波长大小的变化,通过反映出的作用差异,提供丰富的地物信息,这种信息是由地物的宏观(形态)特性和微观(分子级)特性共同决定的。遥感之所以能够根据接收到的电磁波信号来判断地物目标和自然现象,是因为一切物体由于其种类、特征和环境条件的不同,而具有完全不同的电磁波的发射或者反射辐射特征。

(1)电磁波

根据麦克斯韦的电磁场理论,变化的电场在其周围产生变化的磁场,而变化的磁场又在其周围产生变化的电场。变化的电磁场在空间以一定的速度传播就形成了电磁波。电磁波的波段范围很广,但其本质上是相似的,都遵循基本的波动理论,只是由于频率(波长)的不同而显示出不同的特性。电磁波包括无线电波、微波、红外线、可见光、紫外线、X射线、γ射线等。

不同的电磁波由不同的波源产生。如果按照电磁波在真空中传播的波长或频率递增或递减顺序排列,则构成电磁波谱,如图2-1所示。

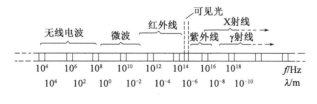

图 2-1　电磁波谱

电磁波是地物信息的载体,其产生机制有电子能级的跃迁、电荷的加速、物质的放射性衰变以及原子和分子的热运动等方式。地球上的电磁波主要来自太阳,太阳内部的核反应产生了不同波长或频率的电磁波,把电磁波按波长或频率的顺序排列起来,便构成了电磁波谱。当来自太阳的电磁波穿过大气层到达地面时,一部分被大气吸收和散射,一部分被地表反射,一部分被地物吸收。

电磁波具有波粒二相性,即波动性和粒子性。这里主要讨论波动性。

单色光的波动性可用波函数来描述,通常电磁波有三个属性参数:

① 波长:波长是指相邻波峰之间的距离。尽管部分电磁波的波长非常短,相应地需要微小的测量单位,但仍然可用日常长度单位来衡量,如米(m)、厘米(cm)、毫米(mm)、微米(μm)、纳米(nm)。

② 频率:频率是指单位时间内通过某固定点的波数。频率的单位通常为赫兹(Hz)。

③ 振幅:振幅是振动的物理量偏离平衡位置的最大值。振幅常用能量级别(正式术语为光谱辐照度)来衡量。

电磁波的传播速度(c)是个常数,为299893km/s。频率(v)和波长(λ)的关系有$c = \lambda v$,因此电磁波的特征可以用频率或波长来表征。在不同的学科和应用领域中,视情况选择波长(单位常用埃、微米、纳米、毫米等)或频率(单位常用赫、千赫、兆赫等)来描述电磁辐射。虽然没有统一的使用标准,但在遥感应用中通常用微米、毫米等长度单位划分波段。

电磁波的波动性形成了波的干涉、衍射和偏振等现象。

① 干涉:当两个(或两个以上)频率、振动方向相同,相位相同或相位差恒定的电磁波在空间叠加时,合成波的振幅为各波振幅的矢量和。因此会出现叠加区域某些地方振动加强、某些地方振动减弱甚至完全抵消的现象,这就是波的干涉。一般来讲,单色波都是相干波。取得时间和空间相干波对于利用干涉进行距离测量是相当重要的。激光就是相干波,是光波测距的理想光源。微波遥感中的雷达也应用了干涉原理实现成像,在其影像上往往会出现颗粒或斑点状的特征,这是一般非相干的可见光影像所没有的,因而,对微波遥感的判读意义重大。

② 衍射:光通过有限大小的障碍物时偏离直线路径的现象称为光的衍射。从夫朗和费衍射装置的单缝衍射实验中可以看到:入射光垂直于单缝所形成的单缝衍射实验图样中,中间有特别明亮的条纹,两侧对称地排列着一些亮度逐渐减弱的条纹。如果单缝变成小孔,由于小孔衍射,在屏幕中心会形成一个亮斑,其周围还有逐渐减弱的明暗相间的环状条纹。一个物体通过物镜成像,实际上就是物体各点发出的光线在屏幕上形成的亮斑组合而成的。研究电磁波的衍射现象对设计遥感器和提高遥感图像的几何分辨率有重要的意义。另外,在数字图像的处理中也要考虑衍射现象。

③ 偏振:电磁波有偏振、部分偏振和非偏振波,许多散射光、反射光、透射光都是部分偏振光。偏振在微波技术中称为"极化"。遥感技术中的偏振摄影和雷达成像就是利用了电磁波的偏振特性。

(2)电磁辐射的度量

对于电磁辐射的定量度量形成了若干基本量,根据测定方式的不同分为辐射测量(radiometry)和光度测量(photometry)。其中,辐射测量是以γ射线到无线电波整个波长范围为对象的测定;光度测量则是对引起人类视觉感应的波段的测定。辐射测量的主要基本量包括以下几种。

① 辐射能量(radiant energy,W):以电磁波形式向外传送的能量,单位为J(焦耳)。

② 辐射通量(radiant flux,Φ):又称辐射功率,指单位时间内向外传送的辐射能量,$\Phi = dW/(dt)$,单位为W(瓦),即J/s(焦耳/秒),t为时间;辐射通量是波长的函数,总辐射通量是各谱段辐射通量之和或辐射通量的积分值。

③ 辐射通量密度(radiant flux density, E):单位时间内通过单位面积的辐射能量, $E = \mathrm{d}\Phi/(\mathrm{d}S)$,单位为 $\mathrm{W/m^2}$, S 为面积。

④ 辐射强度(radiant intensity, I_e):在单位立体角、单位时间内,从点辐射源向某方向辐射的能量, $I_e = \mathrm{d}\Phi/(\mathrm{d}\omega)$,单位为 $\mathrm{W/sr}$(瓦/球面度), ω 为立体角。

⑤ 辐射照度(irradiance, I):简称辐照度,在单位时间内,被辐射物体表面单位面积上接收的辐射通量, $I = \mathrm{d}\Phi/(\mathrm{d}S)$,单位为 $\mathrm{W/m^2}$, S 为面积。

⑥ 辐射出射度(radiant exitance, M):单位时间内从辐射源表面单位面积上发射的辐射通量, $M = \mathrm{d}\Phi/(\mathrm{d}S)$,单位为 $\mathrm{W/m^2}$, S 为面积。

辐射照度(I)与辐射出射度(M)都是辐射通量密度的概念,区别就在于 I 为物体接收的辐射, M 为物体发出的辐射,它们都与波长 λ 有关。

⑦ 辐射亮度(radiance, L):简称辐亮度,假定有一辐射源呈面状,向外辐射的强度随辐射方向而不同,则 L 定义为辐射源在单位立体角、单位时间内从外表面单位面积上的辐射通量,即 $L = \dfrac{\Phi}{W(S\cos\theta)}$,单位为 $\mathrm{W/(sr \cdot m^2)}$。

需要注意的是,在辐射测量的各个量中,当加上"光谱(spectral)"这一术语时,则是指单位波长宽度的量,如光谱辐射通量(spectral radiant flux)、光谱辐射亮度(spectral radiance)等。

辐射量如图 2-2 所示。当辐射源向外辐射电磁波时, L 往往随 Φ 角而变化。 L 与 Φ 无关的辐射源称为朗伯源。一些粗糙的表面可以近似看作朗伯源,涂有氧化镁的表面也可以近似看作朗伯源,常被用作遥感光谱测量时的标准板。太阳通常被近似地看作朗伯源,以简化对太阳辐射的研究。然而,严格地讲,只有绝对黑体才是朗伯源。

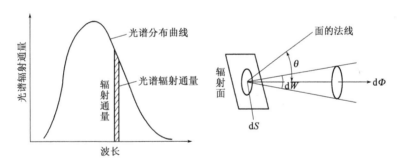

图 2-2　有关辐射量示意图

2.1.2 基本电磁辐射定律

要论述电磁辐射原理离不开黑体(black body)的概念。所谓黑体,就是假设的理想辐射体——既是完全的吸收体,吸收全部入射能量,而没有反射,又是完全的辐射体,其辐射情况仅随着温度的变化而变化。黑体是朗伯源,其辐射是各向同性的。黑体是假想的实体,自然界的所有物体至少都会反射一小部分能量,因此不是完全的吸收体。

虽然真正的黑体并不存在,但可通过实验模拟,这些实验为物体温度和辐射关系的科学研究奠定了基础。目前已经探索出一些电磁辐射能量传播时所遵循的物理定律,下面把这些定律以简单的方式表示出来。

(1)基尔霍夫(Kirchhoff)定律

在一定温度下,任何物体都向外辐射电磁波,称为热辐射。物体表面的辐射出射度与温度

T 及波长 λ 有关,记为 $M_\lambda(T)$。基尔霍夫(1860)发现吸收率 $a(\lambda,T)$(实际上是半球谱吸收率)较高的物体,其 $M_\lambda(T)$ 也大;吸收率 $a(\lambda,T)$ 较小的物体,其 $M_\lambda(T)$ 也小。他将该定律表达为:物体表面的辐射出射度与半球谱吸收率 $a(\lambda,T)$ 的比值与物体的性质无关,该比值是温度和波长的普适函数 $M_b(\lambda,T)$,即:

$$M_\lambda(T)/a(\lambda,T) = M_b(\lambda,T) \tag{2-1}$$

（2）普朗克(Planck)辐射定律

对于黑体辐射,普朗克于 1900 年成功地给出了其辐射出射度(M)与温度(T)、波长(λ)的关系,Planck 定律表示为:

$$M_\lambda(T) = 2\pi hc^2 \lambda^{-5}\left[\exp\left(\frac{hc}{\lambda kT}\right)-1\right]^{-1} \tag{2-2}$$

式中　h——普朗克常数,取值 $6.626\times10^{-34}\mathrm{J\cdot s}$;

　　　k——玻耳兹曼常数,取值 $1.3806\times10^{-23}\mathrm{J/K}$;

　　　c——光速,$2.998\times10^{8}\mathrm{m/s}$;

　　　λ——波长,m;

　　　T——热力学温度,K。

（3）斯忒藩-玻耳兹曼(Stefan-Boltzmann)定律

任一物体辐射能量的大小是物体表面温度的函数。斯忒藩-玻耳兹曼定律(Stefan-Boltzmann)表述了黑体总辐射出射度($\mathrm{W/m^2}$)与其温度(T)(热力学温度,K)之间的定量关系,即:

$$M(T) = \sigma T^4 \tag{2-3}$$

式中　σ——斯忒藩-玻耳兹曼常数,取值 $5.6697\times10^{-8}\mathrm{W/(m^2\cdot K^4)}$;

　　　T——发射体的热力学温度,K。

斯忒藩-玻耳兹曼定律从本质上说明了单位面积上较热的黑体辐射的能量要多于较冷的黑体。同时,该定律也表明,随着温度的增加,辐射能量增加是很迅速的。

以上讨论说明了一个物体的发射能量既随温度变化又随波长变化,如图 2-3 所示。图 2-3 显示了各种温度(200~6000K)的黑体表面辐射能量的波谱分布曲线。纵坐标表示单位波长间隔的辐射出射度,曲线与坐标轴间的面积相当于总辐射出射度 M。曲线说明斯忒藩-玻耳兹曼定律所表达的物理意义,辐射温度越高,发射的辐射总量越大,另外,这些不同温度的黑体辐射曲线形式相似,而且它们的能量峰值的分布随着温度的升高向短波方向移动。

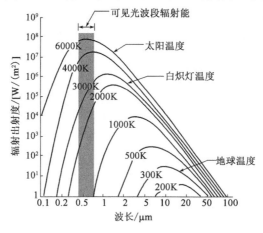

图 2-3　黑体辐射波谱曲线

（4）维恩（Wien）位移定律

维恩位移定律（Wien's displacement law）表述了物体辐射出射度的峰值波长与温度的定量关系。表示为：

$$\lambda_{max} = A/T \tag{2-4}$$

式中　λ_{max}——辐射出射度最大处的波长；

　　　T——热力学温度，K；

　　　A——常数，取值 2897.8μm·K。

式（2-4）表明，黑体最大辐射出射度所对应的波长 λ_{max} 与黑体的热力学温度 T 成反比，随着黑体温度的升高（或降低），黑体最大辐射峰值波长 λ_{max} 向短波（或长波）方向变化。如加热一块金属时，可以观察到随着温度的升高，其颜色会按暗红→橙色→黄色→白色的顺序变化，即发射电磁波向短波变化的现象。地球表层（包括土壤、水、植被等）的平均温度约 300K（27℃），其相应的最大辐射峰值波长约为 9.7μm，这部分辐射与热相关，故称为热红外能。热辐射能量人眼虽然看不见，但能被特殊热仪器如辐射计、扫描仪所感应。太阳表面的温度近似6000K，其最高能量峰值波长约为 0.48μm，这部分辐射是人眼敏感的，因而在阳光下我们可以观察到地球的特征。

2.1.3　太阳辐射与物质的相互作用

太阳辐射从辐射源到遥感器之间的传输过程中，要经历吸收、再辐射、反射、散射、偏振以及波谱重新分布等一系列过程。电磁辐射传输的变化取决于它与有关介质发生的相互作用。这些相互作用主要包括电磁波与大气、电磁波与地表及地表浅层之间的相互作用。前者可以认为是体效应，而后者是表面效应。

（1）太阳辐射

太阳是遥感的主要能源。太阳中心温度约为 1.5×10^7K，表面温度约6000K，其辐射的总功率为 3.826×10^{26}W，表面的辐射出射度为 6.284×10^7W/m^2。太阳的辐射波谱从 X 射线一直延伸到无线电波是个综合波谱。太阳辐射的大部分能量集中于近紫外-中红外（0.31～5.6μm）内，占全部能量的 97.5%，其中可见光占 43.5%，近红外占 36.8%。在此区间内太阳辐射强度的变化很小，可以当作很稳定的辐射源。其他波段的太阳辐射则可以忽略。

（2）太阳辐射与大气的相互作用

大气主要包括一些气体分子和其他微粒。分子主要有 N_2 和 O_2，约占 99%，其余 1% 是 O_3、CO_2、H_2O 及其他气体（N_2O、CH_4、NH_3 等）。大气中的微粒主要有烟、尘埃、雾霾、小水滴及气溶胶。气溶胶是一种固体和液体的悬浮物，一般直径大小在 0.01～30μm 之间，多分布在高度 5km 以下。

大气层自下而上依次分为对流层、平流层、中间层、热层和散逸层。遥感利用的一切辐射都必然经过地球的大气层。由于遥感器工作波段选择的原因，对遥感器接收到的电磁辐射影响最大的是对流层和平流层。

当太阳辐射穿过大气时，必然要受到大气散射、吸收和折射的影响。

① 大气散射。电磁辐射在非均匀介质或各向异性介质中传播时，改变原来传播方向的现象称为散射。大气散射是电磁辐射能受到大气中的微粒（大气分子或气溶胶等）的影响，而改变传播方向的现象。其辐射强度依赖于微粒的大小、含量、辐射波长和能量传播穿过大气的厚度。

散射对于遥感也产生几种重要的影响。由于依赖于波长的瑞利散射的存在,遥感一般不考虑使用蓝光或紫外光(这些波段的光都被强烈地散射)。采用这些波段的影像主要记录的是大气亮度而不是物体本身的亮度。也正因为如此,遥感器常使用滤色器或通过降低胶片对这些波段的灵敏度而除掉短波辐射(蓝光和紫外光)。散射还会使遥感器接收到视场之外的辐射,因而模糊了记录的空间细节。不仅如此,散射还会使暗色物体表现出比自身更亮的颜色,而使亮色物体表现得更暗,从而降低了影像的反差。好的影像总是忠实地保留场景的亮度,因而散射降低了影像的质量。

② 大气折射。电磁波穿过大气层时,会发生折射现象,改变传播方向。大气的折射率与大气密度相关,密度越大折射率越大;离地面越高,空气越稀薄,折射率也越小。由于电磁波在大气传播中折射率的变化,使得电磁波在大气中的行进轨迹是一条曲线。这样当电磁波到达地面后,地面接收的电磁波方向与实际的太阳辐射方向相比就会偏转一定的角度。

③ 大气吸收。电磁辐射穿过大气时,要受到大气分子等的吸收作用,造成能量的衰减。大气中的臭氧(O_3)、二氧化碳(CO_2)和水汽(H_2O)对太阳辐射的吸收最显著,如图2-4所示。

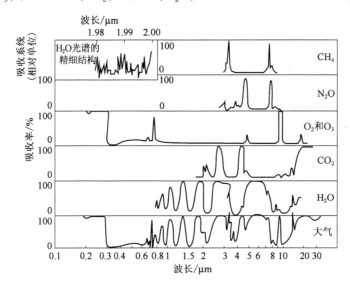

图2-4　大气吸收谱

臭氧(O_3)主要集中于20~30km高度的平流层,由高能紫外辐射与大气中的氧分子(O_2)相互作用生成。O_3除了在紫外(0.22~0.32μm)有一个很强的吸收带外,在0.6μm附近也有一个较宽的弱吸收带,而且在远红外9.6μm附近还有一个强吸收带。虽然O_3在大气中的含量很低,仅占0.01%~0.1%,但它对地球能量平衡起着重要作用。O_3的吸收阻碍了太阳辐射向底层大气的传输。

二氧化碳(CO_2)主要分布于底层大气,含量约占0.03%。CO_2在中-远红外区段(2.7μm、4.3μm、14.5μm附近)均有强吸收带,其中最强的吸收带位于13~17.5μm的远红外波段。

水汽(H_2O)不包括固态的冰粒。水汽一般分布在低空,其含量随时间、地点的变化很大(约为0.1%~3%)。而且水汽的吸收辐射是其他大气组分的几倍。其最重要的吸收带在2.5~3.0μm、5.5~7.0μm和>27.0μm(在这些区段,水汽的吸收可能超过80%)的波段。另外,水汽在0.94mm、1.63mm及1.35cm处还有3个吸收峰。

由于这些气体往往以特定的波长范围吸收电磁辐射,因而它们对遥感系统的影响很大。

大气的选择性吸收不仅能使气温升高,而且造成太阳发射的连续光谱中的某些波段不能传播到地球表面。

④ 大气窗口。太阳辐射在穿过大气层时要受到大气反射、吸收和折射等多重作用,不同的电磁波段通过大气后衰减的程度是不一样的。因而,地面遥感所能够使用的电磁波是有限的。有些波段的透过率很小,甚至完全无法透过,称为"大气屏障";反之,有些波段的电磁辐射通过大气后衰减很小,透过率很高,通常称为"大气窗口"。研究和选择有利的大气窗口,最大限度地接收有用信息,是遥感技术的重要课题之一。

目前遥感常用的大气窗口有五个,如图 2-5 所示。

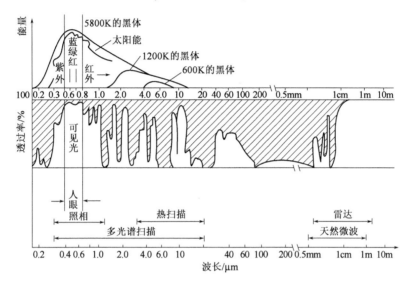

图 2-5　大气窗口

0.30～1.15μm 大气窗口,包括全部可见光波段、部分紫外波段和部分近红外波段,是遥感技术应用的最主要窗口之一。其中,0.30～0.40μm 近紫外窗口,透过率约为 70% ;0.40～0.70μm 可见光窗口,透过率约为 95% ;0.70～1.10μm 近红外窗口,透过率约为 80% 。该窗口的光谱主要反映地物对太阳光的反射,通常称为短波区,采用摄影或扫描的方式在白天感测、收集目标信息成像。

1.30～2.50μm 大气窗口,属于近红外波段。该窗口按习惯分为 1.40～1.90μm 及 2.00～2.50μm 两个子窗口,透过率在 60% ～95% 之间。其中,1.55～1.75μm 透过率较高,白天夜间都可以应用扫描成像方式感测、收集目标信息,主要用于地质遥感。

3.50～5.00μm 大气窗口,属于中红外波段,透过率约为 60% ～70% 。该窗口包含地物反射及发射光谱,可以用来探测高温目标,如森林火灾、火山、核爆炸等。

8～14μm 大气窗口,属于热红外波段,透过率约为 80% 。由于常温下地物光谱辐射出射度最大值对应的波长是 9.7μm,则该窗口是常温下地物热辐射能量最集中的波段,其探测信息主要反映地物的发射率及温度。

1mm～1m 微波窗口,分为毫米波、厘米波和分米波。其中,1.0～1.8mm 窗口的透过率约为 35% ～40% ;2～5mm 窗口的透过率约为 50% ～70% ;8～1000mm 微波窗口的透过率为 100% 。微波的特点是能穿透云层、植被和一定厚度的冰与土壤,具有全天候工作能力。

遥感中常采用被动式遥感和主动式遥感。前者主要测量地物热辐射,后者是用雷达发射脉冲,然后记录分析地物的回波信号。

(2)太阳辐射与地表的相互作用

当电磁波到达地表后,电磁辐射与地表必然要发生相互作用,主要有三种基本物理过程——反射、吸收和透射。

图2-6是以水体表面为代表来表示这个基本过程。应用能量守恒原理,可以将三者的关系表述为:

$$E_I(\lambda) = E_R(\lambda) + E_A(\lambda) + E_T(\lambda) \tag{2-5}$$

式中　$E_I(\lambda)$——入射能;

$E_R(\lambda)$——反射能;

$E_A(\lambda)$——吸收能;

$E_T(\lambda)$——透射能。

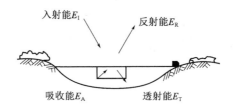

图 2-6　以水体表面为代表来表示电磁波与地表的相互作用

它们均是波长的函数。

这里能量反射、吸收和透射的比例及每个过程的性质对于不同的地表特征是变化的。这种变化一方面依赖于地表的性质与状态,如物质组成、几何特征、光照角等,可以根据这些差异在图像上识别不同特征的地物;另一方面依赖于波长,不同波长表现出不同特征的相互作用过程。因此,在某个波谱范围内不易识别的两个物体,可能在另一个波谱范围内易于识别。

① 反射。当电磁辐射到达两种不同介质的分界面时,入射能量的一部分或全部返回原介质的现象称为反射。反射的特征可以通过反射能占入射能的比例,即反射率的测定而定量化。反射率是波长的函数,定义为:

$$\rho(\lambda) = \frac{E_R(\lambda)}{E_I(\lambda)} \tag{2-6}$$

式中,$\rho(\lambda)$以百分数表示,取值在 0~1 之间。

物体的反射率随波长变化的曲线称为反射光谱,其形状反映了地物的波谱特征。影响反射率的因素包括物质的类别、组成、结构、入射角、物体的电学性质(电导、介电、磁学性质)及其表面特征(粗糙度、质地)等。因此,任何物体的反射光谱都蕴含着目标的本质信息,研究地物的反射光谱特性对遥感是十分重要的。

物体对于电磁波的反射通常可以分为镜面反射、漫反射和方向反射三种。

a. 镜面反射(specular reflection):镜面反射是指满足反射定律,即入射波和反射波在同一平面内,入射角和反射角相等的反射。镜面反射分量是相位相干的,振幅变化小,可能有极化(偏振)。当物体表面相对于入射波长是光滑的,就会出现镜面反射。

b. 漫反射(diffuse reflection):漫反射是指入射波在所有方向上均匀反射,即入射能量以入射点为中心,在整个半球空间内向四周各向同性反射能量的现象,又称为朗伯(Lambert)反射和各向同性反射。漫反射相位跟振幅的变化无规律,且无极化(偏振)。

一个完全的漫反射体称为朗伯体,其电磁波的反射服从朗伯余弦定律:

$$I(\theta) = I_0\cos\theta \tag{2-7}$$

式中 θ——观测方向与法线的夹角;

$I(\theta)$——θ方向的辐射强度;

I_0——法线方向的辐射强度。

c. 方向反射(directional reflection):方向反射是介于镜面反射和朗伯反射之间的一种反射。方向反射率是指特定方向的反射能与其面上的总入射能之比。入射和反射的方向可以按照微小立体角、任意立体角和半球全方向三种方法来确定。当入射、反射均为微小立体角时,称为二向性反射。二向性反射是自然界中物体表面反射的基本现象,即反射不仅具有方向性,该方向还随入射的方向而异。这表明,随着太阳入射角及观测角度的变化,物体表面的反射有明显的差异。当然,这种差异还随物体空间结构要素的变化而变化。

地物的反射光谱是指地物反射率随波长的变化规律。通常用平面坐标曲线来表示,横坐标表示波长λ,纵坐标表示反射率ρ,这样可以形成地物反射光谱曲线。同一物体的反射光谱曲线反映出它对不同波段的不同反射率,将其与对应的辐射数据对照,可以得到利用遥感数据识别该地物的规律。地物反射光谱曲线除了随不同地物(反射率)发生变化外,还可能因同种地物不同的内部结构和外部条件而不同。一般而言,地物反射率是随波长变化而且是有规律的,从而为基于遥感影像的地物识别提供了依据。

② 透射。透射是辐射穿过一种介质面没有被严重衰减的现象。对于特定物体给定其厚度,其透射能力用透过率(t)表示:

$$t = \frac{E_{\mathrm{T}}(\lambda)}{E_{\mathrm{I}}(\lambda)} \tag{2-8}$$

式中 $E_{\mathrm{T}}(\lambda)$——透射能量;

$E_{\mathrm{I}}(\lambda)$——入射能量。

遥感中胶片或滤色器的透过率是相当重要的参数。人们常会想到自然界只有水体才有明显的透射现象。但是许多介质的透过率随波长变化很大,因此在可见光区人们直接观测的现象与其他区域是大为不同的,如植物叶子一般对可见光是不透明的,但能透射一定量的红外辐射。

2.2 高光谱非成像光谱仪

利用高光谱非成像光谱(辐射)仪在野外或实验室测量地质矿物、植物或其他物体的光谱反射率、透射率及其他辐射率,不仅能帮助理解航空或航天高光谱遥感数据的性质,而且可以模拟和定标一切成像光谱仪在升空之前的工作性能。

2.2.1 地面地物光谱仪

地面地物光谱仪类型很多,国内外均有,国内的有中科院长春光机所的 WDY-850 地面光谱辐射计、中科院安徽光机所的 DG-1 野外光谱辐射计;国外的有日本的 SRM-1200 野外光谱辐射计,美国的 ASD FieldSpec 便携式光谱辐射仪、ASD FieldSpec HandHeld 掌上型野外光谱仪、SE-590 便携式光谱辐射计、SVR1024 光谱辐射计,荷兰的 AvaFidld 便携式地物波谱仪等。

下面重点介绍美国的 ASD FieldSpec 便携式光谱辐射仪和 ASD FieldSpec HandHeld 掌上型野外光谱仪。

（1）ASD 便携式野外光谱辐射仪

ASD 便携式野外光谱辐射仪是由美国分析光谱仪器公司（Analytical Spectral Devices，ASD）制造，是国内外公认的性能稳定、操作简便直观和用户最多的地物光谱辐射计。

ASD 公司成立于 1990 年，总部位于美国科罗拉多州的博尔德市。该公司主要产品有两大系列：一个是应用于化学测试分析的 LabSpec 和 QualitySpec 系列光谱仪；另一个是应用于光学辐射测定的 FieldSpec 系列，它是一种便携式快速扫描的分光辐射光谱仪，波长覆盖范围 350～2500nm，ASD FieldSpec 4 是该系列的最新产品，其光谱扫描速度快，连续工作运转时间长，便于携带，有利于野外地物光谱的作业。该光谱仪可以实时测量反射、透射和辐射度光谱，实时显示绝对反射比（需要定标的白板数据）。具有高信噪比、高可靠性和高重复性。

ASD FieldSpec 4 是目前农作物、土壤等获取非成像高光谱数据的常用仪器之一，它的基本工作原理是由光谱仪通过光导线探头摄取目标光谱，经由 A/D（模/数）转换卡（器）变成数字信号，进入计算机。这个测量过程由计算机通过操作员控制。便携式计算机控制光谱仪并实时将光谱测量结果显示于计算机屏幕上，有的光谱仪带有一些简单的光谱处理软件，如光谱曲线平滑处理、微分处理等。测得的光谱数据可以贮存在计算机内，也可拷贝到软盘上。为了测定目标光谱，需要测定三类光谱辐射值：第一类称暗光谱，即没有光线进入光谱仪时由仪器记录的光谱（通常是指系统本身的噪声值，取决于环境和仪器的本身温度）；第二类为参考光谱或称标准板白光，实际上是从较完美漫辐射体——标准板上测得的光谱；第三类为样本光谱或者目标光谱，是从感兴趣的目标物上测得的光谱（这是我们最终需要的光谱）。为了避免光饱和或光量不足，依照测量时的光照条件和环境温度需要调整光谱仪的测定时间，最后，感兴趣目标的反射光谱是在相同的光照条件下，通过参考光谱辐射值除目标光辐射值得到。因此目标反射光谱是个相对于参考光谱辐射的比值（光谱反射率）。

① ASD FieldSpec 4 便携式地物波谱仪。便携式 ASD 地物波谱仪，从型号 ASD FieldSpec FR、ASD FieldSpec 3 发展到目前的 ASD FieldSpec 4，仪器的光谱范围均为 350～2500 nm。如图 2-7 所示，ASD FieldSpec 4 便携式地物波谱仪是美国 ASD 公司的最新旗舰产品，适用于遥感测量、农作物监测、森林研究、工业照明测量、海洋学研究和矿物勘察的各方面应用。操作简单，软件包功能强大。此仪器可用于测量辐射、辐照度、CIE 颜色、反射和透射。

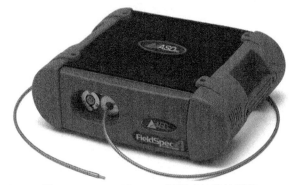

图 2-7　ASD FieldSpec 4 便携式地物波谱仪

ASD FieldSpec 4 的特点如下：

- 使用 512 阵元阵列 PDA 探测器和两个独立的 InGaAs 探测器；
- 每秒最快可得到 10 个光谱曲线；
- 内置光闸、漂移锁定暗电流补和分段二级光谱滤光片等，为用户提供无差错的数据；

- 实时测量并观察反射、透射、辐射度(选项);
- 实时显示光谱线;
- 更高的信噪比,采集速度提升4倍;
- 最新的无线Wi-Fi接口,可进行无线数据接收,最远可达到300m;
- 加固型光纤,完全避免了光纤的折损;
- 小型化的运输箱,更小、更轻、更坚固、更方便运输。

ASD FieldSpec 4 的规格参数如下:

- 探测器:350~1000nm,低噪声512阵元PDA;1000~1800nm及1800~2500nm,两个InGaAs探测器单元,TE制冷恒温;
- 波长范围:350~2500nm;
- 扫描时间:100ms;
- 光谱平均:高达31800次;
- 色散元件:一个固定的和两个快速旋转的全息反射光栅;
- 波长精度:0.5 nm;
- 波长重复性:0.1 nm;
- 光谱分辨率:3nm@700nm,8nm@1400/2100;
- 等效辐射噪声(NEDL):VNIR 1.0×10^{-9} W/(cm^2·nm·sr)@700nm;
  SWIR 1.4×10^{-9} W/(cm^2·nm·sr)@1400nm;
  SWIR 2.2×10^{-9} W/(cm^2·nm·sr)@2100nm;
- 杂散光:VNIR 0.02%,SWIR 1 & 2 0.01%;
- 通道数:2151;
- 高次吸收滤色片,内置光闸和漂移锁定自动校准功能均设置为标准配置;
- 内置光闸及DriftLockTM自动漂移修正;
- 1.4m长标准光纤探头,25°前视场,带有可安装在三脚架上的手枪式手柄;
- 可选择1°、5°或8°视场角的镜头;
- 可测量的最大辐射值超过2倍0°天顶角处100%反射白板的辐射;
- RS3标准软件包:可实时测量原始数据,反射,透射,辐射和辐照度光谱曲线;
- ViewSpec数据后处理软件:可进行简单数据处理及数据格式转化;
- 电池一次充电后平均工作时间为6h;
- 外形尺寸:12.7cm×35.6cm×29.2cm;
- 重量:5.44kg;
- 10/100M以太网卡接口和无线宽带技术传输距离最远达到300m;
- LabVIEW ®驱动,数据流自动采集。

② ASD掌上型野外光谱仪。ASD掌上型野外光谱仪(FieldSpec HandHeld)是野外光谱仪中最小最轻的,它具有不同于其他光谱仪的式样和操作特点。ASD掌上型光谱仪除与ASD FieldSpec FR有相同的特点外,最主要的特点是它的小巧(22 cm×15 cm×18 cm),使用方便,重量只有1.2 kg,另外它具有较大的视场角。

ASD野外光谱辐射仪可用于遥感、精细农业、林业、矿产、海洋和工业光谱测量。

ASD FieldSpec HandHeld 野外光谱仪型号有:ASD FieldSpec HandHeld 1、ASD FieldSpec HandHeld 2(见图2-8)。

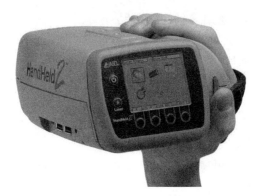

图 2-8 ASD FieldSpec HandHeld 2 掌上型野外光谱仪

ASD FieldSpec HandHeld 2 的特点如下：

- 便携,自带数据采集功能;
- 快速获取数据,并可储存大量数据;
- USB 数据线容易与电脑连接读取测量的数据;
- 彩色显示屏,直接观测采集的数据;
- 操作灵活,既可用仪器操作,也可连接外部电脑操作;
- 精确的结果,25°的宽视场角;
- 高精度,自带 DriftLock™ 基线漂移锁定技术,可减少暗电流;
- 内置激光器,可精确锁定目标;
- 运行时间长,采用市售标准的 AA 可充电电池;
- 重量轻,只有 1.2kg,便于操作和携带。

ASD FieldSpec HandHeld 2 的规格参数:

- 波长范围:325 ~ 1075nm;
- 波长精度:±1nm;
- 光谱分辨率: <3.0nm@700nm;
- 等效辐射噪声(NEDL):5×10^{-9} W/(cm^2 · nm · sr)@ 700nm;
- 积分时间:最小 8.5ms(可选择);
- 视场角:25°;
- 内存:最多 2000 个光谱文件。

ASD FieldSpec HandHeld 2 的物理参数如下:

- 电源:四个 AA 电池(标准的或者可充电的),或者 5V1.5A 的 AC/DC 适配器供电;
- 电池寿命:厂家提供的可充电电池,最多 2.5h;
- 锂电池:最多 5h(取决于生产厂家)碱性电池,大约 1.5h;
- 显示器:对角线长 6.8cm ,可倾斜彩色液晶显示器;
- 接口:一条迷你 B USB 线(和电脑连接);一个迷你 TRS 插座(用于遥控触发器);两条典型的 A USB 线(将来使用);
- 电脑软件:RS3™ 控制软件,ViewSpecPros™ 后处理软件,HH2 同步界面软件;
- 瞄准:内置红外激光器(可选择视野范围);
- 重量:1.2kg(含电池);
- 外形尺寸($H \times W \times D$):90mm ×140mm ×215mm;

- 仪器工作环境:0~40°;
- 三脚架安装孔:1/4″—20 安装孔;
- 标准附件:Pelican™旅行箱(符合 FAA 运输要求),Spectralon® 参考白板,4 个可充电电池,电池充电器,AC/DC 电源线,USB 电缆线,U 盘,D 形手柄。

(2)LI-1800 便携式光谱辐射仪

LI-1800 便携式光谱辐射仪是美国 LI-COR 公司的产品。LI-1800 的光学系统由 3 个主要组成部分——滤波轮、全息光栅单色仪和硅探测器。光线通过标准的余弦接收器(漫反射)或 1800-10 光导纤维探头进入 LI-1800 光谱仪。进入单色仪之前先要经过一个滤波轮。滤波轮包括 7 个分级滤波器,7 个滤波器的使用可增强杂散光的过滤,以保证规定光谱区域以外的光不被探测到,这样可以改善光谱仪的工作性能。

LI-1800 光谱仪的色散组件是全息光栅仪,它有两个波长可供选择:4nm 波段宽的 300~850nm 区域和 6nm 波段宽的 300~1100nm 区域。在内部微机的控制下,单色仪由精确的步进式电机驱动。用户在 1nm、2nm、5nm 或 10 nm 中选择不同的波长间隔。利用 LI-1800 可以测量反射率、透过率等。不管是用在野外测量植物冠层光谱性质还是产品质量控制,LI-1800 均比较灵活可靠。

(3)GER 光谱仪与 SVC 光谱仪

美国 SVC(Spectra Vista Corporation)公司是一家在遥感光谱仪(地物光谱仪、机载成像光谱仪)领域具有世界权威水平的公司,它历史悠久、实力雄厚,在成功并购美国 GER 公司后,SVC 公司具备更强的竞争力。

GER 系列野外光谱仪是由原 GER 公司研制的,目前可供使用的 3 种 GER 野外光谱仪分别是 GER1500、GER2600 和 GER3700。GER1500 的光谱范围是 350~1050nm,如图 2-9 所示。GER2600 的光谱范围是 350~2500nm,它的工作原理、外形和操作与 GER3700 非常相似。GER3700 是新研制的光谱仪,它的前身就是 GER2600。GER 野外光谱仪的基本功能包括地物光谱的连续测定、自动暗光纠正、波长定标及在测量过程中根据光照条件实时调整积分时间(integration time)。GER 光谱仪可应用于湿地评价、海洋水色、作物分析与管理、地质研究、矿物识别、工业质量控制和环境监测等领域。

根据 20 多年在遥感领域的经验,SVC 公司研制的最新式 SVC HR-1024 便携式光谱仪,如图 2-10 所示,能够在整个 Vis-NIR-SWIR 领域内获得最高的光谱分辨率。该光谱仪使用 100% 线性阵列技术和冷却 InGaAs 探测器一体化,从而提供优良的波长范围和稳定的辐射度。仪器采用内置 CPU,观测时无须使用外部计算机设备。其先进的硬件设备为无线操作、GPS 和可视化显示提供稳固的手持终端(PDA)或蓝牙设备。

图 2-9 GER1500 光谱仪

图 2-10 SVC HR-1024 便携式光谱仪

2.2.2 地面地物光谱仪的作用

地面地物光谱仪用于在地面测量地物的光谱数据,在不需要图像数据时,地面光谱测量是一种成本低廉、灵活的数据获取方法。其作用主要有以下几方面。

① 地面地物光谱仪在成像光谱仪(航空或航天)过顶时,常用于地面野外或实验室同步观测,获取下行太阳辐射,以用于遥感器定标。

② 在一些反射率转换模型中,需要引入地面地物光谱仪测取的地面点光谱来完成 DN 值图像到反射率图像的转换。

③ 地面地物光谱仪可以为图像识别获取目标光谱和建立特征项。需要注意的是,这时地面光谱测量要在空间尺度上与图像像元尺度相对应,且要具有代表性;另外,地面光谱测量要与高光谱图像获取条件相一致。

④ 通过地面地物光谱仪测量数据和地面模拟,可以帮助人们了解某一地物被高光谱遥感探测的可能性,理解其辐射特性,确定需要采用的探测波长、光谱分辨率、探测空间分辨率、信噪比、最佳遥感探测时间等重要参数。

⑤ 地面地物光谱仪可以用于地面地质填图。

⑥ 地面地物光谱仪可以用来建立地物的表面方向性光谱反射特性。

⑦ 建立目标地面光谱数据与目标特性(生物物理和生物化学参量)间的基本定量关系。

2.3 高光谱遥感机理

高光谱遥感器通常指分辨率很高(达到 $10^{-2}\lambda$ 量级),在 $400\sim2500nm$ 波长范围内其光谱分辨率一般小于 $10nm$ 的成像遥感器。由于高光谱遥感器光谱分辨率高,往往在一定的波长范围内(比如可见光-近红外、可见光-短波红外),相邻波段有光谱重叠区,也就是连续光谱成像,所以高光谱遥感器一般又被称为成像光谱仪。

2.3.1 基本概念

遥感成像技术的发展一直伴随着两方面的进步:一是通过减小遥感器的瞬间视场角(instantaneous field of view, IFOV)来提高遥感图像的空间分辨率(spatial resolution);二是通过增加波段数量和减小每个波段的带宽,来提高遥感图像的光谱分辨率(spectral resolution)。

高光谱遥感真正实现了遥感图像光谱分辨率的突破性提高,在微电子技术、探测技术等领域发展的基础上,光谱学与成像技术交叉融合形成了成像光谱学和成像光谱技术。成像光谱技术在获得目标空间信息的同时,还为每个像元提供数十个至数百个窄波段光谱信息。而成像光谱仪获取的数据包括二维空间数据信息和一维光谱信息,所有的信息可以视为一个三维数据立方体。为了方便后续的研讨,这里先对以下六个概念进行说明。

(1)光谱分辨率

光谱分辨率是指探测器在波长方向上的记录宽度,又称波段宽度(bandwidth),如图 2-11

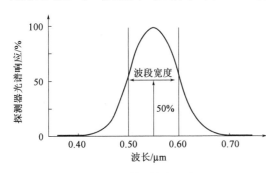

图 2-11 光谱分辨率的定义

所示。图 2-11 中的纵坐标(y 轴)表示探测器的光谱响应,是横坐标(x 轴)所代表的波长的函数。光谱分辨率被严格定义为仪器达到光谱响应最大值的 50% 时的波长宽度。

(2)空间分辨率

空间分辨率是指遥感图像上能够详细区分的最小单元的尺寸或大小,是用来表征影像分辨地面目标细节的指标。通常用像元大小、像解率或视场角来表示。

对于成像光谱仪,其空间分辨率是由仪器的角分辨力(angular resolving power),即仪器的瞬时视场角(IFOV)决定的。遥感器的瞬时视场角是指某一瞬间遥感系统的探测单元对应的瞬时视场。IFOV 以毫弧度(mrad)计量,其对应的地面大小被称为地面分辨单元(ground resolution cell,GR),它们的关系为:

$$GR = 2H\tan(IFOV/2) \tag{2-9}$$

式中 H——遥感平台高度;

    $IFOV$——瞬时视场角。

(3)仪器的视场角(field of view,FOV)

仪器的视场角是指仪器扫描镜在空中扫过的角度,它和遥感平台高度 H 共同决定了地面扫描宽度(ground swath,GS)。

$$GS = 2H\tan(FOV/2) \tag{2-10}$$

(4)调制传递函数(modulation transfer function,MTF)

调制传递函数反映遥感器(或图像)的光学对比度与空间频率的关系,是成像系统对所观察景物再现能力的度量(韩心志,1991)。其表达式为:

$$MTF = T_i/T_0 \tag{2-11}$$

式中 T_i——图像调制度;

    T_0——目标调制度。

调制传递函数通常是空间频率的函数,用传递函数曲线或线对数(或单位角度线对数)来表示其空间传输特性。光学遥感器成像系统的调制传递函数是影响图像分辨率和清晰度的重要因素。遥感器的系统调制传递函数由探测器件、光学系统性能、对焦精度、像元配准精度以及大气等各种因素共同决定。

(5)信噪比(signal-to-noise ratio,SNR)

信噪比是遥感器采集到的信号和噪声之比,是遥感器的一个极其重要的性能参数。信噪比的高低直接影响了图像的分类和图像目标的识别等处理效果。信噪比和图像的空间分辨率、光谱分辨率是相互制约的,空间分辨率和光谱分辨率的提高都会降低信噪比,实际应用中,这三个指标的选择都是在一定的目标要求下,综合考虑各方面因素之后进行取舍的。

(6)探测器凝视时间(dwell time)

探测器的瞬时视场角扫过地面分辨单元的时间称为凝视时间,其大小为行扫描时间与每行像元数的比值。凝视时间越长,进入探测器的能量越多,光谱响应越强,图像的信噪比也就越高。推扫型成像光谱仪比摆扫型成像光谱仪的探测器凝视时间有很大提高。

2.3.2　高光谱遥感成像关键技术

高光谱遥感成像关键技术包括图像的获取、传输和处理等技术。成像光谱仪是集探测器技术、精密光学机械、微弱信号探测、计算机技术、信息处理技术等为一体的综合性技术,每个单项技术的发展都会推进成像光谱技术的提高,其中比较重要的关键技术有以下五项。

（1）探测器焦平面技术

成像光谱仪的发展首先依赖于探测器焦平面技术的发展。目前，世界上硅焦平面探测器技术已十分成熟，大面阵和长线阵的硅电感耦合器件（charge coupled device，CCD）也已经商品化。因此，采用硅 CCD 面阵把可见/近红外波段的成像光谱仪的光谱采样间隔细分到 1~2nm 也并不困难。国际上已有多种采用面阵 CCD 探测器的高质量成像光谱仪。而红外波段成像光谱仪的发展更是受益于红外焦平面器件性能的提高，在短波红外光谱方面，目前常用的器件有 InSb、HgCdTe 等，但为了保证系统有足够的灵敏度，要求器件的峰值在 10^{12} 以上，如在 AVIRIS 系统中使用的 InSb 器件就具有此性能。

（2）各种新型的光谱仪技术和精密光学技术

成像光谱仪中的光谱仪是整个系统中的核心部分，和传统的单色仪相比，其光谱分辨力的要求没有那么高，但系统的光学系数往往是非常小的，在 1~2 之间，即对光学设计的要求非常高。色散器件一般用光栅和组合棱镜。为了提高成像光谱仪的光谱分辨能力并简化系统，许多新的分光技术也被纷纷采用，目前常用的有光栅分光光谱仪、傅里叶变换光谱仪、渐变滤光片光谱仪、旋转滤光片轮光谱仪和声光调制器光谱仪等。

（3）高速数据采集、传输、记录和实时无损数据压缩技术

由于成像光谱仪的光谱波段大幅度的增加，数据采集的带宽也随之成倍地加宽，但巨大的数据输出率给数据的传输、记录带来了许多困难。如早期的成像光谱仪的数据记录模式往往有两种：一是光谱模式，即记录有限空间像元所有光谱数据；二是空间模式，即有选择地记录几个有限的波段，其主要原因就是数据记录设备的限制。为了既能记录更多的有效信息，又能减少数据记录和传输的压力，针对成像光谱数据的实时无损压缩技术就不断地发展起来了，成为数据处理的一个新的研究领域。目前计算机技术的飞速发展，也带动了各种记录技术的发展，无论是磁带、磁盘、还是光盘，这些设备的记录速度和容量均在不断上升，而价格却在不断下降，这极大地促进了成像光谱技术的发展。

（4）成像光谱仪的光谱与辐射定标技术

从成像光谱仪的应用要求出发，数据必须从定性的解释走向定量的计算，只有这样才能发挥成像光谱仪的优越性。因此，成像光谱仪的光谱和辐射定标与数据的定量化反演就变得非常重要。成像光谱仪定量化技术包括：整机的实验室光谱定标，以确定系统各个波段的光谱响应函数；实验室的辐射定标，以确定系统各个波段对辐射量的响应能力；机上实时光谱校正，以确定使用波段的漂移；机上实时的辐射量定标，以确定系统辐射响应率的变化。通过以上定标，就可得到在确定波段范围和仪器光学口径内的辐射量。通过实验或理论的手段，确定大气对地物信号的影响，并进行校正，这样就可以得到地物表面光谱辐射数据，再通过地面光谱反射率的定标，就可以取得地物的反射率。

（5）成像光谱信息处理技术

成像光谱仪的数据具有多、高、大、快等特点，即波段多、光谱分辨率高、数据量大、产生数据快，因此传统的数据处理方法无法适应成像光谱仪数据的处理。作为成像光谱仪的数据处理方法，主要应解决以下几个技术重点：

① 海量数据的高比例非失真压缩技术；

② 成像光谱数据高速化处理技术；

③ 光谱及辐射量的定量化和归一化技术；

④ 成像光谱仪数据图像特征提取及三维谱像数据的可视化技术；

⑤ 地物光谱模型及识别技术；

⑥ 成像光谱数据在地质、农业、植被、海洋、环境、大气中的应用模型技术。

2.3.3 成像光谱仪光谱成像原理

成像光谱技术的分类方法很多，从原理上可以分为棱镜光栅色散型、干涉型、滤光片型、计算机层析成像、二元光学元件成像、三维成像光谱技术。

（1）棱镜光栅色散型成像光谱仪

色散型成像光谱仪入射狭缝位于准直系统的前焦面上，入射的辐射经准直光学系统准直后，经棱镜和光栅狭缝色散后，由成像系统将光能按波长顺序成像在探测器的不同位置上。

色散型成像光谱仪按探测器的构造，可分为线列与面阵两大类，它们分别称之为摆扫型成像光谱仪和推扫型成像光谱仪，其原理图分别如图 2-12 和图 2-13 所示。

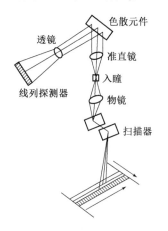

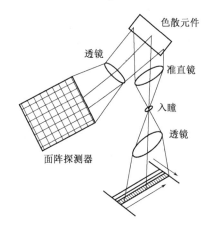

图 2-12　摆扫型成像光谱仪原理图　　　　图 2-13　推扫型成像光谱仪原理图

在摆扫型成像光谱仪中，线列探测器用于探测任一瞬时视场（即目标上所对应的某一空间像元）内目标点的光谱分布。扫描镜的作用是对目标表面进行横向扫描。一半空间的第二维扫描（即纵向或帧方向扫描）由运载该仪器的飞行器（卫星或飞机）的运动所产生。在某些特殊情况下，空间第二维扫描也可用扫描镜实现。一个空间像元的所有光谱分布由线列探测器同时输出。此种成像光谱仪的代表有 AVIRIS 和中分辨率成像光谱仪（MODIS）等。

在推扫型成像光谱仪中，面阵探测器用于同时记录目标上排成一行的多个相邻像元的光谱，面阵探测器的一个方向的探测器数量应等于目标行方向上的像元数，另一个方向的探测器数量与所要求的光谱波段数量一致。同样，空间第二维扫描既可由飞行器本身实现，也可使用扫描反射镜。一行空间像元的所有光谱分布由面阵探测器同时输出。此种成像光谱仪的代表有 AIS、HRIS、HIS、MODIS-T 等。

传统的色散型成像光谱仪都是应用在准直光束中。与传统的准直光束色散系统相比，将色散型成像光谱技术应用在发散光束中有较多优点，如没有准直镜可以简化系统结构；色散像按波长线性分布在像面上；色散像没有几何失真。发散光束色散成像光谱方法已经应用到 Orbview-4 卫星上的战术遥感器的概念设计中。

（2）干涉型成像光谱仪

干涉型成像光谱技术在获取目标的二维信息方面与色散型技术类似，通过摆扫或推扫得到目标上的像元,但每个像元的光谱分布不是由色散元件形成,而是利用像元辐射的干涉图与其光谱图之间的 Fourier 变换关系。通过探测像元辐射的干涉图和利用计算机技术对干涉图进行 Fourier 变换,来获得每个像元的光谱分布。获取光谱像元干涉图的方法和技术是该类型光谱仪研究的核心问题。它决定了由其所构成的干涉成像光谱仪的适用范围及性能。

目前,遥感用于干涉成像光谱技术中,获取像元辐射干涉图的方法主要有迈克尔逊型干涉法、双折射型干涉法和三角共路型(sagnac)干涉法三种。基于这三种干涉方法,形成了三种典型的干涉成像光谱仪。

① 迈克尔逊型干涉成像光谱仪——时间调制型。此类型干涉成像光谱仪使用迈克尔逊干涉方法,通过动镜机械扫描,产生物面像元辐射的时间序列干涉图,再对干涉图进行 Fourier 变换,便得到相应物面像元辐射的光谱图。它由前置系统、狭缝、准直镜、分束器、静镜、动镜、成像镜和探测器等部分组成,其光学原理如图 2-14 所示。

从图 2-14 可以看出,迈克尔逊型干涉成像光谱仪都有一对精密磨光的平面镜分别作为动镜和静镜(系统)。从物面射来的光线通过狭缝经准直镜对准后,直射向分束器。分束器是由厚薄和折射率都很均匀的一对相同的玻璃板组成,靠近准直镜的一块玻璃板的背面镀有银膜(分束板),可以将入射的光线分为强度均匀的两束(反射和透射),其中反射部分射到静镜,经静镜反射后再透过分束板通过成像镜进入探测器;透射部分射到动镜上,经反射后经分束板的镀银面反射向成像镜,进入探测器。这两束相干光线的光程差各不相同,在探测器上就能形成干涉图样。通过移动动镜进行调整,就可以进行不同的干涉测量。分束器中靠近动镜的一块玻璃板是起补偿光程的作用(补偿板)。

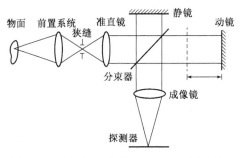

图 2-14 迈克尔逊型干涉成像光谱仪原理图

迈克尔逊型干涉成像光谱仪的动镜和静镜主要分为平面镜、角反射体以及猫眼镜三种。平面镜的优点是对于镜子二维方向的横移无严格要求,但对镜子的倾斜度非常敏感。这方面的代表有美国的 IRIS(V)、IRIS(M)以及 JTS 等。而猫眼镜和角反射体则对镜子的倾斜无严格要求,但对横移非常敏感。这方面的代表主要有美国的 ATMOS、CIRS 及欧洲的 IASI 等。

由于两相干光束的最大光程差取决于动镜的最大可移动长度,所以增加动境的最大可移动长度,可以获得很大的最大光程差,而光谱分辨力与最大光程差成正比,因此迈克尔逊型干涉成像光谱仪可以实现相当高精度的光谱测量。但它也有两个明显的缺点:

(a)需要一套高精度的动镜驱动系统,在运动过程中要保持动镜运动的匀速性,并且对扰动和机械扫描精度都很敏感,这就使得光谱仪结构复杂、成本高。

(b)由于物面像元的干涉图是时间调制的,所以不能测量空间和光谱迅速发生变化的物面的光谱,只适用于空间和光谱随时间变化较慢的目标光谱图像测量,导致应用领域受到限制。

② 双折射型干涉成像光谱仪——空间调制型。双折射型干涉成像光谱仪是利用双折射偏振干涉方法,在垂直于狭缝(用于在推扫型仪器中选出目标上的一个行)的方向同时产生物面像元辐射的整个干涉图。它由前置系统、狭缝、准直镜、起偏器、Wollaston 棱镜、检偏器、柱透镜和探测器等部分构成,其光学原理如图 2-15 所示。

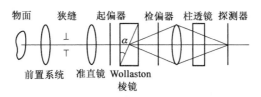

图 2-15 双折射型干涉成像光谱仪原理图

由图 2-15 可见,前置光学系统将目标成像于入射狭缝上(即准直镜的前焦面),然后经准直镜入射到起偏器。沿起偏器偏振化方向的线偏振光入射到 Wollaston 棱镜,该棱镜将入射光分解为两束强度相等的寻常光(O 光,垂直于主平面振动)和非寻常光(e 光,平行于主平面振动)。这两束振动方向垂直的线偏振光经检偏器后,变成与检偏器偏振化方向一致的二线偏振光,经过再成像系统后,在探测器方向上就可以得到干涉图,探测器上每一行对应于入射狭缝上不同的点,这样就可以得到沿狭缝长度方向的空间分辨率。

干涉成像光谱仪具有如下优点:

(a)探测器所探测的不是像元辐射中的单个窄波段成分,而是整个光谱的 Fourier 变换,又因 Fourier 变换的积分过程是一种"平均"过程,故有改善信噪比的作用,并且个别探测器单元的失效不会造成相应波段信息的丢失。

(b)狭缝的高度和宽度只确定成像的空间分辨力,而不影响光谱分辨力,所以光通量和视场可以较大。

(c)该装置无运动部件,结构紧凑,抗外界扰动或震动能力强。

(d)属空间调制,实时性好,可用于测量光谱和空间变化的目标。

双折射型干涉成像光谱仪的缺点是分辨能力有限,光学系统结构复杂。另外,它只是在"一行"测量中因无动镜扫描而可"瞬时"完成,但是推扫过程中也不允许光谱和空间发生变化。

③ 三角共路型干涉成像光谱仪——空间调制型。三角共路(sagnac)型干涉成像光谱仪是用三角共路干涉方法,通过空间调制,产生物面的像和像元辐射的干涉图。它由前置系统、狭缝、准直镜分束器、反射镜、Fourier 透镜、柱面镜和探测器构成,其光学原理如图 2-16 所示。

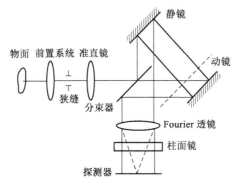

图 2-16 三角共路型干涉成像光谱仪原理图

由图 2-16 可以看出,前置光学系统将被测光线聚焦于狭缝,狭缝出射的光经分束器分为反射光和透射光,再经过静镜和动镜两个反射面及分束面反射或透射后入射到傅里叶透镜上。当动镜与静镜相对于分束器完全对称时,没有光程差,就没有干涉效应。当动镜移动,与静镜不对称时,由于存在光程差,经傅里叶透镜后就形成干涉。由于光路设置,使入射光阑置于傅里叶透镜的前焦面处。则当动镜与静镜非对称时,两束光相对于光轴向两边分开,形成相对于傅里叶透镜的两个虚物点。由虚物点发出的光束经傅里叶透镜后,变成平行光,在探测器处合束产生干涉。

三角共路型干涉成像光谱仪有如下优点。

(a)狭缝的长度和宽度只确定成像的空间分辨力,而不影响光谱分辨力,所以光通量和视场可以较大。

(b)两束光沿相同路径反向传播,外界扰动或震动的影响自动补偿。

(c)实时性好,可测量光谱和空间变化的目标。

三角共路型干涉成像光谱仪的缺点是分辨能力有限,介于迈克尔逊型干涉成像光谱仪和双折射型干涉成像光谱仪之间。与双折射型干涉成像光谱仪类似,它也只能在"一行"测量中因无动镜扫描而可"瞬时"完成,但推扫过程中也不允许光谱和空间发生变化。

上述三种类型的干涉成像光谱仪结构不同,性能各有所长。但归根结底,都是对两束光的光程差进行时间或空间调制,在探测面处得到光谱信息。

在空间调制型干涉成像光谱仪的基础上,利用 Fresnel 双面镜,将干涉光谱仪系统转变成为全反射式的,可克服透射元件(分束器)对光谱范围的限制,实现宽波段的光谱成像测量。近来又研制出时空混合调制型成像光谱仪。它的干涉图中任意像元的光程差是与时间和空间都相关的,其光学原理如图 2-17 所示。

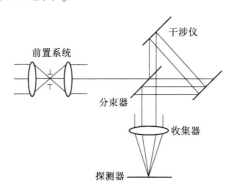

图 2-17　空间调制型干涉成像光谱仪原理图

与空间调制型干涉成像光谱仪不同的是它没有入射狭缝。与时间调制型相比,它没有运动部件。时空调制型干涉成像光谱仪产生光程差的方式属于空间调制,但必须经过一次全视场的推扫过程才能获得一幅完整的干涉图,故获得干涉图的方式有时间调制的特点。因此,虽然时空调制型干涉成像光谱仪所获一幅图像中同时包含着两维空间信息和一维光谱信息,但它对光谱的测量是非实时的。

(3)滤光片型成像光谱仪

滤光片型成像光谱仪也是每次只测量目标上一个行的像元的光谱分布,它采用相机加滤光片的方案,原理简单,并有很多种类,如可调谐滤光片型、光楔滤光片型等。可调谐滤光片的种类较多,包括声光可调谐滤光片、电光可调谐滤光片、双折射可调谐滤光片、液晶可调谐滤光片、法布里-珀罗(Fabry-Perot)可调谐滤光片等,应用在成像光谱仪上的主要有声光和液晶可调谐滤光片。

液晶调谐的调制速度较慢;波长切换时间较长;而声光调谐的调制速度较快,采用具有良好的光学性能、较高的声光品质因数和较低声光衰减的光学材料所制作的器件可以获得较好的效果。

光楔成像光谱仪包括一个安装在靠近面阵探测器的楔形多层膜介质干涉滤光片(图2-18),探测器的每一行探测像元接收与滤光片透过波长对应的光谱带的能量。随着光楔滤光片工艺水平的提高,光楔成像光谱仪已开始走向实用化,美国休斯飞机公司圣巴巴拉研究中心(Hughes Aircraft Company, Santa Barbara Research Center)研制的光谱仪 WIS-1 和 WIS-2 采用的分光元件就是光楔滤光片,NASA 的 EO-1 卫星上搭载着一台光楔成像光谱仪。可以看出,不同光楔集中在一起形成渐变滤光片。由于各光楔的顶角不同,光线通过光楔时不同波段的色光的相位延迟和偏转角度就不同,从而可以分离出多个波段,在底板的探测器上成像。

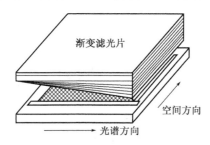

图 2-18　光楔成像光谱仪

(4)计算机层析成像光谱技术

层析成像光谱仪(computed-tomography imaging spectrometer,CTIS)将成像光谱图像数据立方体视为三维目标,利用特殊的成像系统记录数据立方体在不同方向上的投影图像,然后利用层析算法重建出数据立方体。该项技术是 20 世纪 90 年代出现的,日本的 Okamoto 和 Yamaguchi 以及 Bulygin 最先着手此项研究,并首先提出了利用衍射光栅来同时获得目标图像信息(包括空间和光谱信息)的方法,并通过计算重建出原始数据立方体。CTIS 的原理如图 2-19 所示。

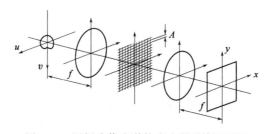

图 2-19　层析成像光谱技术光学系统原理图

u、v 分别表示多光谱图像数据立方体的两个空间维,x、y 分别表示投影后的空间维和光谱维,f 表示间距

图 2-19 显示的 CTIS 的原理为:一个沿三维方向分布(二维空间和一维光谱)的多光谱图像数据的立方体,可以压缩或投影成沿二维方向分布(一维空间和一维光谱)的多光谱光学图像序列。被压缩的二维多光谱光学图像序列被一个或多个二维焦平面阵列传感器接收。通过

计算机层析成像技术(computed tomography,CT)重建算法就可以将压缩的二维多光谱光学图像序列重建为原始目标的光谱图像数据立方体。

美国亚利桑那大学光学科学中心的 M. Descour 和 E. Dereniak 等在该光学系统基础上做了改进以求获得更多的衍射投影像,并对典型的导弹轨迹进行了光谱测量。中国科学院西安光学精密机械研究所的刘良云等对 CTIS 做了仿真研究,并研制出原理样机。

层析成像光谱技术可同时获得目标的二维空间影像和光谱信息,并且能够对空间位置和光谱特征快速变化的目标进行光谱成像,但由于探测器格式及色散元件的精度限制以及较高的成本,较难实用化。

(5)二元光学元件成像光谱技术

二元光学元件既是成像元件又是色散元件,与棱镜或光栅元件垂直于光轴方向色散的特性不同,二元光学元件沿轴向色散,利用面阵 CCD 探测器沿光轴方向对所需波段的成像范围进行扫描,每一位置对应相应波长的成像区。由 CCD 接收的辐射是准确聚焦所成的像与其他波长在不同离焦位置所成像的重叠。利用计算机层析技术对图像进行消卷积处理就可获得物面的图像立方体。采用二元光学元件的成像光谱仪其光谱分辨力由探测器的尺寸决定。二元光学元件是微浮雕位相结构,设计困难,制作难度较大,多次套刻的误差对衍射效率影响很大。太平洋高技术公司(Pacific Advanced Technology)已经研制了多台该类型成像光谱仪,可获取高达 400 多个光谱波段的超光谱图像,光谱范围覆盖了甚近红外、短波红外、中波红外和热红外波段。

(6)三维成像光谱技术

三维成像光谱仪是在光栅(棱镜)色散型成像光谱仪的基础上改进而来的。传统的色散型成像光谱仪中,光谱仪系统的入射狭缝位于望远系统的焦面上,而三维成像光谱仪在望远系统的焦面上放置的是一个像分割器(image slicer),这是三维成像光谱仪的核心,它的作用是将二维图像分割转换为长带状图像,如图 2-20 所示。

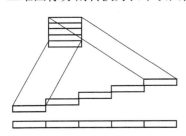

图 2-20　像分割器的工作原理

像分割器由两套平面反射镜组成:第一套反射镜将望远系统所成的二维图像分割成多个条带,并将各条带按不同方向反射成为一个阶梯形长条带;第二套反射镜接收每个单独条带的出射光,并将它们排成一个连续的长带。从几何光学的角度来看,重新组合的长带与长狭缝几乎没有任何区别。但是仪器的安装和调试困难,加长狭缝高度,也势必造成仪器的结构变大。利用这个像分割器作为棱镜和光栅色散型光谱仪的入射狭缝就可以组成一台三维成像光谱仪。

2.3.4　成像光谱仪空间成像方式

高光谱遥感的成像包括空间维成像和光谱维成像。其空间维成像是通过飞行平台的平动,以及置于飞行平台上的成像光谱仪以一定的工作模式来实现的,常用的工作模式为摆扫型和推扫型。

(1)摆扫型成像光谱仪

摆扫型(whiskbroom)成像光谱仪由光机左右摆扫和飞行平台向前运动完成二维空间成像,如图 2-21 所示,其线列探测器完成每个瞬时视场像元的光谱维获取,如图 2-22 所示。

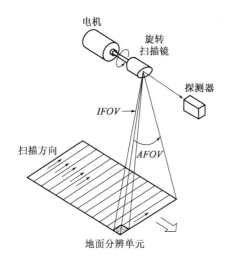

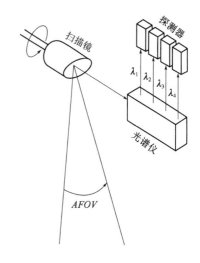

图 2-21 摆扫型成像光谱仪成像方式　　　　图 2-22 摆扫型成像光谱仪的光谱获取

摆扫型成像光谱仪具有一个成 45°斜面的扫描镜(rotating scan mirror),在电机(electric motor)的带动下进行 360°旋转,其旋转水平轴与遥感平台前进方向平行(cross-track scanning)。扫描镜对地左右平行扫描成像,即扫描运动方向与遥感平台运动方向垂直。光学分光系统一般主要由光栅和棱镜组成,然后色散光源再被汇集到探测器(detector)上。这样成像光谱仪所获取的图像就具有了两方面的特性:光谱分辨率与空间分辨率。

摆扫型成像光谱仪的优点在于可以得到很大的总视场(AFOV 可达 90°),像元配准好,不同波段任何时候都凝视同一像元;在每个光谱波段只有一个探测元件需要定标,增强了数据的稳定性;由于是进入物镜后再分光,一台仪器的光谱波段范围可以做得很宽,例如从可见光一直到热红外波段。所以目前波段全、实用性强的成像光谱仪,除我国的实用性模块化成像光谱仪(OMIS)系统之外多属此类,如美国喷气推进实验室(Jet Propulsion Laboratory,JPL)完成的 AVIRIS 系统和美国 GER 公司的 GERIS(Geographical & Environmental Research Imaging Spectrometer)系统。它的不足之处是,由于采用光机扫描,每个像元的凝视时间相对就很短,要进一步提高光谱和空间分辨率以及信噪比(signal-to-noise,SNR)比较困难。

(2)推扫型成像光谱仪

推扫型成像光谱仪采用一个垂直于运动方面的面阵探测器,在飞行平台向前运动中完成二维空间扫描,如图 2-23 所示;平行于平台运动方向,通过光栅和棱镜分光,完成光谱维扫描,如图 2-24 所示,它的空间扫描方向就是遥感平台运动方向(along-track scanning)。

推扫型成像光谱仪的优点首先是像元的凝视时间大大增加了,因为它只取决于平台运动的地速,相对于摆扫型成像光谱仪,它的凝视时间的增加量可以达到 10^3 数量级。如前所述,凝视时间的增加可以大大提高系统的灵敏度和信噪比,从而能够更大地提高系统的空间分辨率和光谱分辨率。另外,由于没有光机扫描运动设备,仪器的体积相对比较小。这类设备如中国科学院上海技术物理研究所的推扫型扫描仪 PHI、加拿大的 CAST 等,它们的波长范围均为可见光到近红外,而美国原定为地球观测系统(earth observation system,EOS)研制的高分辨率成像光谱仪(high resolution imaging spectrometer,HIRIS)以及超光谱分辨率数字图像收集实验仪(hyperspectral digital imagery collection experiment,HYDICE)同样采用推扫方式,并且波长范围从可见光延伸到了短波红外($0.4 \sim 2.5\mu m$)。

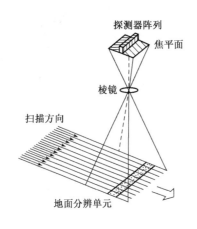

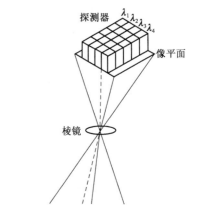

图 2-23　推扫型成像光谱仪成像方式　　　　图 2-24　推扫型成像光谱仪的光谱获取

推扫型成像光谱仪的不足之处是,由于探测器器件尺寸和光学设计的困难,总视场角不可能做得很大,一般只能达到 30°左右。此外,面阵 CCD 器件上万个探测元件的标定也很困难。而且,现今的面阵器件主要集中在可见光、近红外波段。

2.3.5　成像光谱仪系统简介

成像光谱仪系统包括机载成像光谱仪、星载成像光谱仪和便携式成像光谱仪。

(1)国外成像光谱仪系统简介

① 航空成像光谱仪。1983 年,世界上第一台成像光谱仪 AIS-1(Aero Imaging Spectrometer-1)在美国喷气推进实验室研制成功,并在矿物填图、植被、化学等方面的应用中取得了成功,显示了成像光谱仪的巨大潜力。此后,先后研制的航空成像光谱仪有美国机载先进的可见光红外成像光谱仪(AVIRIS)、加拿大的荧光线成像光谱仪(FLI)和在此基础上发展的小型机载成像光谱仪(AIS)、美国 Deadalus 公司的 MIVIS、美国 GER 公司的 79 波段机载成像光谱仪(DAIS-7915)、芬兰的机载多用成像光谱仪(DAISA)、德国的反射式成像光谱仪(ROSIS-10 和 ROSIS-22)、美国海军研究所实验室的超光谱数字图像采集试验仪(HYDICE)等。其中,AVIRIS 的影响最大,是一台具有革命性意义的成像光谱仪,极大地推动了高光谱遥感技术及其应用的发展。

近年来,世界上一些有条件的国家竞相投入到成像光谱仪的研制和应用中来,到目前为止,全球大约有 50 套成像光谱仪已经投入使用。而在航空高光谱成像仪的家族中,新的成员仍不断崭露头角。这些高光谱系统均基于新一代技术成就之上,因而在稳定性、探测效率及综合技术性能方面均有很大提高。其中,具有代表性的有澳大利亚的 HyMap、美国的 Probe、加拿大的 ITRES 公司的系列产品以及由美国 GER 公司为德士古(TEXACO)石油公司专门研制的 TEEMS 等。

HyMap 是"高光谱制图仪"(hyperspectral mapper)的简称(Cocks et al,1998),是以澳大利亚 Integrated Spectronics 公司为主研制的。经过近 5 年的发展,它已成为技术较为完善、系统较为配套的新一代实用型航空高光谱成像仪的代表。HyMap 在 0.45 ~ 2.5 μm 光谱范围有126 个波段,同时在 3 ~ 5 μm 和 8 ~ 10 μm 两个波长区设置了两个可供选择的波段,共有 128 个波段。其数据在光谱定标、辐射定标和信噪比等方面都达到了较高的性能;总体光谱定边精度优于 0.5nm；短波红外波段（2.0~2.5μm）的信噪比都高于 500：1，有的波段其信噪比甚至高达 1000：1。该系统所配备的德国蔡司（Zeiss Jena SM2000 型）三轴稳定平台，减小了几何畸变，使得 HyMap 各波段之间的几何配准精度达 1/10 像元。

Probe-1 和 Probe-2 是 Earth Search Sciences 公司开发的另外一个有影响的航空成像光谱仪系统。该系统在 0.4~2.5μm 区有 128 个波段，光谱分辨率为 11~18nm，其各种参数与HyMap 系统十分相似。

加拿大的 ITRES 公司是世界上最早从事机载成像光谱仪及其相关设备研制和发展的企业之一，其成像光谱仪分为三个系列：在可见光-近红外成像的 CASI（compact airborne spectrographic imager）系列、在短波红外成像的 SASI（shortwave infrared airborne spectrographic imager）系列、在热红外成像的 TABI（thermal airborne spectrographic imager）系列。该系统的突出特点包括图像动态范围高达 12~14 bit；具有较高的光谱分辨率，可见光-近红外波段达到 2.2nm；视场角大，图像的行扫描宽度可达 1480 个像元。值得一提的是，成像的波段和视场宽度都可以编程控制，可组成三种成像模式：空间模式（spatial）、光谱模式（spectral）和全帧模式（full mode）。

TEEMS 是德士古能源和环境多光谱成像光谱仪（Texaco energy & environmental multispectral imaging spectrometer）的简称。这是一台由美国地球物理和环境研究公司（GER）应德士古的技术要求与德士古专家合作、专门研制的具有 200 多个波段、性能十分先进的实用型高光谱成像仪。该系统具有紫外、可见光、近红外、短波红外和热红外波段的光谱成像能力，从而在石油地质勘测，特别是在探测与油气藏有关的特征中发挥了很大的作用。TEEMS 的另一个显著的特点是它与一台高分辨率合成孔径雷达集成为一体，实现了被动光学遥感器（成像光谱）与主动微波雷达的合成工作模式。这是当前世界上第一台该类型的系统，充分将技术的先进性与实用化的要求集于一身，体现了发展的方向。

近年来热红外成像光谱仪已经有了实质性的进展。最具有代表性的是美国宇航公司研制的空间增强宽带阵列光谱仪系统（spatially enhanced broadband array spectrograph system, SEBASS）。这是一台没有任何运动部件的固定成像仪，共有两个光谱区：中波红外，3.0~5.5μm，带宽 0.025μm；长波红外，7.8~13.5μm，带宽 0.04μm。它在中波红外区有 100 个波段，在长波红外区有 142 个波段；所使用的探测器为 2 块 128×128 的 Si：As 焦平面，有效帧速率为 120Hz，温度灵敏度为 ±0.05℃，信噪比 >2000。热红外成像光谱仪为更好地反映地物的本质提供了珍贵的数据源，已经被应用于环境监测、植被长势和胁迫监测、农林资源制图、地质填图以及探矿等许多领域。

各种航空成像光谱系统的争奇斗艳大大推动了成像光谱技术的发展，一些新型系统的出现也引起了人们的关注。将楔形渐变滤光片引入成像光谱仪，可以大大减轻系统的重量，简化数据获取技术，形成了高光谱遥感发展的又一个方向。美国休斯公司圣巴巴拉研究中心研制了一台光楔形成像光谱仪（wedge imaging spectrometer, WIS）。WIS 的分光部分由一块或数块楔形渐变滤光片直接覆在面阵探测器上形成，面阵探测器的一维随飞机的前向运动完成空间扫描（推扫），而另一维则因光楔的位置不同，所以接收的波长不同，从而完成在光谱维的扫描。研制者在相对较短的时间完成了两代产品。仪器的分光部分共利用了四块楔形滤光片，总共可以获得 812 个波段的图像。但是光楔形成像光谱仪最大的不足是它不能在同一时间采集每一幅光谱图像中的所有行，这就为航空系统的实用化特别是数据的处理带来了困难。

鉴于色散型成像光谱仪探测可见光和红外弱辐射相当困难，一种新的成像光谱技术——

干涉成像光谱仪,即傅里叶变换成像光谱仪应运而生。这种成像光谱技术具有光通量大、波段多、信噪比高等特点,在遥感及其他领域具有重要的应用前景和特殊用途,已经引起世界上一切著名研究机构的高度重视。国外从20世纪80年代末开始研究用干涉成像光谱技术测量地球大气、地表及飞行物等的光谱图的方法和技术路线,但这一技术对平台的稳定性要求甚高,从而在一定程度上限制了它的应用。

② 航天成像光谱仪。1997年美国NASA计划中的第一颗高光谱遥感卫星(LEWIS)在发射之后失效是高光谱遥感技术发展的一大憾事。但是人类在高光谱遥感领域的创新、探索和技术前进的步伐并没有因此而停顿。

美国对航天成像光谱技术研究方面的投入一直在世界遥遥领先。虽先有高分辨率成像光谱仪(high resolution imaging spectrometer,HIRIS)计划的夭折,后又有LEWIS和Orbview-4卫星的失败,但经过多年的不懈努力,如今美国的中分辨率成像光谱仪(MODIS)、EO-1高光谱卫星、美日合作的高级星载热辐射及反射探测器(advanced satellite thermal emission/reflection radiometer)以及美国军方的"Might-Sat"高光谱卫星已经成功发射并在轨道上正常运行。

MODIS是EOS-AMI卫星(1999年12月发射)和EOS-PMI(2002年5月发射)上的主要探测器——中分辨率成像光谱仪,也是EOS Terra平台上唯一进行直接广播的对地观测仪器。通过MODIS可以获取$0.4 \sim 14\mu m$范围内的36个波段的高光谱数据,为开展自然灾害、生态环境监测、全球环境和气候变化以及全球变化的综合性研究提供了重要的数据源。

高级星载热辐射及反射探测器(ASTER)是搭载在Terra卫星(1992年12月发射)上的另一个成像光谱仪器。ASTER是由美国NASA和日本METI地球遥感数据分析中心(earth remote sensing date analysis center,ERSDAC)合作研制的,目前ASTER已经被广泛地应用于反演陆面温度、比辐射率、反射率和高程信息。

美国宇航局(NASA)的地球轨道一号(EO-1)带有三个基本的遥感系统,即先进陆地成像仪(advanced land imager,ALI)、高光谱成像仪(HYPERION)以及大气校正仪(linear etalon imaging spectrometer array atmospheric corrector,LAC)。EO-1搭载的高光谱遥感器hyperion是新一代航天成像光谱仪的代表,空间分辨率为30m,在$0.4 \sim 2.5\mu m$范围内共有220个波段,其中在可见光-近红外(400~1000nm)范围内有60个波段,在短波红外(900~2500nm)范围内有160个波段。

另外,LAC是具有256个波段的大气校正仪,它在890~1600nm光谱段具有256个波段,其主要功能是对Landsat-7ETM+和EO-1的ALI遥感数据进行水汽校正,同时1380nm光谱段也能获得卷云的信息。

2000年7月美国发射的MightSat-Ⅱ卫星上搭载的傅里叶变换高光谱成像仪(Fourier transform hyperspectral imager,FTHSI)是干涉成像光谱仪的成功典范。由于MightSat-Ⅱ出色的性能和成功运行,其研究组获得了美国空军研究实验室(U.S. air force research laboratory,AFRL)的"司令杯团体奖"和"空间运载工具董事会年度团体奖"。

2001年10月,欧洲空间局(european space agency,ESA)成功发展了基于空中自治小卫星PROBA小卫星的紧密型高分辨率成像光谱仪(compact high resolution imaging spectormeter,CHRIS)并发射成功(Cutter,2004;Barnsley et al,2004)。这一计划的主要目标是获取陆地表面的成像光谱影像。系统还采用对地表选择对象的多角度观测技术以测量其二向性反射特征。CHRIS/PROBA的几个关键参数见表2-1。

表2-1 CHRIS/PROBA 的几个关键参数

观 测 模 式	模式1	模式2	模式3	模式4	模式5
波段数	62	18	18	18	34
波段范围/nm	406~992	406~1003	438~1035	486~788	438~1003
波段宽度/nm	6~20	6~33	6~33	6~11	6~33
星下点空间分辨率/m	34	17	17	17	17

从表2-1可见,CHRIS在415~1050nm的成像范围内有五种成像模式,不同的模式下其波段数目、光谱分辨率和空间分辨率不等,波段数目分别是18、37和62,光谱分辨率为5~15nm,空间分辨率为17~20m或者34~40m。CHRIS较其他星载成像光谱仪有一个很独特的优势,就是CHRIS能够从五个不同的角度(观测模式)对地物进行观测,这种设计为获取地物反射的方向特征提供了可能。CHRIS和PROBA无论是空间分辨率、光谱分辨率还是其工作模式,在目前的星载成像光谱仪中都是先进的。

2002年3月,欧洲空间局继美国AM-1 MODIS之后又成功发射了Envisat卫星,这是一颗结合型大平台先进的极轨对地观测卫星,其上搭载的服务于多种目标的遥感器,确保了欧洲空间局对地观测卫星的数据获取的连续性。其中分辨率成像光谱仪(medium resolution imaging spectrometer,MERIS)为一视场角为68.5°的推扫型中分辨率成像光谱仪,它在可见光-近红外光谱区有15个波段,空间分辨率为300m,每3天可以覆盖全球一次。MERIS的主要任务是进行沿海区域的海洋水色测量,除此还可以用于反演云顶高度、大气水汽柱含量等信息。值得一提的是MERIS虽然只有15波段,但可通过程序控制选择和改变光谱段的布局,这无疑为未来高光谱遥感波段的设计和星上智能化布局开拓了新的思路。

澳大利亚也提出了自己的一套航天高光谱遥感系统发展计划,根据这一计划一颗称为ARIES-1的高光谱遥感卫星原计划在2001年投入运行,后来推迟发射。这颗卫星的设计寿命为5年,空间分辨率为30m,在0.4~2.5μm范围内共有220个波段,其中在可见光-近红外(400~1000nm)范围内有60个波段,在短波红外(900~2500nm)范围内有160个波段。这颗遥感卫星的重要目的之一是针对澳大利亚丰富的矿产资源进行调查和研究,并进一步研究环境问题,这从系统在短波红外区具有较高的光谱分辨率可以看出。

日本继ADEOS-1之后,于2002年12月发射了后继星ADEOS-2,其上携带着日本宇宙开发事业团(NASDA)的两个遥感器(AMSR和GLI)和国际或国内合作者提供的3个遥感器(POLAR,ILAS-Ⅱ,SeaWinds)。GLI在可见和近红外有23个波段,在短波红外有6个波段,而在中红外和热红外则有7个波段。主要提供海洋、陆地和云的高精度观测数据,其优点表现在可见光波段数比其他海洋水色遥感器和大气观测遥感器要多得多。另外,GLI还有海洋水色观测所需要的大气定标波段以及陆地观测所需的高动态范围波段。不仅如此,GLI还有一些从前没有用过的重要波段,如0.38μm(近紫外)、0.76μm(氧气吸收波段)和1.4μm(水汽吸收波段)。

(2)我国成像光谱仪系统简介

① 航空成像光谱仪。我国一直跟踪国际高光谱成像技术的发展前沿,并于20世纪80年代中后期开始发展自己的高光谱成像系统,在国家"七五""八五""九五"科技攻关,"863"高技术研究发展计划等重大项目的支持下,我国成像光谱仪的发展,经历了从多波段扫描仪到成像光谱扫描,从光机扫描到面阵CCD探测器固态扫描的发展过程。

早在"七五"期间,中国科学院就主持了高空机载遥感实用系统的国家科技攻关计划,并由中国科学院上海技术物理研究所开发了多台相关的专题扫描仪。这些工作为我国研制和发展高性能的高光谱成像仪打下了坚实的基础。在"八五"期间,新型模块化航空成像光谱仪(modular aero imaging spectrometer, MAIS)的研制成功,标志着我国的航空成像光谱仪技术和应用取得了重大突破。此后,我国自行研制的推扫型成像光谱仪(PHI)和实用型模块成像光谱仪系统(OMIS)在世界航空成像光谱仪大家庭里占据了重要地位,代表了亚洲成像光谱仪技术水平,多次参与了与国外的合作并到国外执行飞行任务。PHI 和 OMIS 的主要参数见表 2-2 和表 2-3。

表 2-2　推扫型成像光谱仪(PHI)主要技术参数

工 作 方 式	面阵 CCD 探测器推扫
视场角	0.36rad(21°)
瞬时视场角	1.0mrad
波段数	244
信噪比	300
光谱分辨率	<5nm
光谱范围	400~850nm
像元数	367pixel/line
光谱采样	1.86nm
帧频	60Fr/s
数据速率	7.2mb/s
重量	9 kg

表 2-3　实用型模块成像光谱仪系统(OMIS)主要技术参数

OMIS- I			OMIS- II		
总波段数		128	总波段数		68
光谱范围/μm	光谱分辨率/nm	波段数	光谱范围/μm	光谱分辨率/nm	波段数
0.46~1.1	10	64	0.4~1.1	10	64
1.06~1.70	40	16	1.55~1.75	200	1
2.0~2.5	15	32	2.08~2.35	270	1
3.0~5.0	250	8	3.0~5.0	2000	1
8.0~12.5	500	8	8.0~12.5	4500	1
瞬时视场/mard	3		1.5/3 可选		
总视场	>70°				
扫描率/(线/s)	5、10、15、20 可选				
行像元数	512		1024/512		
数据编码/bit	12				
最大数据率/Mbps	21.05				
探测器	Si、InGaAs、InSb、MCT 线列		Si 线列、InGaAs 单元、InSb/MCT 双色		

② 航天成像光谱仪。2002 年 3 月在我国载人航天计划中发射的第三艘试验飞船"神舟三号"中,搭载了一台我国自行研制的中分辨率成像光谱仪(China moderate resolution imaging spectroradiometer, CMODIS)。这是继美国 EOS 计划 MODIS 之后,几乎与欧洲环境卫星(ENVI-SAT)上的 MERIS 同时进入地球轨道的同类仪器。CMODIS 在可见光到热红外波长范围(0.4 ~ 12.5μm)具有 34 个波段。2008 年发射的环境与减灾小卫星(HJ-1)星座中,也搭载一台工作在可见光-近红外光谱区(0.45 ~ 0.95μm)、具有 128 个波段、光谱分辨率优于 5nm 的高光谱成像仪。它将对广大陆地及海洋环境和灾害进行不间断地业务性观测。

"风云-3"气象卫星搭载的中分辨率成像光谱仪具有 20 个波段,成像范围包括可见光、近红外和热红外。风云三号气象卫星一共由四颗卫星组成,已分别于 2008 年、2010 年、2013 年和 2017 年成功发射了风云三号 A 星、B 星、C 星和 D 星。"风云三号"配置的有效载荷多,研制起点高,技术难度大,卫星总体性能将接近或达到欧洲正在研制的 METOP 和美国即将研制的 NPP 极轨气象卫星水平。

2007 年 10 月 24 日我国发射的"嫦娥-1"探月卫星上,成像光谱仪也作为一种主要载荷进入月球轨道。这是我国的第一台基于傅里叶变换的航天干涉成像光谱仪,它具有光谱分辨率高的特点,用来探测月球表面物质。

2018 年 12 月 8 日凌晨 2 点 23 分,嫦娥四号月球探测器在西昌卫星发射中心由长征三号乙运载火箭成功发射。此次任务的最大亮点是,中国将实现世界首次月球背面软着陆和巡视探测,这被认为是工程技术和空间科学的双重跨越和创新。嫦娥四号的月球车上仍装有全景相机、测月雷达和红外成像光谱仪。

第**3**章　地物光谱数据获取与预处理

本章主要介绍地物非成像高光谱数据获取方法、地物高光谱图像数据获取方法、高光谱数据预处理、异常光谱数据的剔除和典型地物的光谱特征。

3.1　地物非成像高光谱数据获取方法

利用高光谱非成像光谱(辐射)仪在野外或实验室测量地质矿物、植物或其他物体的光谱反射率、透射率及其他辐射率,不仅能帮助理解航空或航天高光谱遥感数据的性质,而且可以模拟和定标一切成像光谱仪在升空之前的工作性能。此外,当某些应用不需要图像数据时,光谱测量或低空测量不失为成本低廉、灵活的数据获取方法,也可供用来建立和测试描述表面方向性光谱反射和生物物理属性的关系。

地物非成像高光谱数据获取使用的仪器为地物光谱仪(或称为光谱辐射计)。目前各国制造的地物光谱仪种类很多,但使用方法基本上大同小异,测量波段多为可见光和近红外。针对农作物、岩石、水体等不同地物的高光谱数据获取,可以选用不同的测量仪器。如中科院长春光机所的 WDY-850 地面光谱辐射计、中科院安徽光机所的 DG-1 野外光谱辐射计;国外的有日本的 SRM-1200 野外光谱辐射计,美国的 ASD FieldSpec 系列便携式光谱辐射仪、ASD FieldSpec HandHeld 掌上型野外光谱仪、SE-590 便携式光谱辐射计、SVR1024 光谱辐射计,荷兰的 AvaFidld 便携式地物波谱仪等。

3.1.1　光谱数据获取的基本步骤

下面以美国 ASD FieldSpec 4 便携式光谱辐射仪为例,介绍地物非成像高光谱数据获取方法。

ASD FieldSpec 4 地物波谱仪主要由主机、手提电脑、手枪式把手、不同长度的光纤光学探头及连接数据线、校准白板、不同视场角镜头等组成。

ASD FieldSpec 4 地物波谱仪的波段范围为 350～2500nm,其中,350～1050nm 采样间隔为1.4nm,光谱分辨率为 3nm;1000～2500nm 采样间隔为 2nm,光谱分辨率为 8nm。它能在笔记本电脑上实时持续显示并保存测量光谱数据,使测量者在测量过程中,依据实时显示的光谱图像获取需要的测量数据。

ASD FieldSpec 4 地物波谱仪既可以在室内、也可以在野外进行光谱反射率数据的测定,一般要经过测定前的准备工作、仪器优化、测定时的准确操作和测定后的数据整理等过程。

（1）测定前的准备工作

① 仪器充电：为 ASD 光谱仪专用的镍氢电池、笔记本的电池及 GPS 的电池充满电。

② 仪器检查：打开仪器，进行检查，确保仪器的性能正常。主要确认：a. 波长无漂移；b. 连接正常；c. 快门工作正常；d. 光纤无破损；e. 无其他异常问题。

③ 整理仪器，携带野外采样需要的仪器配件，必须带上交叉网线，以防止无线连接不上。

④ 设计采样方案：根据采样地点和时间，设计详细可行的采样方案。

⑤ 开机并预热：先打开光谱仪主机电源开关，再打开笔记本电源开关。测量反射率前，仪器至少预热 15min。

[注意] 光谱仪主机和笔记本电源的开关打开顺序不要弄反，否则仪器无线连接就会出现问题。

⑥ 打开 RS3 软件并进行参数设置：双击图标启动 ASD 的 RS3 软件，一般白天使用黑白的，夜间使用彩色的 RS3 软件。

在 RS3 软件界面上，选择 GPS，点击 ENABLE，RS3 软件下方开始搜索蓝牙 GPS，这时长按蓝牙 GPS 的开关键，GPS 信息显示在下方，表明 GPS 连接成功。

主窗口底部显示纬度、经度和高程的固定 GPS 数据。当 GPS 数据是不固定时，这些领域将是空白的。GPS 锁标，表示启用或禁用读取 GPS。当激活时，波浪形在左下滚动。

在 RS3 软件界面上，打开"Control"菜单的"spectrum save"选项输入下列信息：

a. 存储路径名称：数据存储到指定的文件夹。

b. 文件命名：为便于查询，比较好的办法是用当前日期命名一个新文件夹，比如 C：\spectroradiometer\20180101。

设置光谱测量配置参数。如图 3-1 所示，所有存储文件的信息填写完成后，点击 OK 保存此参数设置，关闭此窗口。Begin Save 是开始保存光谱。

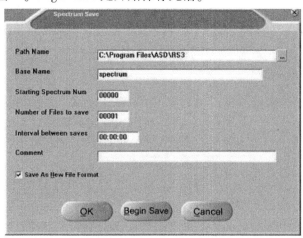

图 3-1 设置光谱保存参数

如图 3-2 所示，选择准备使用的镜头类型（也可用下拉窗口选择），Bare Fiber 是指 25°裸光纤镜头。光谱、暗电流以及白板光谱预设平均次数，推荐使用 10～25 次平均。

（2）仪器优化

将白板放置在与样品面处于同一水平位置，操作者面向太阳（野外）或卤素灯（室内），伸展手臂，手持手枪式把手探头垂直对准白板，确定采样高度，保证光纤视场域内充满白板（注

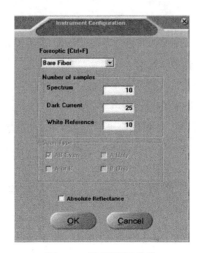

图 3-2　设置配置参数

意：白板必须充满镜头视场。工作过程中特别是开始工作的前半个小时内，每隔一定时间做一次优化）。点击 Opt（或者 Ctrl + O）图标优化光谱仪设置参数，让仪器根据当前的光照水平自动设置合适的积分时间（350 ~ 1000nm）和增益值（1000 ~ 1800nm，1800 ~ 2500nm），从而使光谱仪获得的光谱数据信噪比最大，结果如图 3-3 所示。

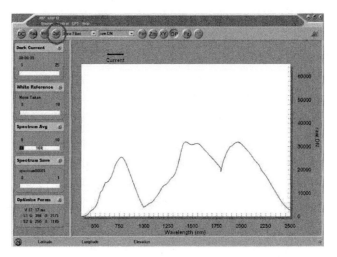

图 3-3　光谱仪 Opt 优化

探头仍然对准白板，然后点击 WR 采集参比光谱，此时，软件自动进入反射率测量状态，几秒钟之后界面上显示一条反射率数值为 1.00 的平直线，如图 3-4 所示。当仪器采集完白板 DN 值之后，仪器会自动将采集的 DN 值除以白板 DN 值，计算反射率，因此当看到反射率数值为 1.00 的平直线，即表明能正确采集入射光的 DN 值了。

（3）测定时的准确操作

如图 3-5 所示，探头移向被测目标，当笔记本电脑 RS3 软件界面上显示的相对反射率光谱线稳定后，按一下空格键，存储采集到的目标物反射率光谱。一般每个目标物的光谱重复观测记录 10 次，在导出光谱数据时，以其平均值作为该样本的光谱反射率值。

需要说明，在光谱测定过程中，当界面提示出现饱和时，必须重新点击 Opt 和 WR 进行优化，再继续重复以上步骤进行测量。

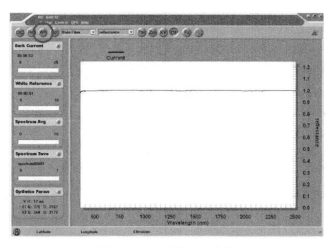

图 3-4　WR 采集参比光谱

图 3-5　野外目标地物光谱测量

当一个目标地物光谱测定完毕后,进行下一个目标地物光谱的测定。测定过程中每间隔 15～20min 或者照明条件以及环境条件(比如云层覆盖、湿度变化、太阳移动等)发生改变时,需要重新点击 Opt 和 WR 进行优化,再继续重复以上步骤进行测量,直至所有目标样本的光谱测定完成。

(4)测定后的数据整理工作

待所有样本的光谱测定完毕,关闭笔记本电脑开关,再关闭光谱仪主机开关。把仪器光纤探头整理好,收回到仪器包中(注意光纤不可过硬弯折),装好白板。将笔记本电脑中存储原始数据的文件夹拷贝出来,使用光谱仪自带的 ViewSpec Pro 光谱数据转换软件,处理所有样本的原始光谱数据。转换后的光谱数据可保存在 Excel 文档中备用。

3.1.2　光谱数据获取的注意事项

(1)目标选取

选取测量目标要具有代表性,应能真实反映被测目标的平均自然性。对于植被冠层及地物的测量应考虑目标和背景的综合效应。

（2）能见度的要求

对一般无严重大气污染地区,测量时的水平能见度要求不小于 10 km。

（3）云量限定

太阳周围 90°立体角,淡积云量,无卷云、浓积云等,光照稳定。

（4）风力要求

测量时间内风力小于 5 级,对植物,测量时风力小于 3 级。

（5）测定要求

在晴朗无风或微风的天气条件下进行,测定时间 10:30 ~ 14:30（北京时间）。

（6）仪器的位置

仪器探头向下正对着被测物体,至少保持与水平面的法线夹角在 ±10°之内,保持一定的距离,探头距离地面高度通常在 1.3m,以便获取平均光谱。视域范围可以根据相对高度和视场角计算。

（7）传感器探头的选择

当野外地物范围比较大、物种纯度比较高、观测距离比较近时,选用较大视场角的探头;当地物分布面积较小时,或者物种在近距离内比较混杂,或需要测量远处地物时,则选用小视场角的探头。

（8）避免阴影

探头定位时必须避免阴影,人应该面向阳光,这样可以得到一致的测量结果。野外大范围测试光谱数据时,需要沿着阴影的反方向布置测点。

（9）白板反射校正

天气较好时,每隔 10min 就要用白板校正一次,防止传感器响应系统的漂移和太阳入射角变化造成影响,如果天气较差,校正应更频繁。校正时白板应水平放置。

（10）防止光污染

不要穿带浅色、特色衣帽。因穿戴白色、亮红色、黄色、绿色、蓝色的衣帽,会改变反射物体的反射光谱特征。要注意避免自身阴影落在目标物上。当使用翻斗卡车或其他平台从高处测量地物目标时,要注意避免金属反光,如果有,则需要用黑布包住反光部位。

（11）采集辅助数据

必须在测试地点采集 GPS 数据,详细记录测点的位置、植被覆盖度和类型以及异常条件、探头的高度,配以野外照相记录,便于后续的解译分析。

3.2 地物高光谱图像数据获取方法

便携式成像光谱仪是获取地物高光谱图像数据的常用仪器。成像光谱仪是 20 世纪 80 年代开始在多光谱遥感成像技术的基础上发展起来的,它以高光谱分辨率获取景物或目标的高光谱图像,在航空、航天器上进行陆地、大气、海洋等观测中有广泛的应用。高光谱成像仪可以应用于地物精确分类、地物识别、地物特征信息的提取。由于成像光谱仪高光谱分辨率的巨大优势,在空间对地观测的同时获取众多连续波段的地物光谱图像,达到从空间直接识别地球表面物质的目的,成为遥感领域的一大热点,正在成为当代空间对地观测的主要技术手段。除此之外,地面光谱成像仪在科学研究、工农林业环境保护等方面也取得了很大的成果。

成像光谱仪是将成像技术和光谱技术结合在一起,在探测物体空间特征的同时对每个空间像元色散形成几十个到上百个波段带宽为 10nm 左右的连续光谱覆盖。其主要由光学系统、信号前端处理盒、数据采集记录系统三部分组成。成像光谱仪类型很多,下面以美国生产的 SOC710 红外成像光谱仪为例,说明地物高光谱图像数据获取方法。

3.2.1 SOC710 红外成像光谱仪简介

如图 3-6 所示,SOC710 红外成像光谱仪可用于在野外、实验室或显微镜下测量光谱,实时获取被测物在 400～1000nm 内的高光谱图像数据,进行植物分类,胁迫生理、生长状况、病虫害遥感监测及预警,果实/种子品质、成分分析等研究。

图 3-6 SOC710 红外成像光谱仪

仪器采用全息衍射技术,光通过率高、偏振效应小;内置式平移推扫设计,小巧便携,便于野外移动使用,也可以定点长期观测。双 CCD 可视化对焦,能够直接预览测量区域图像;采集软件具有光谱单波段灰度图像、彩色合成图像以及光谱曲线的实时显示功能;可显示任一单波长的影像,并可用软件制作 3D 高光谱立体图像显示;可以视频模式存储并连续播放不同波长的影像。

严格 NIST 可溯源校准,数据准确可靠。多种规格反射率校准板可选。

SOC 测量与分析软件用来标定和数据分析。数据存储格式为 Cube,可以用 ENVI 软件等第三方高光谱分析软件读取;可选取任意光谱图像区域输出 NDVI、GRVI、SR、SAVI、EVI 等十余种植被指数,可直接与 SPOT、MODIS、AVHRR 等多种卫星数据比对,进行地面遥感数据验证。SOC710 红外成像光谱仪的技术参数见表 3-1。

表 3-1 SOC710 红外成像光谱仪的技术参数

指标	参数
光谱范围	400～1000nm
光谱分辨率	1.3nm
波段数	128/256/512 任选
CCD 像素	1392×1040（可自动 Binning 为 696/行）
速度	150～200 行/s 10～15s/Cube
焦距	可调（基于所用镜头）
镜头类型	C 接口,焦距可选,含多组软件可调用辐射标定文件
数字分辨率	12/16bit
检测器	内置双 CCD 阵列探测器
杂散光	<0.5%
透光效率	>85% @400～1000nm
供电	12-VDC/100～240VAC(50～60Hz)
重量	2.95kg（含推扫机构和双 CCD 的整机重量）
尺寸	9.5cm×16.8cm×22cm

3.2.2 SOC710 红外成像光谱仪的操作步骤

① 首先把三脚架调整至水平,然后将成像光谱仪固定于三脚架上;

② 将标准灰板置于成像光谱仪镜头正下方,调整镜头角度,使之垂直于灰板,记录镜头到灰板的垂直距离 d;

③ 将样本置于标准灰板上,记录镜头规格;

④ 安装卤素灯并调整至无阴影,或利用太阳光并调整至无阴影;

⑤ 用 usb2.0 数据线将仪器与电脑链接,打开 HyperScanner_2.0.127 软件,选择与记录的镜头规格同样的光圈标准,并调试镜头焦距使样本图像清晰;

⑥ 根据测试环境的亮度,输入进光时间,点击 Cube 开始影像的采集,同时观察 DN 值,防止过饱和(最佳范围 500~3000);

⑦ 图像采集结束,点击 Save 选项下的 Cube 进行命名并保存。

3.3 高光谱数据预处理

3.3.1 非成像高光谱数据的处理

光谱数据获取过程中,由于外界环境的影响以及光谱仪不同波段对能量响应上的差异,会导致光谱曲线存在一些噪声。噪声主要来自高频随机噪声、基线漂移、样品不均匀、光散射等,因此对光谱数据进行预处理就显得尤为必要。

(1)异常值的剔除

样本的采集、处理、保存和分析都会带来不同程度的误差,特别是人为测量的误差会影响到后期的数据分析和建模。对于这些带有前处理和测试误差的样本,称为异常值或离群点(outlier)。应对这些异常值进行剔除,以减少其对后续研究的影响并获得更为准确的研究结果。异常值的剔除方法有标准偏差法、主成分分析法、马氏距离和箱形图法。

(2)光谱增强

光谱中包含着与物质组成成分的含量具有强相关性的细节特征,如阶跃、峰、谷等。使用光谱仪测量得到的是样品的相对光谱数据,由于测量时不可避免地受到环境、仪器等因素的影响,有时这些细节在原始光谱中并不明显,不便于特征计算,往往需要采取光谱变换来增强特征。常用的光谱增强方法有多元散射校正、标准正态变量变换等。

① 多元散射校正。多元散射校正方法是一种光谱数据处理方法,经过散射校正后得到的光谱数据,可以有效地消除散射影响,增强了与成分含量相关的光谱吸收信息。该方法的使用首先要求建立一个待测样品的"理想光谱",即光谱的变化与样品中成分的含量满足直接的线性关系,以该光谱为标准对所有其他样品的近红外光谱进行修正,其中包括基线平移和偏移校正。在实际应用中,"理想光谱"是很难得到的,由于该方法只是用来修正各样品近红外光谱间的相对基线平移和偏移现象,所以取所有光谱的平均光谱作为一个理想的标准光谱是完全可以的。

② 标准正态变量变换。标准正态变量变换(standard normal variate, SNV)的通用方法是加权平均化。该法主要用来消除固体颗粒大小、表面散射以及光程变化对光谱的影响。对于给定的样本,SNV 计算了所有变量的标准差,整个样本再通过该值进行归一化,样本因此产生一个单位的标准差($S=1$),SNV 与标准化算法的计算公式相同,不同之处在于标准化算法对

一组光谱进行处理(基于光谱阵的列),而 SNV 是对一条光谱进行处理(基于光谱阵的行)。

(3)光谱曲线去噪与平滑

以地物光谱仪为代表的光电探测系统主要由光电转换系统、传输及处理系统等组成。采集到的光谱数字信号由两部分组成:一是检测器对样品产生的响应信号;二是系统噪声信号。系统噪声由各个组成部分工作时产生,主要包括光学噪声、探测器噪声、电学噪声和荧光屏颗粒噪声等。由于光谱仪波段之间对能量响应上的差别,光谱曲线上存在许多"毛刺"噪声显得不够光滑,尤其是在近红外的长波区域(2300～2500nm),由于光谱仪自身的原因,反射率变化剧烈,信噪比很低。此外,光谱仪所采集的光谱样品除自身信息外,还包含了其他无关信息和噪声,如样品背景和杂散光等。系统噪声污染与样品有关的真实信号,使得信噪比很低,给光谱峰的检测判别及进一步的数据处理带来不利的因素。

为了得到平稳的光谱变化,需要平滑波形,以去除包含在信号内的少量噪声。特别是在用定量方法建立模型时,旨在消除光谱数据无关信息和噪声的预处理方法变得十分必要。

信号的平滑处理是消除噪声的常用方法,也被称为数字滤波器,其目的是提高研究样本信号信噪比。首先是对信号光谱进行假设,假设其信号噪声为零且产生的均为随机白噪声,并且进行多次测量求其平均值。光谱曲线去噪与平滑的方法有移动平均平滑法、S-G 卷积平滑法、小波变换等。

① 移动平均平滑法。首先选择样本光谱的一段一定宽度的平滑窗口($2\omega + 1$),假设其波长点为奇数,则用选取的光谱波长窗口内的中心波长点 i 和该点左右 ω 点处的数据值求得平均值 x_i,替代 i 光谱波长点的测量数据值,然后一个个有次序地改变中心点 i 的值,把光谱从左到右构成一个个窗口,完成对所有点的平滑。

移动平均平滑法的实质是用平滑窗口内各波长反射率的均值代替中心波长的反射率。在应用时,窗口宽度选择非常重要,窗口内数据点越多,光谱分辨率下降越严重,造成的光谱失真也越严重;但是如果数据点太少,则平滑去噪的效果不理想。因此,窗口宽度要依据实际情况而定。

② S-G 卷积平滑法。Savitzky 和 Golay 提出的卷积平滑法,又称多项式平滑法,是利用多项式来对原始数据即光谱移动窗口内的数据进行多项式分解,并运用最小二乘法进行数据拟合,其本质就是利用加权平均法,来系统地表达出样本光谱图窗口中心点在谱图处理中的中心作用。

③ 小波变换(wavelet translation, WT)。小波分析通过对数据在时域和频域上的分解实现对信号特征更精确的局部描述和分离。对光谱数据进行小波变换,其"时间"概念指高光谱数据的光谱波段(波长)。小波分解生成的不同分解层系数包含的信息与影响地物光谱反射率的不同因素相关。低频系数反映原始光谱明显的吸收特征,决定整个光谱的形状;高频系数反映原始光谱的噪声及微小的吸收特征。通过小波分解,舍去小波高频系数,提取小波低频系数,能够在一定程度上剔除由光谱仪精度、测试条件等不确定因素影响的高频噪声。小波离散分解生成的系数数目与原始光谱的波段数目不一致,每一层的数目随着分解层数的增加而减少,数据得到相应压缩,但足以表示光谱的整体特征。

(4)光谱数据的变换

光谱数据的变换形式很多,如光谱反射率 R 的一阶微分 R'、二阶微分 R''、倒数 $1/R$、对数 $\lg R$、平方根 $R^{1/2}$、倒数的一阶微分 $(1/R)'$、对数的一阶微分 $(\lg R)'$、平方根的一阶微分 $(R^{1/2})'$、倒数的二阶微分 $(1/R)''$、对数的二阶微分 $(\lg R)''$、平方根的二阶微分 $(R^{1/2})''$等。

光谱反射率值经变换后,不仅趋向于增强可见光区的光谱差异(可见光区的原始光谱值一般偏低),而且趋向于减少因光照条件变化引起的乘性因素影响。而光谱微分则有助于限制低频噪声对目标光谱的影响。

高光谱遥感具有光谱的连续性,但由于光谱实际采样间隔的离散性,因此光谱微分一般是用差分方法来近似计算。

3.3.2 成像高光谱数据的处理

成像高光谱数据的处理主要包括:成像光谱仪定标、图像的大气辐射校正和图像的几何校正。

(1)成像光谱仪定标

成像光谱仪的定标就是要建立成像光谱仪每个探测元件输出的数字量化值(DN)与它所对应视场中输出辐射亮度值之间的定量关系。这一处理对于定量遥感和高光谱遥感的应用具有十分重要的意义。遥感数据的可靠性及应用的深度和广度在很大程度上取决于定标精度。因为只有经过了不同地区或不同时间获取的高光谱遥感数据,才能将高光谱遥感数据与不同遥感器、光谱仪甚至系统模拟进行比较。

成像光谱仪有三个阶段的定标:仪器实验室定标、机上或星上定标和场地定标。在遥感器从研制到投入运行的整个过程中,它们在不同阶段分别发挥着一定的作用。成像光谱仪的实验室内光谱定标用于确定系统各个波段的光谱响应函数;实验室内辐射定标用于确定系统各个波段对辐射量的响应能力;机上或星上实时定标用于确定波段的漂移和系统辐射响应率的变化;场地定标主要用于星载成像光谱仪的辐射定标。

(2)图像的大气辐射校正

高光谱遥感图像反射率光谱反演是将遥感器获得的辐射亮度 DN 值转换为反射率值。高光谱遥感器在飞行平台上获取的地物辐射能量值可以表述为:

$$L_0(\lambda) = L_{sun}(\lambda)T(\lambda)R(\lambda)\cos\theta + L_{path}(\lambda) \tag{3-1}$$

式中　$L_0(\lambda)$——入空辐射能量;

　　　L_{sun}——大气上层太阳辐射;

　　$T(\lambda)$——整层大气透过率;

　　$R(\lambda)$——不考虑地形影响的表观反射率(apparent reflectance);

　　　　θ——太阳高度角;

　$L_{path}(\lambda)$——程辐射。

由此可见,遥感器所接收到的辐射是太阳辐射与大气、地物复杂作用的结果。将地物的辐射能量值反演为光谱反射率值,考虑了不同大气条件下太阳光谱的变化特性,反映了地物在各个不同光谱波段对不同入射能量的反射率。高光谱遥感图像反射率反演实际上就是通过大气校正来实现,也是对遥感过程中大气状况的一种修正。

光谱反演基于不同的理论,发展出不同类型的模型,主要有统计学模型、基于大气辐射传输理论的光谱反演模型等。

(3)图像的几何校正

卫星传感器获取的影像很难完美地表现陆表景观的空间特征。有许多因素可以使遥感数据产生几何形变,如传感器搭载平台高度、姿态和速度的变化,地球自转和曲率,表面高程(地势,地形)位移及观察投影的变化。这其中的某些因素的影响,都可以通过对传感器特性和卫星平台运行数据的分析进行纠正。但对另外一些随机因素的影响,必须利用地面控制点(GCP)进行纠正。

在传感器观测瞬时视场(IFOV)中,像元内各单元对像元值的贡献是不等的,位于像元中心部分的单元对像元值的贡献最大。这种空间效应通常用传感器在空间域的点扩散函数(point spread function, PSF)表示,而对点扩散函数的傅里叶变换称为调制传递函(modulation transfer function, MTF),是对这种空间效应在频率域的精确度量。传感器的点扩散函数常用高斯分布模拟。图3-7所示为GOES-R ABI红外波段传感器的点扩散函数和调制传递函数。

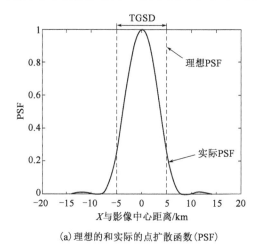
(a) 理想的和实际的点扩散函数(PSF)

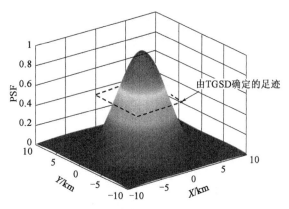
(b) 由地表采样距离临界值(threshold of ground sampling distance,TGSD)确定足迹的三维图

图 3-7　GOES-R ABI 红外波段传感器的点扩散函数和调制传递函数(zhang et al,2006)

地面瞬时视场的实际响应函数往往不是矩形的,以 MODIS 传感器为例,由于扫描时间段内的积分作用,响应函数在跨轨方向的宽度是沿轨方向的两倍。对多数旋转式扫描仪,如 AVHRR 和 MODIS 传感器,地面瞬时视场的实际大小是扫描角度的函数,如图3-8所示。

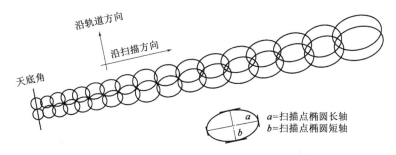

图 3-8　AVHRR 临近扫描行的像元几何图及其自相关(Breaker,1990)

3.4　异常光谱数据的剔除

样本的采集、处理、保存和分析都会带来不同程度的误差,特别是人为测量的误差会影响到后期的数据分析和建模。对于这些带有前处理和测试误差的样本,称为异常值或离群点(outlier)。对于这些异常值要么进行重新测量,要么进行剔除,以减少其对后续研究的影响并获得更为准确的研究结果。高光谱研究中,要对测试的光谱数据和化学属性都进行异常样本的识别和剔除。鉴别异常值没有一定的标准,有些经目测获知,有些则需要靠基本常识、专业

知识、实践经验等进行识别,但通常又具有较强的主观性,在实际分析中以上手段一般作为辅助,实际操作则由一系列数学方法进行较客观的评判。当异常值被识别后,其光谱及化学属性数据均应被剔除出模型的校正及预测过程,不再参与后续的一切处理。

3.4.1　标准偏差法

在实际应用中,常考虑一组数据具有近似于正态分布的概率分布。若其假设正确,则约68.3%的数值分布在距离均值有1个标准差之内的范围,约95.4%的数值分布在距离均值有2个标准差之内的范围,以及99.7%的数值分布在距离均值有3个标准差之内的范围,称之为"68-95-99.7法则"(经验法则),如图3-9所示。

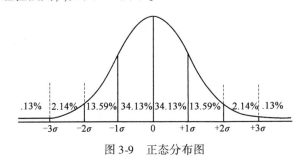

图3-9　正态分布图

其定义为:若$E(X)$是随机变量X的期望(平均数),设X为服从F分布的随机变量,则称$Var(X) = E[X - E(X)]^2 = E(X^2) - E(X)^2$为随机变量$X$或者$F$分布的方差。计算公式为:

$$\sigma^2 = \frac{1}{N}\sum_{i=1}^{N}(x_i - \mu)^2 = \frac{1}{N}\sum_{i=1}^{N}x_i^2 - \mu^2 \tag{3-2}$$

式中,μ为平均值;N为样本总数。

利用$\mu \pm 2\sigma$或者$\mu \pm 3\sigma$来进行化学属性异常值的鉴别,落在此范围之外的值通常被认为是异常值。

3.4.2　主成分分析法

主成分分析法(principle components analysis,PCA)是一种分析、简化数据集的技术,由Pearson于1901年提出。光谱包含大量的信息,通过线性变换保留方差大、包含信息量多的组分,舍弃信息量少的组分,来对数据进行降维。降维后每个组分是原来自变量的线性组合,且各组分之间相互独立。即汇总数据并检验其结构,可通过一个或几个独立的综合指标来描述光谱的主要特征。

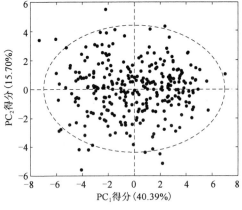

图3-10　PC_1和PC_2分布图

并非保留的主成分越多越好,通常只有前几个主成分贡献最大。保留多少个取决于该部分的累积方差在总方差中所占的百分比(贡献率)。

图3-10是光谱数据的第一主成分(PC_1)和第二主成分(PC_2)分布图,两个主成分累积贡献率达56.04%,每一个点代表一个样本。以95%置信椭圆来容纳主要分布点,落在椭圆外的点通常被认为是异常样本,应予以剔除。

3.4.3 马氏距离

常用的异常值鉴别思路是观察各样本点到样本中心的距离,如果某些样本点的距离太大,就可以认为是异常值。此处的距离通常使用马氏距离(Mahalanobis distance),该法由印度统计学家 Mahalanobis 提出,表示数据的协方差距离。它是广义平方距离的一种,以多元正态分布理论为基础,有效地考虑了均值、方差、协方差三个参数,是一个能够全面描述总体多元结构的综合指标。由于马氏距离考虑了样本的分布,因此在异常样本的鉴别方面发挥着重要作用。其定义如下。

假设有两个服从正态分布的总体 G_1 和 G_2,$x \in R$ 是一个新的样本点,定义 x 到 G_1 和 G_2 的马氏距离为 $d(x, G_1)$ 和 $d(x, G_2)$,即

$$d(x, G_1) = \sqrt{(x - \mu_1)S_1(x - \mu_1)} \tag{3-3}$$

$$d(x, G_2) = \sqrt{(x - \mu_2)S_2(x - \mu_2)} \tag{3-4}$$

式中,μ_1 和 μ_2 分别为总体 G_1 和 G_2 的均值阵;S_1 和 S_2 分别为总体 G_1 和 G_2 的协方差阵。
判别公式如下:

① 若 $d(x, G_1) < d(x, G_2)$,则 $x \in G_1$;

② 若 $d(x, G_1) > d(x, G_2)$,则 $x \in G_2$;

③ 若 $d(x, G_1) = d(x, G_2)$,则 x 的归属待定。

马氏距离可用于样本化学属性异常值的鉴别,也可以对光谱数据进行异常样本的鉴别。

3.4.4 箱形图

基于经典统计学的鉴别异常值方法是以假定数据服从正态分布为前提的,但实际数据往往并不严格服从正态分布。因此应用这种方法在非正态分布数据中判断异常值具有局限性。箱形图的绘制依靠实际数据,不需要事先假定数据服从特定的分布形式,不对数据做任何限制性要求,从而直观地表现数据形状的本来面貌,客观地展现异常值分布。

箱形图(box-plot)也称箱须图(box-whisker plot),它通过显示出一组数据的五个主要统计量:最小值(minimum)、第一四分位数(1st quartile,Q_1)、中位数(median)、第三四分位数(3rd quartile,Q_3)、最大值(maximum),来描述一组数据分散情况,也可以粗略地看出数据是否具有对称性,如图 3-11 所示。

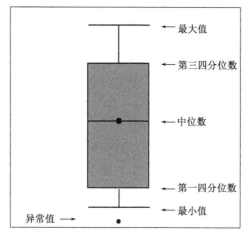

图 3-11　箱形图

此外还有四份位间距(interquartile range):$Q_3 - Q_1 = \Delta Q$,落在区间$(Q_1 - 1.5\Delta Q, Q_3 + 1.5Q)$之外的点则被认为是异常值。所以,当样本属性数据不满足正态分布时,可利用箱形图对其进行异常值的鉴别并剔除。

3.5　典型地物的光谱特征

3.5.1　植被的光谱特征

绿色植物具有明显的光谱反应特征,不同于土壤、水体和其他典型地物,如图3-12所示。植被对电磁波的响应,即植被的光谱反射或发射特性是由其化学和形态学特征决定的,这种特征与植被的发育、健康状况以及生长条件密切相关。

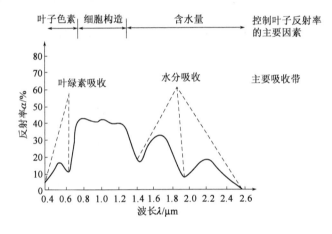

图3-12　植物的光谱反射曲线

在可见光波段内,各种色素是支配植物光谱响应的主要因素,其中叶绿素所起的作用最重要。在中心波长分别为0.45μm(蓝色)和0.65μm(红色)的两个谱带内,叶绿素吸收大部分的入射能量,在这两个叶绿素吸收带之间,由于吸收作用较小,在0.54μm(绿色)附近形成一个反射峰,因此很多植物在人的眼睛看来是绿色的。当植物患病时,叶绿素吸收带强度会减弱,同时反射率变大,特别是红色波长区域,所以患病植物看上去总是呈淡黄色或"缺绿病"色。在可见光波段内,叶红素和叶黄素(两种黄颜色的色素)以及花青苷(红颜色的色素)对植物的光谱特征性影响也很大。叶红素和叶黄素在0.45μm(蓝色)附近也有一个吸收带,但是由于叶绿素的吸收带也在该区域内,因此上述两种黄色色素的吸收总是被叶绿素的吸收所掩盖。但是当植物衰老时,由于叶绿素的消失,叶红素和叶黄素在叶子的光谱响应中起主导作用,这就是秋季植物叶子变黄的主要原因。在秋季,有些树木的叶子会呈现红色,是因为叶绿素减少时,花青苷色素大量增加的缘故。

在光谱的近红外波段,植被的光谱特性主要受植物叶子内部构造的控制。健康绿色植物在近红外波段的光谱特性是反射率高(45%～50%),透过率高(45%～50%),吸收率低(<5%)。在可见光波段与近红外波段之间,即0.76μm附近,反射率急剧上升,形成所谓"红边",这是植物曲线最明显的特征,也是地球植被遥感关注的一个焦点。许多种类的植物在可见光波段光谱特征差异很小,但在近红外波段反射率差异却比较明显。同时有一点很重要,与单叶片叶子相比,多片叶子能够在光谱的近红外波段产生更高的反射率(高达85%),这是附

加反射率贡献的结果,因为辐射量透过第一层(最上层)的叶子后,将被第二层的叶子反射,第二层叶子的反射辐射能量又透过第一层叶子,结果增强了第一层叶子的反射能量。

在光谱的中红外波段,绿色植物的光谱响应主要被 $1.4\mu m$、$1.9\mu m$ 和 $2.7\mu m$ 附近的水的强吸收带所支配。$2.7\mu m$ 处的吸收带是一个主要的吸收带,它表示水分子的基本振动吸收带(严格来讲,这个吸收带实际上是 $2.66\mu m$ 和 $2.73\mu m$ 处两个水的基本振动吸收带的合频吸收带)。$1.9\mu m$、$1.4\mu m$、$1.1\mu m$ 和 $0.96\mu m$ 处的水吸收带均为倍频和合频带,故强度比水的基本吸收带弱,而且强度是顺序减弱的。$1.4\mu m$ 和 $1.9\mu m$ 处的这两个吸收带是影响叶子中红外波段光谱响应的主要谱带。$1.1\mu m$ 和 $0.96\mu m$ 处的水吸收带对叶子的反射率影响也很大,特别是在多层叶片的情况下。研究表明,植物对入射阳光中的中红外波段能量吸收程度是叶子中总水分含量的函数,即是叶子水分百分含量和叶子厚度的函数。随着叶子水分减少,植物中红外波段的反射率明显增大。

植被高光谱特征是由其组织结构、生物化学成分和形态学特征决定的,而这些特征与植被的发育、健康状况以及生长环境等密切相关。一般而言,健康绿色作物的光谱曲线总是呈现明显的"峰"和"谷"的特征。

一般情况下,植被在 350~2500nm 波段具有如下反射光谱特征(陈述彭等,1990;赵英时,2003):

① 350~490nm 谱段。由于 400~450nm 谱段为叶绿素的强吸收带,425~490nm 谱段为类胡萝卜素的强吸收带,380nm 波长附近还有大气的弱吸收带。故 350~490nm 谱段的平均反射率很低,一般不超过 10%,反射光谱曲线的形状也很平缓。

② 491~600nm 谱段。由于 550nm 波长附近是叶绿素的强反射峰区,故植被在此波段的反射光谱曲线具有波峰的形态,反射率数值在 8%~28% 之间。

③ 601~700nm 谱段。650~700nm 谱段是叶绿素的强吸收带,610~660nm 谱段是藻胆素中藻蓝蛋白的主要吸收带,故植被在 600~700nm 的反射光谱曲线具有波谷的形态和很低的反射率数值。

④ 701~750nm 谱段。植被的反射光谱曲线在此谱段急剧上升,具有陡而近于直线的形态。其斜率与作物单位面积叶绿素 (a+b) 含量有关。

⑤ 751~1300nm 谱段。植被在此波段具有强烈反射的特性,故具有高反射率的数值。此波段室内测定的平均反射率多在 35%~78% 之间,而野外测试的则多在 25%~65% 之间。由于 760nm、850nm、910nm、960nm 和 1120nm 等波长点附近有水或氧的窄吸收带,因此 750~1300nm 谱段的植被反射光谱曲线还具有波状起伏的特点。

⑥ 1301~1600nm 谱段。植被在此谱段的反射光谱曲线具有波、谷的形态和较低的反射率数值,这与水和二氧化碳的强吸收带有关,反射率大多在 12%~18% 之间。

⑦ 1601~1830nm 谱段。与作物及其所含水分的波谱特性有关,植被在此波段的反射光谱曲线具有波峰的形态和较高的反射率数值,大多在 20%~39% 之间。

⑧ 1831~2080nm 谱段。此谱段是作物所含水分和二氧化碳的强吸收带,故植被在此谱段的反射光谱曲线具有波谷的形态和很低的反射率数值,大多在 6%~10% 之间。

⑨ 2081~2350nm 谱段。与作物及其所含水分的波谱特性有关,植被在此波段的反射光谱曲线具有波峰的形态和中等的反射率数值,大多在 10%~23% 之间。

⑩ 2351~2500nm 谱段。此谱段是作物所含水分和二氧化碳的强吸收带,故植被在此谱段的反射光谱曲线具有波谷的形态和较低的反射率数值,大多在 8%~12% 之间。

尽管绿色植被的光谱曲线形态基本相似,但是植被生化组分、冠层结构的不同以及季相变化等,都会对植被的光谱特征产生影响。

(1)不同植物种类间光谱特征的差异

不同种类的植被,生化组分和冠层结构的差异,都会使光谱特征曲线表现出细微的差别。图3-13(a)、(b)与图3-14所示为不同植被的反射率光谱曲线,它们的曲线形态相似,但仍能通过诊断光谱分析识别它们之间的细小差异,从而实现对植被种类的精细分类。

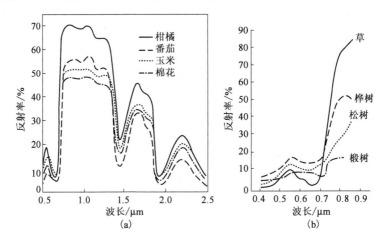

图3-13 不同植物种类的光谱曲线

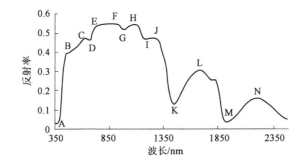

图3-14 苹果花的光谱曲线

(2)季相变化对植被光谱特征的影响

植被的生长随季节发生周期性的变化,植被的季相变化对其光谱曲线形状有较大的影响。同一植物在不同季节的生长阶段,体内的叶绿素、纤维素和表面色素含量不同,光谱曲线形态出现相应变化。图3-15为黄蒿不同生长期的光谱曲线。

(3)同一植物光谱特征的差异

水分含量对植被光谱特征的影响。图3-16为不同水分含量的苹果叶片光谱曲线。

分析叶片水分含量与其光谱反射率的关系,从图3-16可以看出,在550~670nm的可见光与780~1360nm的近红外波段,光谱反射率随叶片水分含量的降低而逐渐增大;在1361~2500nm的短波红外波段,随叶片水分含量的降低,光谱曲线逐渐变得平缓,在1470nm和1950nm附近有两个水分吸收谷,随叶片水分含量的降低,水分吸收谷逐渐变浅。

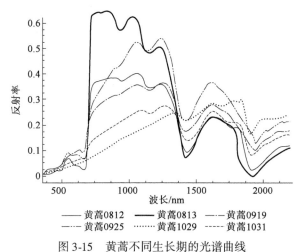

图 3-15 黄蒿不同生长期的光谱曲线

（注：0812 代表 8 月 12 日测定的黄蒿的光谱曲线）

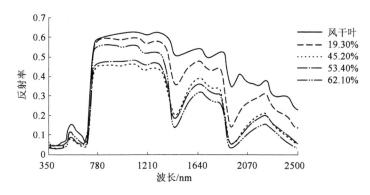

图 3-16 不同水分含量的苹果叶片光谱曲线

（4）生化成分不同对植被光谱特征的影响

图 3-17 为不同含氮量的苹果冠层光谱曲线。不同氮素含量下苹果冠层光谱曲线波形基本一致。在 350～500nm 波段范围内的光谱曲线反射率较低，在 550nm 附近出现了一个小反射峰，在 680nm 附近呈波谷状态。在 680～760nm 光谱反射率急剧上升，呈现绿色植物的红边特征。在 800～1300nm 由于冠层叶片的多孔薄壁细胞对近红外光的强烈反射，形成光谱曲线上的高峰区。

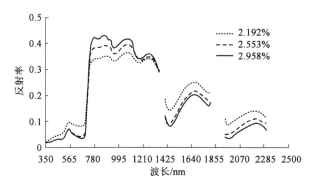

图 3-17 不同含氮量的苹果冠层光谱曲线

总体来看,在可见光(380～760nm)波段范围内随着植株冠层含氮量的增高,光谱反射率呈降低趋势;而在近红外反射平台(800～1300nm)冠层光谱反射率随着含氮量的增高而增大;在1402～1815nm、1945～2309nm波段范围内冠层光谱反射率随着含氮量的增高而呈降低趋势。

(5)受病虫害胁迫时对光谱特征的影响

图3-18所示为同一植被受病虫害胁迫时的光谱曲线形状。可见,植被在受病虫害胁迫时,其光谱曲线明显不同,差异较大。这是因为受病虫害胁迫的植被,其叶绿素等化学成分发生了不同程度的变化。

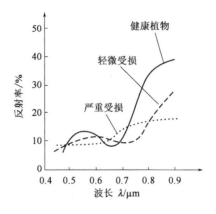

图3-18 受不同病虫害胁迫时植被的光谱曲线

3.5.2 水体的光谱特征

地表较纯净的自来水对0.4～2.5μm波段的电磁波的吸收明显高于绝大多数其他地物。在光谱的可见光波段内,水体中的能量与物质相互作用比较复杂,光谱反射特征包括来自三方面的贡献,即水的表面反射、水体底部物质的反射和水中悬浮物质的反射,而光谱吸收和透射特性不仅与水体本身性质有关,而且还明显地受到水中各类型和大小的物质——有机物和无机物的影响(Philip et al,1978)。在光谱的近红外和中红外波段,水几乎吸收了其全部能量,即纯净的自然水体的反射率很低,几乎趋近于零,如图3-19所示。

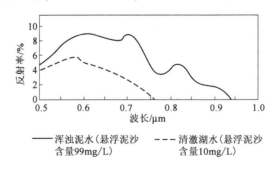

图3-19 浑浊泥水和清澈湖水的反射光谱曲线

但是,自然界的水体往往都不是纯净的,而是含有各种各样的无机物和有机物,其中有些杂质处于悬浮状态,会散射和吸收部分入射能,从而导致穿过水体的透射辐射能的显著变化。

悬浮泥沙所引起的浑浊度是影响各种水体光谱响应的主要因素之一。浊水的反射率比清水高很多。与清水相比,浊水的反射率峰值都出现在更长的波长上。当浑水层(悬浮泥沙含量约 100mg/L)厚度超过 30cm 时,在 0.6~0.7μm 波段内的反射率几乎与水体的浑浊度线性相关。

水中的叶绿素浓度是影响水体光谱特性的另一个重要因素,如图 3-20 所示。当叶绿素浓度增加时,可见光波段蓝光部分的反射率显著下降,而绿光部分的反射率上升。这种关系具有十分重要的作用,因为叶绿素的深度值是衡量水体初级生产力和富营养化程度的有用指标。

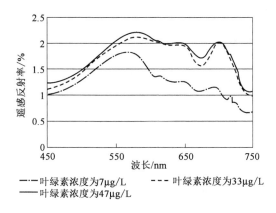

图 3-20 不同叶绿素浓度的内陆水体光谱曲线

除了悬浮泥沙和叶绿素浓度引起的浑浊度外,许多其他天然和人造的物质对水体的光谱特征也有影响,如在美国北部的许多河流中,水明显的棕黄色就是由于高浓度的单宁(tannin)引起的。另外,许多污染物对水体的光谱特性影响也很大。不过,某些水特性对水体的光谱特征几乎没有影响,如将气体(如 O_2、N_2、CO_2 等)或无机盐类(如 NaCl、Na_2SO_4 等)溶于蒸馏水中,就观察不到任何光谱特征的变化。还有研究表明,酸度有明显差别(pH 介于 3 和 7 之间)的水的光谱特征与酸度之间不存在任何关系。

雪虽然是水的一种固态形式,但它与水的光谱特性截然不同,地表雪被的反射率明显高于自然水体,如图 3-21 所示。

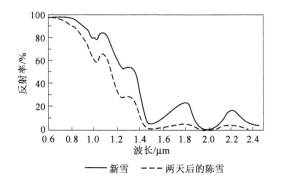

图 3-21 新雪与陈雪的光谱曲线

雪的晶粒大小、雪花絮状分裂的形态和积雪的松紧程度不同对雪被的光谱特性有明显的影响。雪光谱反射率的平均值变化特点是:新降的未融化的雪 > 表面融化的雪 > 湿的融化的雪 > 重新冻结的雪。

3.5.3 土壤的光谱特征

土壤是一种复杂的混合物,它是由物理和化学性质各不相同的物质所组成,这些物理和化学性质不同的物质可能会影响土壤的反射和吸收光谱特征。归纳起来,土壤的光谱特性主要受成土矿物(特别是氧化铁)、含水量、有机质和质地等因素的影响。

土壤的许多性状都来源于土壤母质。一般土壤中含有的原生矿物除石英外,还有长石、白云母和少量的角闪石和辉石,其次还有磷灰石、赤铁矿、黄铁矿等。土壤中的石砾、砂粒几乎全是由原生矿物所组成,多以石英为主。粉粒绝大多数也是由石英和原生硅酸盐矿物组成。石英、白云母、钾长石是最稳定的矿物,而辉石、橄榄石则是最不稳定的矿物。因此,在土壤颗粒中常保留有少量的石英、白云母和钾长石等矿物。土壤中的次生矿物主要有三类。

① 简单的盐类,如碳酸盐、硫酸盐和氯化物等;

② 含水的氧化铁、氧化铝、氧化硅等氧化物类;

③ 次生层状铝硅酸盐,如高岭石、蒙脱石和水化云母类等。分析它们的光谱特征,对理解由它们所组成的土壤的综合光谱是必要的。

土壤水分是土壤的重要组成部分,也是评价土壤资源优劣的主要指标之一。当土壤的含水量增加时,土壤的反射率就会下降,在水的各个吸收带处(1.4μm,1.9μm 和 2.7μm),反射率的下降尤为明显。对于植物和土壤,造成这种现象显然是同一个原因,即入射辐射在水的特定吸收带处被水强烈的吸收所致。如图 3-22 所示,在光谱的可见光波段,潮湿的土壤与干燥的土壤相比,反射率也明显下降,因此下雨的时候,湿的地方光线总是很暗。

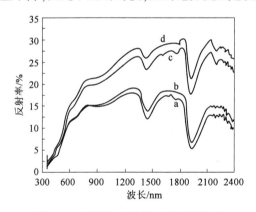

图 3-22 不同含水量的土壤光谱曲线

a 含水量为 0.32g/cm³;b 含水量为 0.25g/cm³;c 含水量为 0.14g/cm³;d 含水量为 0.07g/cm³

土壤有机质是指土壤中那些来源于生物(主要是植物和微生物)的物质,其中腐殖质是土壤有机质的主体,腐殖质主要由胡敏酸和富里酸组成。胡敏酸的反射能力特别低,几乎在整个波段为一条平直线,呈黑色。富里酸则在黄红光部分开始强反射,呈棕色。有机质的影响主要是在可见光和近红外波段,而影响最大的是在 0.6~0.8μm 之间。一般来说,随土壤有机质的增加,土壤的光谱反射率减小。但除有机质含量外,土壤腐殖质中胡敏酸和富里酸含量的比值(H/F)是影响土壤光谱反射率的另一个重要因素。地处不同地带的土壤,尽管其有机质含量相同,但由于 H/F 不同,土壤的光谱反射特性也会不同。因此,不仅有机质的含量影响土壤光谱反射特性,而且其不同的组成也对土壤光谱反射特性有显著的影响。

铁在土壤中的存在形式主要是氧化铁,氧化铁是影响土壤光谱反射特性的重要土壤成分,其含量的增加会使反射率减小。一般来说,土壤的氧化铁含量与反射率之间存在一定的负相关,但在波段 $0.5 \sim 0.7 \mu m$ 的相关性却不明显,可以这么认为,土壤氧化铁含量增加时,可见光与近红外部分吸收增强,而在 $0.5 \sim 0.7 \mu m$ 波段的吸收增强幅度不大,因此土壤出现黄红色。在旱作土壤中,氧化铁随结晶水的多少不同而表现出不同颜色。当土壤处于还原状态时,土壤呈现出蓝绿、灰蓝等色,当土壤处于氧化状态时,土壤呈现出红、黄等颜色。同有机质一样,铁的影响主要也在可见光和近红外波段,由于土壤中有机质与氧化铁对土壤的光谱反射特性影响都很大,故定量区分有机质和氧化铁对光谱反射率的贡献难度较大,因此通过遥感技术精确地估算土壤氧化铁含量难度很大。

土壤质地是指土壤中各种粒径的颗粒所占的相对比例。它对土壤光谱反射特性的影响主要表现在两个方面:一是影响土壤持水能力,进而影响土壤光谱反射率;二是土壤颗粒大小本身也对土壤的反射率有很大影响。对于土壤粒径较小的黏粒部分,由于其具有很强的吸湿作用,它在 $1.4 \mu m$、$1.9 \mu m$ 和 $2.7 \mu m$ 等处的水吸收带异常明显,即使在一般风干状态下,黏土的光谱反射曲线的水吸收带也比较明显。风干状态下,土壤光谱曲线的吸收带虽然与黏土质地相关明显,但在相同温度条件下,黏粒的持水能力要超过粒径较粗的颗粒。因此,不能笼统地说,土壤颗粒越细,反射率越高。随土壤颗粒变小,颗粒间的空隙减少,比表面积增大,表面更趋平滑,使土壤中粉砂粒的反射率比砂粒高,但当颗粒细至黏粒时,又使土壤持水能力增加,反而降低了反射率。此外,土壤质地影响反射特性的因素不仅是粒径组合及表面状况,还与不同粒径组合物质的化学组成密切相关,如砂粒和粉粒的主要成分是石英和少量原生硅酸盐矿物,色调较浅,反射率较高,只是由于砂粒直径大,表面不平滑,粒间空隙形成阴影,才使反射率低于粉砂粒。黏粒的主要成分是含水的次生硅酸矿物,其他次生矿物和氧化铁富集,色调较深,且富含晶格结构水、层间水和吸附水,故其反射率较低。一般来说,在近红外光谱范围,如果土壤的物理化学性质没有发生变化,则土壤或矿物的光谱反射率随土壤颗粒尺寸的减小而减小。

3.5.4 岩石与矿物的光谱特征

(1) 矿物的光谱特性

根据物质的电磁波理论,任何物质其光谱的产生均有着严格的物理机制。理论计算显示,分子振动能级差较小,相应的光谱出现于近中红外区,而电子能量之间的差距一般较大,产生的光谱位于近红外、可见光范围。在 $0.4 \sim 1.3 \mu m$ 之间的光谱特性,主要取决于矿物晶格结构中存在的铁、铜、镍、锰等过渡性金属元素的电子跃迁,$1.3 \sim 2.5 \mu m$ 的光谱特性取决于组成矿物的碳酸根(CO_3^{2-})、氢氧根(OH^-)及可能存在的水分子(H_2O),$3 \sim 5 \mu m$ 的光谱特性取决于由 Si—O、Al—O 等分子键的振动模式。

高光谱遥感识别矿物主要依赖于矿物成分的吸收特性。研究表明,具有稳定化学组分和物理结构的岩石矿物,具有稳定的光谱吸收特征。决定光谱吸收特性的主要是电子与晶体场的相互作用以及物体内分子振动过程。

① 电子与晶体场的相互作用来源于以下三个方面的影响:

a. 晶体场效应和电荷转移。电子在原子或离子能级之间或元素之间发生跃迁的过程中,会吸收或发射特定波长的电磁辐射,从而形成特定的光谱特征,见表 3-2。其中铁离子在晶体场作用中扮演着十分重要的角色,一方面它在地球上广泛存在,另一方面 Fe^{2+}、Fe^{3+} 能够置换自然界中的 Mg^{2+} 和 Al^{3+}。

表 3-2 常见阳离子光谱特征

阳 粒 子	吸收峰位置/μm
Fe^{2+}	0.43,0.45,0.51,0.55,1.0~1.1,1.8~1.9
Fe^{3+}	0.40,0.45,0.49,0.52,0.7,0.87
Ni^{2+}	0.4,0.75,1.25
Cu^{2+}	0.8
Mn^{2+}	0.34,0.37,0.41,0.45,0.55
Cr^{3+}	0.4,0.55,0.7
Ti^{4+}	0.45,0.55,0.60,0.64
La^{2+}	0.5,0.6,0.75,0.8

b. 色心。在某些结构缺陷,如离子缺失的情况下,会产生电子捕获,如 CaF_2 中的 F 离子丢失而被一个电子取代时,就会造成红绿吸收,面呈现紫色,从而形成色心。色心主要发生在卤化物上。

c. 导带跃迁。反射光谱吸收边缘取决于禁带的宽度,入射的光子必须有足够的能量来推动价带电子进入导带区,而在波长方向上反射光的急剧增加与带隙能量有关。导带跃迁主要发生在半导体材料上,如硫、辰砂和辉锑矿等。

② 振动过程仅发生于红外光谱域,见表 3-3。晶体结构不同,晶格振动产生的基频(v_1,v_2,v_3)位置也不同。当一个基频受外来能量激发,便会产生基频的整数倍位置的倍频($2v_1$,$2v_2$,$2v_3$),当不同的基频和倍频发生时,就会在基频和倍频原处或附近产生合频谱带(v_1+v_2,v_2+v_3,$v_1+v_2+v_3$ 等)。这是因为晶格振动而产生的光谱特性与其独特的晶格结构有关。

表 3-3 常见振动光谱特征

振 动 基 团	吸收峰位置/μm
H_2O	1.875,1.454,1.38,1.135,0.942,主要为 1.4
OH^-	1.4,2.20(Al—OH),2.30(Mg—OH)
CO_3^{2-}	2.55,2.35,2.16,2.00,1.90
NH_4^+	2.02,2.12
C—H	1.70,2.30

此外,矿物粒度和温度都会影响到矿物的波谱特性。研究表明,反射率随矿物颗粒增大而降低,矿物粒度一般只影响反射率的大小,而不会改变矿物的光谱吸收特征。温度会影响分子振动速率,从而影响矿物光谱特征,如赤铁矿的 Fe^{3+} 吸收峰随温度升高向长波方向偏移。

(2)岩石的光谱特性

岩石的光谱表现十分复杂,其中最重要的原因是岩石光谱本质上是矿物的混合光谱,其光谱特征受成分、结构、构造和表面状态等因素的影响。研究表明,这种混合效应是非线性的。这给高光谱遥感图像的数据处理和岩矿信息提取带来不便。同时,由于可见光和红外穿透能力只有几个厘米,因此在分析岩石光谱特性与成分关系时,样品表面结构和成分非常重要,特别是在野外自然情况下。影响岩石光谱特性的因素有以下几方面。

① 风化作用对岩石光谱反射率的影响。风化作用对原岩成分、结构的改变是显而易见的。岩石受风化剥蚀作用生成碎屑,由水作用生成水化物,它们或多或少残留于岩石的表面。就沉积岩而言,由于风化后岩石的成分变化不大,风化面与新鲜面的光谱差异主要表现在光谱

反射率大小上。而在光谱形态上,由于 Fe^{3+} 和 Fe^{2+} 的影响,在可见光部分变化略大,而在其他部分变化较小。对于透明物质,具有典型意义的是,减小粒度,反射率就会增大。

② 岩石表面结构对光谱反射率的影响。岩石表面结构对岩石光谱反射率有一定影响。在矿物成分基本相同时,矿物颗粒的粒度尺寸减小会导致光谱反射率强度的增高,这是因为粒度越小,它对入射光的散射越强,减少了消光作用。通常,斜入射的情况下,细粒的矿物颗粒的微阴影覆盖的面积会变得更小,因而也提高了该表面的反射强度。

③ 岩石表面颜色对光谱反射率的影响。岩石的颜色是矿物成分、金属杂质及有机质含量的集中表现。不同种类的岩石由不同的矿物所组成,它们在颜色上是有差别的。一般来说,岩石颜色越深,说明以暗色矿物为主或含某些有机质(如炭质)杂质,则反射率亦低;岩石颜色越浅,说明以浅色矿物为主或含有机质少,则反射率亦高。岩石中的杂质成分往往反映在岩石的颜色上,进而影响岩石的光谱反射率,有时甚至压抑掉该岩石的光谱特征。

④ 大气环境对岩石光谱反射率的影响。在自然光下,岩石的光谱受环境条件的影响比较明显。如大气窗口的限制,风力的随机变化,气温、气压及能见度等的变化。最明显的是大气影响,因为大气能改变太阳辐射光谱分布,以致衰减辐射能量,增加散射辐射。

第4章　地物光谱分析与特征提取

地物光谱特性分析与敏感波段选择是光谱特征提取与光谱反演建模的基础。本章主要介绍地物光谱特性分析、地物光谱数据变换方法、地物光谱特征选择、地物光谱特征提取和地物光谱特征规范化处理的常用方法。

4.1　地物光谱特性分析

4.1.1　地物光谱特性分析的目的

地物的光谱特性与物体本身的物理化学特性有关，因此不同的物质具有不同的特征光谱。地物光谱特性分析是根据地物在不同波段上的光谱响应，分析地物光谱曲线分布规律、敏感波段和产生的机理。地物的光谱特性可以通过光谱进行定性分析，而对光谱带的分析，又是进行物质结构分析的基础；同时，可以根据物质对光谱的吸光度的特点对物质的量进行很好的分析。地物光谱特性分析的目的可概括为以下几点：

① 区分不同地物的光谱特性，建立地物光谱数据库；

② 明确不同地物的光谱响应波段、敏感波长区间；

③ 解释内在的光谱响应机制，为深层次光谱分析提供基础。

地物光谱分析方法可分为定性分析与定量分析。定性分析主要用于地物的判别分析和聚类分析。其主要步骤是先建立已知类别样品的光谱定性模型，然后利用该模型来判别未知类别是否属于该类物质。与常用的化学分析方法不同，光谱定量分析是一种间接分析技术，即用统计方法或化学计量学方法在样品待测属性值与光谱数据之间建立一定的关联模型或校正模型，然后再利用该模型对未知样品的待测属性进行定量预测。可见，区分不同地物的光谱特性，明确不同地物的光谱响应波段等，是研究和利用好遥感技术的重要基础。

4.1.2　地物光谱特性分析的基本方法

根据物质的电磁波理论，任何物质其光谱的产生均有严格的物理机制。根据分子振动能量级差的计算，其能量级差较小时，产生相应近红外区的光谱；而由于分子电子能级的能量差距一般较大，产生的光谱位于近红外、可见光范围内。地物光谱不仅与物体本身的物理化学特性有关，还有物质的组成成分、组分、形态、时态以及光谱测量条件等因素有关，因此地物光谱往往不是单纯的，其分析方法也不是唯一的，应从不同视觉分析地物的吸收、反射诊断性光谱特征。常用的地物光谱特性分析方法有以下几种。

（1）依据不同光谱分辨率对比分析

地质是高光谱遥感应用中最成功的一个领域。各种矿物和岩石在电磁波谱上显示的诊断光谱特性可以帮助人们识别不同矿物成分。图4-1说明光谱分辨率变化对黏土矿物光谱反射的影响。为便于对比，图4-1中不同光谱分辨率的矿物反射率曲线做了竖直错位平移。

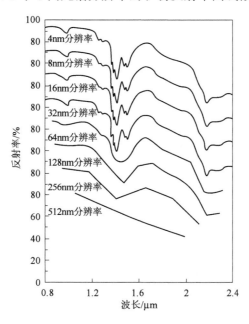

图4-1 光谱分辨率对水铝矿反射光谱的影响

从图4-1可见，不同的光谱分辨率对黏土矿物（水铝矿）光谱性质的影响是显著的。具有窄波段吸收特征的水铝矿在4～16nm光谱分辨率下明显反映出双吸收峰（反射低谷）特征，但在1.4μm附件的较宽波段（64～256nm）这类特征明显消失了。由于高光谱数据的光谱分辨率比宽波段遥感高十倍（<10nm），在宽波段遥感图像上无法反映的具有诊断特性光谱特征的矿物，在高光谱图像上变得很容易识别。这一分析方法为地物识别的光谱分辨率选择提供指导。

（2）依据不同波段的光谱响应对比分析

因地物包含的物质成分不同导致在不同波段上的光谱响应不同。图4-2表示健康绿色植物的光谱反射率曲线。从图4-2可见，绿色植物具有明显的光谱反应特征。从光谱反射率来看，350～700nm谱段的反射率较小；在701～750nm谱段反射光谱曲线急剧上升，具有陡而近于直线的形态；在751～1300nm谱段具有强烈反射的特性，具有高反射率的数值；在1301～2 500nm谱段反射率下降，且具有较大波动性。从吸收峰、反射峰来看，在可见光波段内，由于叶绿素的作用，在中心波长分别为0.45μm（蓝色）和0.65μm（红色）的两个谱带内，形成两个小的吸收峰，在0.54μm（绿色）附近形成一个反射峰；在光谱的近中红外波段，1.9μm、1.4μm、1.1μm和0.96μm处形成水吸收带，而且强度是依次减弱的。对比分析不同波段的光谱响应及产生机理，可为选择物质成分的敏感波段提供基础。

（3）依据物质成分不同含量的光谱响应对比分析

一种地物因其同一物质成分含量不同，其光谱响应的程度往往也不同。图4-3表示不同有机质含量的棕壤室外光谱反射率曲线。有机质的单位为：g/kg。

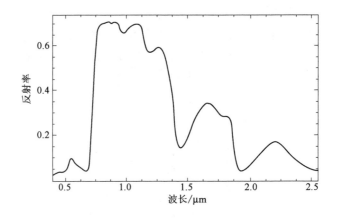

图 4-2　健康绿色植物的光谱反射率曲线

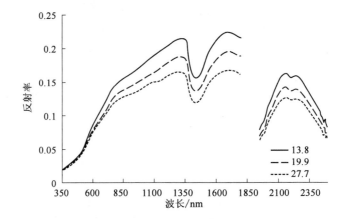

图 4-3　不同有机质含量的棕壤室外光谱反射率曲线

从图 4-3 可见,土壤光谱从 400～800nm 反射特性增加较快,800～1350nm 增速放缓,在 2100nm 之后逐渐下降。因 690～930nm 波段是铁氧化物的主要吸收区,所以 800nm 附近的小吸收谷是铁的氧化物吸收造成的,1380nm 和 1900nm(1800～1950nm 被剔除)处有强烈的水吸收谷,这与土壤中所含的 OH^- 有关。受采集条件以及仪器指标限制,1800～1950nm 与 2400nm 之后的波段出现了严重的噪声。

有机质的影响主要是在可见光和近红外波段,而影响最大的是在 600～800nm 之间。一般来说,随土壤有机质的增加,土壤的光谱反射率减小。但土壤是一种复杂的混合物,它是由物理和化学性质各不相同的物质所组成,这些物理和化学性质不同的物质可能会影响土壤的反射和吸收光谱特征。因此,土壤光谱有时会出现混沌现象。

(4)依据两种物质成分组分的光谱响应对比分析

一种地物可能包含物理和化学性质各不相同的物质成分,可通过分析两两物质成分组分的光谱响应,定性分析每两种物质对光谱的作用及其交互作用,从而确定影响地物光谱的主要因素(物质)或因素排序。

土壤光谱的影响因素较为复杂,但已有研究表明,土壤的光谱特性主要受成土矿物(特别是氧化铁)、含水量、有机质和质地等因素的影响。为对比分析土壤水与有机质对光谱的作用规律,根据山东泰安的 90 个棕壤光谱数据以及土壤含水量、有机质数据,将 90 个样本分成 9

组,然后将9个组的平均光谱同时呈现在同一图中,如图4-4所示。

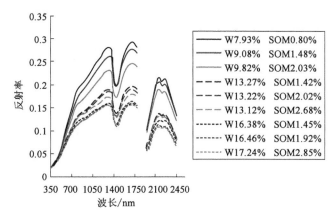

图 4-4 不同棕壤含水量、有机质的组分室外光谱反射率曲线

从图4-4可见,9条光谱曲线明显分为3大类。9条光谱曲线基本按照含水量越高光谱反射率越低的规律分布,尤其是在600～1800nm、2100～2300nm含水量对反射光谱均有较好的响应,呈现幂函数关系,如在1300nm处,$R^2 = 0.9711$。相对土壤含水量,土壤有机质对反射光谱的作用总体上较微弱,光谱曲线因有机质的变化而导致的反射率差异十分有限,仅当土壤含水量低于10%时,在600～1800nm、2100～2300nm范围内土壤有机质的作用才较为明显;而当土壤含水量高于10%时,又体现出土壤水与有机质的相互影响,如当含水量约为13%时,有机质含量2.02%的土壤反射率高于有机质含量1.41%的土壤反射率。当土壤含水量大于15%时,有机质的作用几乎被水的作用所掩盖(尚璇,2017)。

土壤水与有机质对光谱的作用规律及其交互作用规律,可采用方差分析法进行定量分析。方差分析是数理统计中具有广泛应用的基本方法之一,它的实质是在多个正态总体等方差的假设下,检验各总体均值是否相等的假设检验问题。将土壤含水量与有机质含量作为两个因素,利用双因素方差分析法,探讨当两者状态变化时是否会导致光谱反射率指标的变化,从而探讨它们对光谱反射率的影响。

由于不同水平的样本数量难以控制,因此可采用不等次数重复试验双因素方差分析方法对每个波段的反射率值进行方差分析。试验因素A表示含水量,因素B表示有机质含量,因素各水平如表4-1所示。F统计量曲线结果如图4-5所示。

表 4-1 因素水平表

因　　素	水　　平		
	1	2	3
A/%	6.57～11.42	11.60～14.97	15.07～19.90
B/%	0.62～1.69	1.72～2.29	2.31～3.39

图4-5中,$F(W)$表示水对土壤光谱的F统计量,$F(SOM)$表示有机质对土壤光谱的F统计量,$F(WO)$表示水与有机质的交互作用对土壤光谱的F统计量。图4-5通过F统计量表示了土壤水、有机质及其交互作用对土壤光谱反射率的影响程度,且由大到小依次为:水、有机质、交互作用。3条F统计量的曲线形状基本相似,但F统计量值随波长的变化速率不同。350～500nm作用较弱;500～1350nm作用程度随波长的增大逐步增强,其中在900nm与

1100nm 两个水吸收峰处,作用程度有所加剧;受空气中水分影响,在 1380nm 波段附近的水作用最为强烈;而在 1380～1450nm 作用程度下降剧烈,1450～1800nm 作用程度再次逐步升高;2200nm 附近也出现了一个峰值,但作用程度相对变小。

为了定量表达水、有机质在各个波段的相对影响程度,分别对水与有机质、有机质与交互作用的 F 统计量进行了比值处理,而水与交互作用两者差距较大,不再进行直接比较。结果如图 4-6 所示。

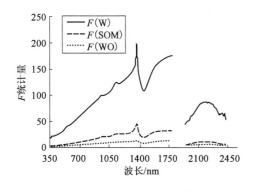

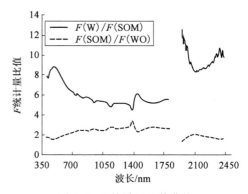

图 4-5　水、有机质及其交互作用的
　　　　F 统计量曲线

图 4-6　F 统计量比值曲线

从图 4-6 可见,在 425～1800nm 处,水对土壤光谱的作用大约是有机质的 5～8 倍,在 1380nm 处是有机质作用的 5 倍,而在 1950～2300nm 处,水对土壤光谱的作用大约是有机质的 8～12 倍。所以有机质对水的光谱响应影响不大,在反演含水量信息时可以忽略其影响。但在反演有机质时,必须剔除水对光谱的影响。

有机质对反射率的作用是交互作用的 2 倍左右,在波段950nm、1140nm 以及 1380nm 处均略有增加,都出现在水吸收峰的位置,在这些波段处,水对光谱反射率的影响较大。所以在反演有机质时,不但要剔除水对反射率的影响,而且需要考虑水与有机质的交互作用对反射率的影响。

同理,将原始光谱数据作变换后,也可进行方差分析。不再赘述,请见相关文献。

(5)依据地物不同形态的光谱响应对比分析

地物的表现形态不同会产生光谱响应差异。雪虽然是水的一种固态形式,但它与水的光谱特性截然不同,地表雪被的反射率明显高于自然水体,如图 4-7 所示。

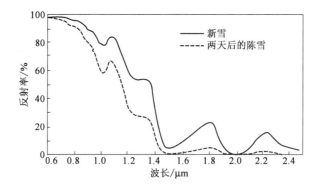

图 4-7　新雪与陈雪的光谱曲线

雪的晶粒大小、雪花絮状分裂的形态和积雪的松紧程度不同对雪被的光谱特性有明显的影响。雪光谱反射率的平均值变化特点是:新降的未融化的雪 > 表面融化的雪 > 湿的融化的雪 > 重新冻结的雪。

(6)依据地物不同时态的光谱响应对比分析

同一地物即使在同一地点因时间变化(时态)会产生不同的光谱响应。油菜的生育期大致分为苗期、蕾薹期、开花期、成熟期四个阶段。不同生育期同一株油菜同一位置冠层的高光谱反射率曲线,如图4-8 所示。

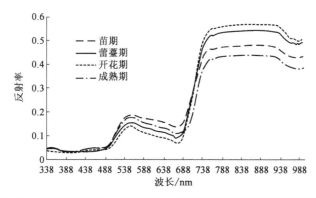

图4-8 不同生育期同一株油菜同一位置冠层的高光谱反射率曲线

从图4-8 可见,在可见光范围,油菜从苗期到开花期,生长速度逐渐加快,对于养分需求逐渐增加,导致光合作用强度增加,对光合作用利用的可见光吸收能力越强,所以油菜的可见光部分的光谱反射率呈现下降趋势。但到了成熟期,油菜的营养生长基本停止,植株下半部分叶片开始衰败枯萎,叶片中的叶绿素逐渐分解减少,光合作用能力减弱,从而对可见光吸收减少,导致在这个波段范围内油菜冠层反射率增加。

在近红外波段范围内,油菜从苗期到开花期,随着营养生长逐步加快,植株叶片层数逐步增加,叶片中的薄壁组织细胞逐渐饱满坚实,对近红外光反射能力增强,同时更多下层叶片对于透射下来的近红外光进行反射,导致油菜光谱在这个波段的反射率有极高的区域上升。到了成熟期,油菜叶片开始衰老,叶片中的叶肉被分解减少,对近红外光的反射能力减弱,所以油菜光谱在近红外波段的高反射平台有下降的趋势(孙勃岩,2017)。

利用油菜在苗期、蕾薹期、开花期、成熟期的光谱特性,可以定量估测油菜不同生育期的叶绿素含量及氮素含量,为科学种植提供指导。

(7)依据多类地物的光谱响应对比分析

因不同类型的地物所包含物质成分的物理和化学性质差异较大,其光谱响应差异往往比较显著,但由于它们共有的物质成分的差异,导致某些光谱细节上的相似,如图4-9 所示。

从图4-9 可见,植被、棉花纤维、高岭石、绿泥石具有显著不同的光谱曲线,但由于这四类物质均含有一定水分,在水吸收峰处均有不同程度的光谱反映。已发现许多地表矿物成分具有非常特殊的诊断性反射光谱特征。植物由于其由一些与地表矿物成分相同的化合物构成,因此亦有类似的光谱特征,如植被与高岭石在近红外波段具有较为相似的光谱。已确定的大部分植物的明显光谱特征是由于内含的叶绿素等色素和液态水引起的,健康的绿色植被的光谱曲线总是呈现明显的"峰"和"谷"的特征。棉花纤维来自绿色植被,在近红外波段二者的光谱特征具有较高的相似性,因其含水量的明显不同而又在水的两个强吸收峰处反射率显著不同。不同类型的地物光谱分析可用于建立地物光谱数据库以及地物的光谱识别分类。

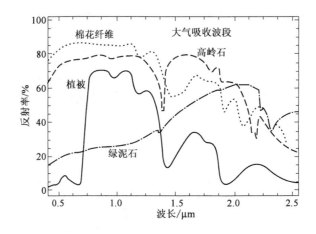

图 4-9　不同地物的光谱曲线

（8）依据相似类地物的光谱响应对比分析

相似类地物因其具有基本相同的物质成分,其光谱响应差异整体上不显著,但由于它们所包含的物质成分量的不同,导致某些光谱波段的反射率出现一定差异。国内学者戴昌达（1981）测定了我国 23 种土壤类型在 $0.36 \sim 2.5\mu m$ 波段范围内的光谱曲线,把我国主要土壤的光谱反射特性曲线划分为平直型（富含有机质土壤）、缓斜型（与水耕熟化相联系的水稻土）、陡坎型（热带、亚热带高铁铝土壤）和波浪型（干旱地区土壤）四类,如图 4-10 所示。这一分类基本概括了我国土壤类型的特点,对土壤分类具有一定的指导意义（史舟,2014）。

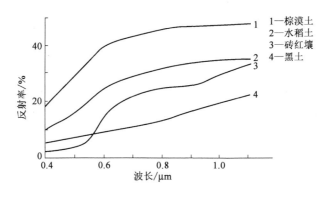

图 4-10　四种土壤的光谱曲线

王人潮等（1986）根据对浙江省主要土壤光谱反射特性曲线的形态与斜率的变化关系,将其分为陡坎型（红壤类）、缓坡型（黄壤类）和平直型（水稻土类）三种类型;王绍庆（1990）将北京市的土壤反射率光谱曲线分为四类:曲线上升较快的高反射率类型、曲线上升较慢的低反射率类型、曲线上升较快的中等反射率类型、曲线斜率在 $0.35 \sim 0.75\mu m$ 处急剧改变类型。

Stoner 和 Baumgardner（1981）在实验室利用光谱仪测定取自美国 39 个州和巴西境内的485 个土壤样品光谱,分析 $0.52 \sim 2.32\mu m$ 光谱范围内的光谱特征,将它们分为 5 种土壤反射率曲线,如图 4-11 所示。

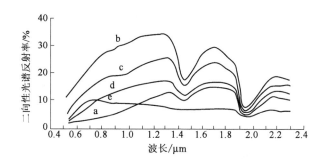

图 4-11 Stoner 和 Baumgardner(1981)描述的 5 种土壤的反射率光谱曲线类型

a 表示有机质控制型(富含有机质,中细结构);b 表示改变类型(低有机质含量,铁含量中等);c 表示铁影响类型(低有机质含量,铁含量属中等);d 表示有机质影响类型(富含有机质,中粗结构);e 表示铁控制型(富含铁,细粒结构)

① 有机质控制型,该类型土壤光谱曲线在 $0.5\sim1.3\mu m$ 波段范围反射率低,而且曲线形状微下凹,该类土壤富含有机质。

② 最小改变型,该类型土壤为低有机质含量、铁含量中等,光谱曲线在 $0.5\sim1.3\mu m$ 波段范围反射率高,且曲线形状向上凸。除了 $1.45\mu m$ 和 $1.95\mu m$ 附近存在强烈的水吸收峰外,在 $1.2\mu m$ 和 $1.77\mu m$ 位置上还存在弱的水吸收峰。

③ 铁影响类型,该类型土壤光谱曲线在 $0.7\mu m$ 附近有弱的铁氧化物吸收峰,在 $0.9\mu m$ 附近有强的铁氧化物吸收峰。这类土壤中的有机质含量低,铁含量中等。

④ 有机质影响型,该类型土壤光谱曲线在 $0.5\sim0.7\mu m$ 波段范围内下凹,但从 $0.75\sim1.3\mu m$ 有微上凸。这类土壤富含有机质,为中粗结构。

⑤ 铁控制型,该类型土壤光谱曲线特殊,在 $0.5\mu m$ 以后反射率随波长的增加而下降,并且在中红外波段范围吸收强烈,以至于在 $1.45\mu m$ 和 $1.95\mu m$ 处水的吸收峰特征几乎消失。这一类型的土壤富含铁,为细粒结构。

总之,从不同角度分析地物的吸收、反射诊断性光谱特征表现是必要的,更重要的是要将定性分析与定量分析相结合,总结出地物光谱的内在规律。在实际问题中,应根据研究对象的特点作具体分析。

4.2 地物光谱数据变换方法

高光谱数据的获取受到众多因素的影响,除光谱仪性能及使用方式、天气晴朗状况、光谱测量时间段外,还受到大气温度、湿度、组分和电磁特性等因素的干扰,此外被测量对象的本身属性也至关重要,如土壤的母质、成土条件、质地、表面粗糙度、微聚体、湿度、铁含量等。这些因素都会对光谱测量产生一定的影响,即光谱测量结果中含有误差或噪声,从而使原始光谱值与研究对象(要素)间的相关性不高,甚至不能满足光谱反演建模的要求。因此,对原始光谱数据进行变换处理是非常必要的。本节主要介绍几种常用的光谱数据变换方法。

4.2.1 初等变换

采用初等函数对光谱数据进行变换处理,称为初等变换,也称简单变换。常用的初等变换方法有反射率 R 的幂函数、指数函数、对数函数、三角函数等,见表 4-2。

表 4-2　高光谱数据的初等变换方法

序号	变 换 方 法	序号	变 换 方 法
1	反射率的倒数($1/R$)	5	反射率的对数($\ln R$)
2	反射率的平方根($R^{0.5}$)	6	反射率对数的倒数($1/\ln R$)
3	反射率的平方(R^2)	7	反射率的正弦$[A\sin(k\pi R + \varphi)]$
4	反射率的指数($a^R, a>0, a \neq 1$)	8	反射率的余弦$[A\cos(k\pi R + \varphi)]$

表4-2 中，A、k 和 φ 为选取的适宜常数。实际应用表明，初等变换方法一般不能有效提高变换后光谱数据与研究对象(要素)间的相关性，但为研究组合变换方法提供基础，可根据具体问题，通过对比试验获取最佳组合变换方法，如 $R^{0.5} \times \ln R$ 等形式变换等。

4.2.2　光谱微分技术

光谱微分技术是一种在遥感数据处理中特别有应用前景的分析方法。光谱微分技术对不同的背景、噪声有去除作用，特别是比较容易去除以"加"的形式混入光谱信号中的噪声，还可以消除基线和其他背景的干扰，分辨重叠峰，提高分辨率和灵敏度。一般认为，可用一阶微分处理去除部分线性或接近线性的背景值干扰，二阶微分可消除平方项噪声的影响，因而其在实际应用中较为有效。

在实际应用时，一般用光谱的差分作为微分的有限近似，计算公式为：

$$R'(\lambda_i) = [R(\lambda_{i+1}) - R(\lambda_{i-1})]/(2\Delta\lambda) \tag{4-1}$$

$$R''(\lambda_i) = [R'(\lambda_{i+1}) - R'(\lambda_{i-1})]/(2\Delta\lambda)$$

$$= [R(\lambda_{i+2}) - 2R(\lambda_i) + R(\lambda_{i-2})]/(2\Delta\lambda)^2 \tag{4-2}$$

式中，λ_i 为每个波段的波长；$R(\lambda_i)$ 和 $R(\lambda_{i-1})$ 分别为波长 λ_i 和 λ_{i-1} 处的光谱反射率；$R'(\lambda_i)$ 和 $R'(\lambda_{i-1})$ 分别为波长 λ_i 和 λ_{i-1} 处的一阶微分光谱；$R''(\lambda_i)$ 为波长 λ_i 处的二阶微分光谱；$\Delta\lambda$ 为波长 λ_{i-1} 到 λ_i 的间隔，视波段波长而定。波长 λ_{i-2} 到 λ_i 的间隔及波长 λ_{i+2} 到 λ_i 的间隔为 $2\Delta\lambda$。

在实际应用时，$\Delta\lambda$ 的选择是十分重要的。如果 $\Delta\lambda$ 太小，噪声会很大，影响光谱变换效果及所建分析模型的质量；如果 $\Delta\lambda$ 太大，光谱平滑过度，会失去大量的细节信息。图 4-12 是随着 $\Delta\lambda$ 的增大，光谱微分曲线趋于平滑，很有可能导致滤除许多细微光谱特征的后果。

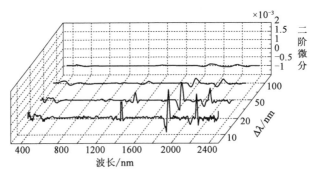

图 4-12　不同波长间隔的二阶微分光谱

式(4-1)、式(4-2)也可采用简化的形式,计算公式如下

$$R'(\lambda_i) = [R(\lambda_i) - R(\lambda_{i-1})]/\Delta\lambda \tag{4-3}$$

$$R''(\lambda_i) = [R'(\lambda_i) - R'(\lambda_{i-1})]/\Delta\lambda$$
$$= [R(\lambda_i) - 2R(\lambda_{i-1}) + R(\lambda_{i-2})]/(\Delta\lambda)^2 \tag{4-4}$$

式中,符号含义同前。

利用光谱微分技术,不仅可实现对原始光谱的微分变换,还可在光谱初等变换的基础上再进行微分变换,如表4-3所示。

表4-3 高光谱数据的微分变换方法

序号	变 换 方 法	序号	变 换 方 法
1	反射率的一阶微分(R')	7	反射率的二阶微分(R'')
2	反射率倒数的一阶微分$[(1/R)']$	8	反射率倒数的二阶微分$[(1/R)'']$
3	反射率对数的一阶微分$[(\ln R)']$	9	反射率对数的二阶微分$[(\ln R)'']$
4	对数的倒数的一阶微分$[(1/\ln R)']$	10	对数的倒数的二阶微分$[(1/\ln R)'']$
5	平方根的一阶微分$[(R^{0.5})']$	11	平方根的二阶微分$[(R^{0.5})'']$
6	平方根倒数的一阶微分$[(1/R^{0.5})']$	12	平方根倒数的二阶微分$[(1/R^{0.5})'']$

为对比说明不同变换方法的效果,用平方根、对数的倒数及其一阶微分对某一土壤样本的地面室外光谱进行变换处理,结果如图4-13所示。

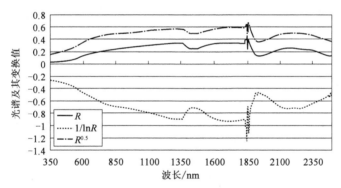

图4-13 土壤样本原始光谱及其简单变换

从图4-13可见,原始光谱对数的倒数变换放大了光谱值,在1900nm附近的噪声也随之放大,且光谱值变换后变为负值。虽然原始光谱平方根变换也放大了光谱值,而在1900nm附近的噪声却略有减小,变换后的光谱曲线与原始光谱曲线保持较为相似的形状。这是由变换函数的性质决定的。

不同光谱变换方法的去噪声效果也不同。根据原始光谱平方根的一阶、对数的倒数的一阶微分变换值,计算前后相邻波段光谱变换值的比值。比值越接近1说明光谱曲线越光滑,光谱变换方法的去噪声效果好;反之,说明光谱曲线波动较大,可能还存在一定噪声,即光谱变换方法的去噪声效果不好。某一土壤样本原始光谱及其平方根一阶微分后的相邻波段比值,如图4-14所示。

为便于比较,图4-14中,原始光谱平方根的一阶微分后的相邻波段光谱的比值整体下移了0.2。从图4-14可见,原始光谱经平方根的一阶微分变换后,波动性相对变小,光谱曲线更加光滑,这说明光谱平方根的一阶微分变换方法具有较好的去噪声效果。土壤光谱经对数的倒数的一阶微分变换后,相邻波段比值如图4-15所示。

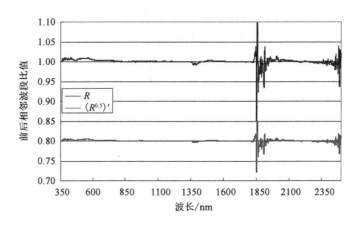

图4-14　土壤样本原始光谱及其平方根一阶微分后的相邻波段比值

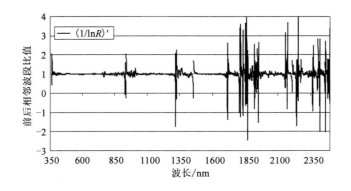

图4-15　土壤样本原始光谱对数的倒数的一阶微分后的相邻波段比值

　　需要说明,为显示清晰,绘图时删除了比值大于 4 或小于 − 3 的值,其中最大值超过了 1600。对比图 4-14 和图 4-15 可见,原始光谱经对数的倒数的一阶微分变换后,在大部分波段光谱波动性相对增大了。这种现象可从两方面解释:一方面说明对数的倒数的一阶微分变换的去噪声效果低于平方根的一阶微分变换,也说明原始光谱中存在的噪声不一定是线性或接近线性的;另一方面,对数的倒数的一阶微分变换能够较好地相对放大有用的信号,这反而有利于光谱特征提取。已有研究表明,光谱对数的倒数的一阶微分、平方根的一阶微分是土壤光谱变换中较为有效的两种方法。

4.2.3　光谱连续统去除

　　为了更好地反映地物光谱的总体形状特征,可以对光谱进行连续统去除计算,并以它来代表地物光谱的总体背景特征。连续统去除法也叫包络线法,作为光谱分析方法,它最早由 Clark 和 Roush(1984)提出。连续统定义为逐点直线连接随波长变化的吸收或反射凸出的"峰"值点,并使折线在"峰"值点上的外角大于 $180°$。它可以有效地突出光谱曲线吸收和反射特征,并将其归一到一个一致的光谱背景上,有利于和其他光谱曲线进行特征数值比较,从而提取特征波段进行分类识别。

　　连续统去除法的计算公式为:

$$R_{cj} = \frac{R_j}{R_{start} + K(\lambda_j - \lambda_{start})} \tag{4-5}$$

式中，R_{cj}表示第j波段连续统去除变换后的值；R_j表示第j波段的反射率值；R_{start}表示起点波段的反射率值；λ_{start}表示起点波段的波长值；λ_j表示第j波段的波长值；K表示起点波段到终点波段的直线斜率，其计算方法为：

$$K = \frac{R_{end} - R_{start}}{\lambda_{end} - \lambda_{start}} \tag{4-6}$$

式中，R_{start}、R_{end}分别表示起点、终点波段的反射率值；λ_{start}、λ_{end}分别表示起点、终点波段的波长。

利用 Excel 表可实现连续统去除变换，其基本操作步骤如下。

① 计算斜率。根据光谱曲线图确定起点和终点的光谱位置，在某一单元格位置，按式(4-6)计算斜率K。

② 计算变换值。若波长放在 A 列，反射率放在 B 列，则包络线去除变换值可放在 C 列。在起点波长对应的 C 列单元格，按式(4-5)书写计算公式，回车得光谱的变换值R_{cj}。点击该单元格，再双击该单元格框的右下角，则自动计算起点到终点的光谱变换值。若光谱变换后有的值大于 1，则应调整起点或终点的位置。

图 4-16 给出了一条典型的连续统去除光谱曲线、连续统及原始光谱曲线。

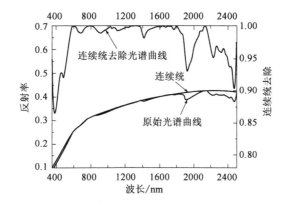

图 4-16 原始光谱、连续统及连续统去除光谱曲线

从图 4-16 见，特征吸收峰在连续统去除光谱曲线上得到了很明显的体现。从直观上来看，连续统是一个直线连接光谱上局部光谱反射率极值点的凸壳，相当于光谱曲线的"外壳"。因为实际的光谱曲线由离散的点所构成，所以光谱曲线的包络线也是用连续的折线段来表示。由式(4-5)可见，连续统去除法处理后的光谱值等于在光谱吸收特征处的每个波段的反射率值除以连续统直线上相对应波段处的值。因为起点、终点光谱数据值在"凸壳"上，所以连续统去除法归一化的光谱曲线上起点、终点数据值为 1，期间的其他部位的值在$(0,1)$之间。

4.2.4 小波变换

小波变换(wavelet transform，WT)是一种新型的信号处理方法，是给出时间域和频率域方面信息的另一种技术，类似于傅里叶变换(fourier transform，FT)，但它可以做时域局部分析，又具有时间窗口宽度随频率的变化而自动调节的特性，是傅里叶变换所不具备的(刘建学，2008)。

小波变换将测量信号分解为一组称之为小波基的基函数。在小波变换中，这种小波基函数称为分析小波(analyzing wavelet)。通常使用较多的分析小波类型有 Morlet 小波和 Daubechies 小波。另外还有一种比较特殊的 Haar 小波(呈方波状),如图 4-17 所示。

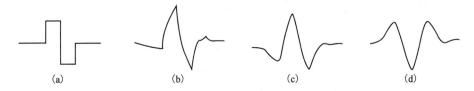

图 4-17　Haar 小波(a)和 Daubechies 小波[(b)~(d)]

小波族是对测量数据的小波进行伸缩和平移形成的。表示移动的参数为 b,称为变位因子或平移因子;而扩展参数 a 对小波有伸缩和拓宽作用,a 称为伸缩因子或尺度因子。该分析小波用函数 $h(t)$ 表示,称其为小波母函数,通过引入变位因子和伸缩因子,可得到连续变化的小波族 $h_{a,b}(t)$:

$$h_{a,b}(t) = \frac{1}{\sqrt{|a|}} h\left(\frac{t-b}{a}\right) \tag{4-7}$$

式中,$a=2^n$;$b=2^n k$;n 和 k 分别代表伸缩和变位的参数,且都是整数;t 表示变量。

这样便可得到小波族的数学表达式(二进小波):

$$h_{a,b}(t) = 2^{-n/2} h(2^{-n}t - k) \tag{4-8}$$

变位参数 b 确定小波在时域中的位置,而伸缩参数 a 不仅确定其在频域中的位置,还确定时-频局部的尺度或程度。

图 4-18 表示伸缩因子 a 取不同值时的 Morlet 小波族。与傅里叶变换相类似,这里仅考虑某一确定测量时间处的频率,而且扩展因子为 2。正如图 4-18 所示,小波变换要求小波基适合测量数据。小波基由小波母函数 $h(t)$ 进行伸缩和移动而获得。最狭窄的小波(水平 α^1)以较小的步长移动,而较宽的小波则以较大的步长移动。变位因子 b 常常是伸缩因子的倍数(k 倍)。由适合数据的这些小波基可获得小波变换系数(wavelet transform coefficients),与较窄小波相联系的系数表示信号的局部特征,而较宽的小波表示信号的平滑特征。

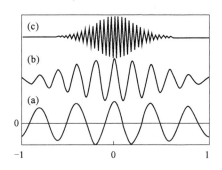

图 4-18　具有不同伸缩值的 Morlet 小波族

将离散小波变换用于离散形式的测量数据,要求数据的数目为 2^n。在离散小波变换中,由小波滤波系数给出小波分析。例如 Haar 小波族,第一个系数组(最小的伸缩因子 a,而变位因子 $b=0$)被定义为两个系数 $c_1=1$ 和 $c_2=1$。第二个系数组(最小的伸缩因子 $2a$)的系数为:$c_1=1$,$c_2=1$,$c_3=1$ 和 $c_4=1$。通常小波数由 2^n 个系数所决定。最宽的小波具有 $2^n = N$ 个系数,即测量数据的数目。n 的大小确定小波的水平。

例如，$n=2$，可获得水平 2 的小波。对于各个水平，转换矩阵中小波滤波系数都按一定的方法排列。对于一个含 8 个数据点的测量向量（以 8×1 的列向量表示）在水平 1 时，变换矩阵为：

$$G = \begin{bmatrix} c_1 & c_2 & 0 & 0 & 0 & 0 & 0 & 0 \\ 0 & 0 & c_1 & c_2 & 0 & 0 & 0 & 0 \\ 0 & 0 & 0 & 0 & c_1 & c_2 & 0 & 0 \\ 0 & 0 & 0 & 0 & 0 & 0 & c_1 & c_2 \end{bmatrix}$$

将此变换矩阵与上述数据信号列向量相乘变可产生 4 个小波系数，即数据向量程度长度的一半（$N/2$）。

对于 $c_1 = c_2 = c_3 = c_4 = 1$ 的情况，小波变换系数等于 4 个数据点信号的移动平均值。因此，小波滤波系数定义为一个低频通过的滤波器，所得的小波变换系数具有信号的"平滑"信息。因此该组小波滤波器系数被作为近似系数或逼近系数，而所产生的变换系数为 a 成分（approximation）。含有近似系数的变换矩阵称为 G 矩阵。上述 8 个测量点的例子中，可能的最高变换水平为水平 3（$2^3 = 8$ 非零系数），这种变换的结果为测量信号的平均。而零水平（2^0，1 个非零系数）的变换即信号本身。

除去以上第一组系数外，还定义了第二组滤波系数，相当于一个高频通过滤波器，它对测量信号作细节性的描述。高频通过滤波器利用以上叙述的同一组小波系数，但其符号相反且顺序也相反。这些系数被置于 H 矩阵中，信号长度为 8 的而变换水平为 2 的 H 矩阵为：

$$H = \begin{bmatrix} c_2 & -c_1 & 0 & 0 & 0 & 0 & 0 & 0 \\ 0 & 0 & c_2 & -c_1 & 0 & 0 & 0 & 0 \\ 0 & 0 & 0 & 0 & c_2 & -c_1 & 0 & 0 \\ 0 & 0 & 0 & 0 & 0 & 0 & c_2 & -c_1 \end{bmatrix}$$

H 矩阵中的系数称为描述系数或细节系数，而 H 矩阵的输出为 d 成分（detail）。在已知 $N/2$ 个细节描述成分和 $N/2$ 个近似描述成分的情况下，我们便有可能重构长度为 N 的信号。

离散小波变换用向量-矩阵的形式表示为：

$$\alpha = W^T f \tag{4-9}$$

式中，α 为含有 N 个小波的变换系数；W^T 为含有与指定小波相关的近似和细节系数的 $N \times N$ 阶正交矩阵，$W^T = \begin{bmatrix} G \\ H \end{bmatrix}$；$f$ 为测量数据向量。

矩阵 W^T 的作用是分别采用低频通过滤波器 G 和高频通过滤波器 H 进行两个相关的卷积计算。G 的输出表示平滑方面的近似信息，而 H 的输出则给出较为详细的细节信息。

下面通过一个例子说明小波变换过程。设某一样本含有 16 个测量数据，即：

$f^T = [0.0, 0.2079, 0.4067, 0.5878, 0.7431, 0.8660, 0.9511, 0.9945, 0.9945, 0.9511,$
$\quad 0.8660, 0.7431, 0.5878, 0.4067, 0.2079, 0.0]$

试用 Haar 小波对其进行水平为 α^1 的小波变换。

首先，定义一个 16×16 阶的小波滤波器系数矩阵 W^T，即：

$$W^T = \begin{bmatrix} G \\ H \end{bmatrix} = \begin{bmatrix} 1 & 1 & 0 & 0 & 0 & 0 & 0 & 0 & 0 & 0 & 0 & 0 & 0 & 0 & 0 & 0 \\ 0 & 0 & 1 & 1 & 0 & 0 & 0 & 0 & 0 & 0 & 0 & 0 & 0 & 0 & 0 & 0 \\ 0 & 0 & 0 & 0 & 1 & 1 & 0 & 0 & 0 & 0 & 0 & 0 & 0 & 0 & 0 & 0 \\ 0 & 0 & 0 & 0 & 0 & 0 & 1 & 1 & 0 & 0 & 0 & 0 & 0 & 0 & 0 & 0 \\ 0 & 0 & 0 & 0 & 0 & 0 & 0 & 0 & 1 & 1 & 0 & 0 & 0 & 0 & 0 & 0 \\ 0 & 0 & 0 & 0 & 0 & 0 & 0 & 0 & 0 & 0 & 1 & 1 & 0 & 0 & 0 & 0 \\ 0 & 0 & 0 & 0 & 0 & 0 & 0 & 0 & 0 & 0 & 0 & 0 & 1 & 1 & 0 & 0 \\ 0 & 0 & 0 & 0 & 0 & 0 & 0 & 0 & 0 & 0 & 0 & 0 & 0 & 0 & 1 & 1 \\ 1 & -1 & 0 & 0 & 0 & 0 & 0 & 0 & 0 & 0 & 0 & 0 & 0 & 0 & 0 & 0 \\ 0 & 0 & 1 & -1 & 0 & 0 & 0 & 0 & 0 & 0 & 0 & 0 & 0 & 0 & 0 & 0 \\ 0 & 0 & 0 & 0 & 1 & -1 & 0 & 0 & 0 & 0 & 0 & 0 & 0 & 0 & 0 & 0 \\ 0 & 0 & 0 & 0 & 0 & 0 & 1 & -1 & 0 & 0 & 0 & 0 & 0 & 0 & 0 & 0 \\ 0 & 0 & 0 & 0 & 0 & 0 & 0 & 0 & 1 & -1 & 0 & 0 & 0 & 0 & 0 & 0 \\ 0 & 0 & 0 & 0 & 0 & 0 & 0 & 0 & 0 & 0 & 1 & -1 & 0 & 0 & 0 & 0 \\ 0 & 0 & 0 & 0 & 0 & 0 & 0 & 0 & 0 & 0 & 0 & 0 & 1 & -1 & 0 & 0 \\ 0 & 0 & 0 & 0 & 0 & 0 & 0 & 0 & 0 & 0 & 0 & 0 & 0 & 0 & 1 & -1 \end{bmatrix}$$

在矩阵 W^T 中,第 $1 \sim 8$ 行为近似滤波器系数,而第 $9 \sim 16$ 行为详述(即细节)滤波器系数。每前进一行两个系数移动两个位置,即变位因子 $b = 2$。一旦确定矩阵 W^T,α^1 的小波变换系数可由式(4-9)解出。即:

$$\alpha^1 = \sqrt{1/2} \begin{bmatrix} 1 & 1 & 0 & 0 & 0 & 0 & 0 & 0 & 0 & 0 & 0 & 0 & 0 & 0 & 0 & 0 \\ 0 & 0 & 1 & 1 & 0 & 0 & 0 & 0 & 0 & 0 & 0 & 0 & 0 & 0 & 0 & 0 \\ 0 & 0 & 0 & 0 & 1 & 1 & 0 & 0 & 0 & 0 & 0 & 0 & 0 & 0 & 0 & 0 \\ 0 & 0 & 0 & 0 & 0 & 0 & 1 & 1 & 0 & 0 & 0 & 0 & 0 & 0 & 0 & 0 \\ 0 & 0 & 0 & 0 & 0 & 0 & 0 & 0 & 1 & 1 & 0 & 0 & 0 & 0 & 0 & 0 \\ 0 & 0 & 0 & 0 & 0 & 0 & 0 & 0 & 0 & 0 & 1 & 1 & 0 & 0 & 0 & 0 \\ 0 & 0 & 0 & 0 & 0 & 0 & 0 & 0 & 0 & 0 & 0 & 0 & 1 & 1 & 0 & 0 \\ 0 & 0 & 0 & 0 & 0 & 0 & 0 & 0 & 0 & 0 & 0 & 0 & 0 & 0 & 1 & 1 \\ 1 & -1 & 0 & 0 & 0 & 0 & 0 & 0 & 0 & 0 & 0 & 0 & 0 & 0 & 0 & 0 \\ 0 & 0 & 1 & -1 & 0 & 0 & 0 & 0 & 0 & 0 & 0 & 0 & 0 & 0 & 0 & 0 \\ 0 & 0 & 0 & 0 & 1 & -1 & 0 & 0 & 0 & 0 & 0 & 0 & 0 & 0 & 0 & 0 \\ 0 & 0 & 0 & 0 & 0 & 0 & 1 & -1 & 0 & 0 & 0 & 0 & 0 & 0 & 0 & 0 \\ 0 & 0 & 0 & 0 & 0 & 0 & 0 & 0 & 1 & -1 & 0 & 0 & 0 & 0 & 0 & 0 \\ 0 & 0 & 0 & 0 & 0 & 0 & 0 & 0 & 0 & 0 & 1 & -1 & 0 & 0 & 0 & 0 \\ 0 & 0 & 0 & 0 & 0 & 0 & 0 & 0 & 0 & 0 & 0 & 0 & 1 & -1 & 0 & 0 \\ 0 & 0 & 0 & 0 & 0 & 0 & 0 & 0 & 0 & 0 & 0 & 0 & 0 & 0 & 1 & -1 \end{bmatrix} \begin{bmatrix} 0.0000 \\ 0.2079 \\ 0.4067 \\ 0.5878 \\ 0.7431 \\ 0.8660 \\ 0.9511 \\ 0.9945 \\ 0.9945 \\ 0.9511 \\ 0.8660 \\ 0.7431 \\ 0.5878 \\ 0.4067 \\ 0.2079 \\ 0.0000 \end{bmatrix} = \begin{bmatrix} 0.1470 \\ 0.7032 \\ 1.1378 \\ 1.3757 \\ 1.3757 \\ 1.1378 \\ 0.7032 \\ 0.1470 \\ -0.1470 \\ -0.1281 \\ -0.0869 \\ -0.0307 \\ 0.0307 \\ 0.0869 \\ 0.1281 \\ 0.1470 \end{bmatrix}$$

因子 $\sqrt{1/2}$ 的引入是为了确保信号的强度不变。前 8 个小波变换系数为 a 成分(即平滑成分);后 8 个系数为 d 成分(即细节成分)。下一步应用转换矩阵即可计算出水平为 2 时的小波变换系数 α^2。α^2 采用的变换矩阵含有 4 个小波滤波系数,它是小波宽度的 2 倍。该小波移动 4 个位置而不是上述中水平的 2 个,在该例中便产生具有 4 个近似行和另外 4 个细节行且各具有 16 个元素的变换矩阵。将该矩阵与 16 位的数据向量相乘可得到一个含有 4 个 a 成分和 4 个 d 成分的向量,水平 2 时的系数 α^2,即:

$$\alpha^2 = \sqrt{1/4} \begin{bmatrix} 1 & 1 & 1 & 1 & 0 & 0 & 0 & 0 & 0 & 0 & 0 & 0 & 0 & 0 & 0 & 0 \\ 0 & 0 & 0 & 0 & 1 & 1 & 1 & 1 & 0 & 0 & 0 & 0 & 0 & 0 & 0 & 0 \\ 0 & 0 & 0 & 0 & 0 & 0 & 0 & 0 & 1 & 1 & 1 & 1 & 0 & 0 & 0 & 0 \\ 0 & 0 & 0 & 0 & 0 & 0 & 0 & 0 & 0 & 0 & 0 & 0 & 1 & 1 & 1 & 1 \\ 1 & 1 & -1 & -1 & 0 & 0 & 0 & 0 & 0 & 0 & 0 & 0 & 0 & 0 & 0 & 0 \\ 0 & 0 & 0 & 0 & 1 & 1 & -1 & -1 & 0 & 0 & 0 & 0 & 0 & 0 & 0 & 0 \\ 0 & 0 & 0 & 0 & 0 & 0 & 0 & 0 & 1 & 1 & -1 & -1 & 0 & 0 & 0 & 0 \\ 0 & 0 & 0 & 0 & 0 & 0 & 0 & 0 & 0 & 0 & 0 & 0 & 1 & 1 & -1 & -1 \end{bmatrix} \begin{bmatrix} 0.0000 \\ 0.2079 \\ 0.4067 \\ 0.5878 \\ 0.7431 \\ 0.8660 \\ 0.9511 \\ 0.9945 \\ 0.9945 \\ 0.9511 \\ 0.8660 \\ 0.7431 \\ 0.5878 \\ 0.4067 \\ 0.2079 \\ 0.0000 \end{bmatrix} = \begin{bmatrix} 0.6012 \\ 1.7773 \\ 1.7773 \\ 0.6012 \\ -0.3922 \\ -0.1682 \\ 0.1682 \\ 0.3933 \end{bmatrix}$$

如将 8×8 阶 α^1 水平变换矩阵乘以上一步得到的 α^1 系数也可得到同样的结果,即:

$$\alpha^2 = \sqrt{1/2} \begin{bmatrix} 1 & 1 & 0 & 0 & 0 & 0 & 0 & 0 \\ 0 & 0 & 1 & 1 & 0 & 0 & 0 & 0 \\ 0 & 0 & 0 & 0 & 1 & 1 & 0 & 0 \\ 0 & 0 & 0 & 0 & 0 & 0 & 1 & 1 \\ 1 & -1 & 0 & 0 & 0 & 0 & 0 & 0 \\ 0 & 0 & 1 & -1 & 0 & 0 & 0 & 0 \\ 0 & 0 & 0 & 0 & 1 & -1 & 0 & 0 \\ 0 & 0 & 0 & 0 & 0 & 0 & 1 & -1 \end{bmatrix} \begin{bmatrix} 0.1470 \\ 0.7032 \\ 0.1378 \\ 1.3757 \\ 1.3757 \\ 1.1378 \\ 0.7032 \\ 0.1470 \end{bmatrix} = \begin{bmatrix} 0.6012 \\ 1.7773 \\ 1.7773 \\ 0.6012 \\ -0.3922 \\ -0.1682 \\ 0.1682 \\ 0.3933 \end{bmatrix}$$

这就是 Mallat 提出的离散算法,也称金字塔算法的原理,如图 4-19 所示,计算十分有效。依据该算法可作进一步计算,4 个 a 成分被引入 4×4 阶 α^1 变换矩阵,可计算出水平 3 的系数成分,即:

$$\alpha^3 = \sqrt{1/2} \begin{bmatrix} 1 & 1 & 0 & 0 \\ 0 & 0 & 1 & 1 \\ 1 & -1 & 0 & 0 \\ 0 & 0 & 1 & -1 \end{bmatrix} \begin{bmatrix} 0.6012 \\ 1.7773 \\ 1.7773 \\ 0.6012 \end{bmatrix} = \begin{bmatrix} 1.6819 \\ 1.6818 \\ -0.8316 \\ 0.8316 \end{bmatrix}$$

同理,最后水平 4 的系数成分为:

$$\alpha^4 = \sqrt{1/2} \begin{bmatrix} 1 & 1 \\ 1 & -1 \end{bmatrix} \begin{bmatrix} 1.6819 \\ 1.6818 \end{bmatrix} = \begin{bmatrix} 2.3785 \\ 0.0001 \end{bmatrix}$$

对图 4-19 所给出的金字塔算法进行较仔细的观察之后,可以发现小波变换连续分析近似系数。当以相同的方法分析详述系数时,另一个分析近似的系数的分区被打开。这种离散小波变换通常称为小波包变换(wavelet packet transform, WPT),进一步有关小波包变换方面的知识可见有关文献。上面所述的 16 个数据进行离散小波变换(DWT)的最终结果,如图 4-20 所示。小波变换与傅里叶变换(FT)的区别在图 4-21 中已清楚地表示出来,可以看到小波 α^1 局部描述信号的快速波动,而小波 α^2 则描述较慢的波动。

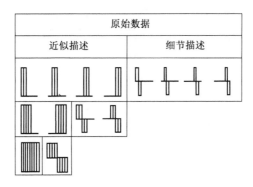

图 4-19　小波变换 8 个数据点的 W^T 矩阵形成过程

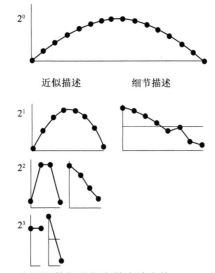

图 4-20　16 个测量数据进行离散小波变换(DWT)的最终结果

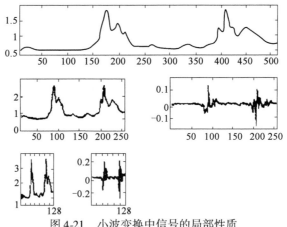

图 4-21　小波变换中信号的局部性质

　　小波变换的应用主要是在波谱除噪方面。在小波变换计算中,如某些小波系数置零,便可有选择地去除测量信号中某些区域中的噪声,而对其余区域无明显影响。基于阈值选择的小波去噪原理是选用一个小波母函数,将待处理的信号进行离散小波变换,并选择一个阈值将得到的小波系数进行阈值选择。阈值选取方法包括两类:硬阈值法和软阈值法。这两种方法定义如下。

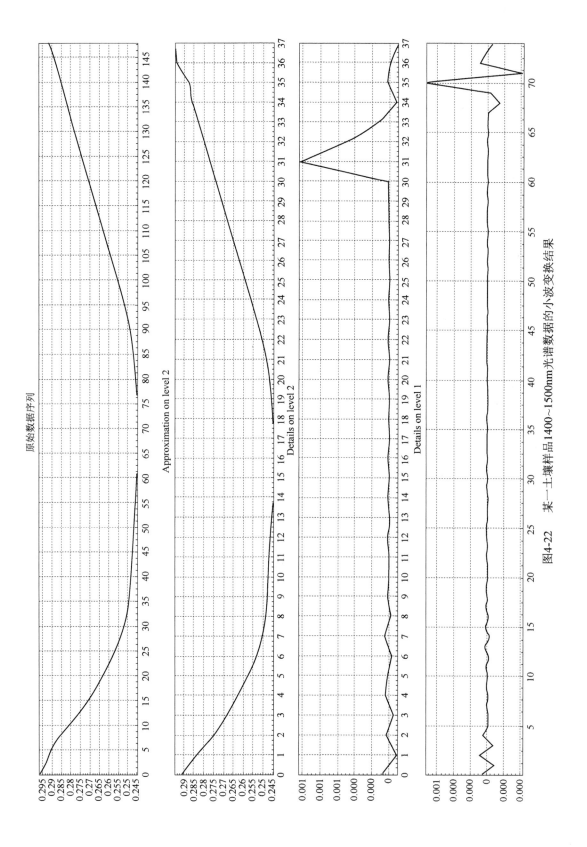

图4-22 某一土壤样品1400~1500nm光谱数据的小波变换结果

硬阈值法：
$$s = \begin{cases} x, & |x| > x_0 \\ 0, & |x| \leqslant x_0 \end{cases} \tag{4-10}$$

软阈值法：
$$s = \begin{cases} \text{sign}(x) |x - x_0|, & |x| > x_0 \\ 0, & |x| \leqslant x_0 \end{cases} \tag{4-11}$$

式中，x_0 表示阈值；x 表示小波变换后的小波系数；$\text{sign}(x)$ 表示取 x 符号；s 表示阈值选取后的小波系数。

从式(4-10)、式(4-11)可见，硬阈值是把绝对值小于阈值的小波系数值置0；而软阈值是把绝对值小于阈值的小波系数值置0，剩下的非0的系数向0压缩。然后根据阈值选取后的系数进行信号重构，可得到去噪后的信号。

小波变换还被用于声波信号、图像处理信号、地表波信号和分析测量信号的分析。小波变换技术还被用于噪声信号中信号峰值的检测，噪声中的某些变化较大的信号将引起同一位置小波信号的变化。近年来，分析工作者发现可通过小波变换对数据进行压缩，而数据中的信息并不会丢失。测量信号经小波分解后将从原来的空间到小波空间，由于小波变换的特点，在小波空间的系数将有一部分特别小，对信号的表达没有显著的意义。如果我们将较小的系数去除，在重构的信号中将不会丢失有意义的信息。因此，小波变换可用于数据压缩。小波变换还用于多元校正分析信息量的提取，以及利用小波系数进行光谱反演建模等。

利用有关软件可方便实现小波变换与重构计算，图 4-22 为利用 DPS6.5 软件对某一土样 1400～1500nm 光谱数据的小波变换结果。

需要说明的是，关于光谱变换的方法还有许多，如傅里叶变换、移动平均、Savitzhy-Golay 卷积平滑（也称多项式平滑）、中值滤波、Gaussian 滤波等。这些方法主要用于信号去噪，不再详述，请参考有关文献。

4.3 地物光谱特征选择

4.3.1 光谱特征选择的必要性

高光谱遥感波段多、数据量大，为了解地物提供了极其丰富的遥感信息，这有助于完成更加细致的遥感地物分类与目标识别，然而波段的增多也必然导致信息的冗余和数据处理复杂性的增加。

高光谱遥感数据的分类与常规的多波段遥感数据的分类具有显著的区别。一方面，因高光谱的波段多使获取的光谱数据量非常大，若把所有波段的数据都用于分析，则运算量巨大，花费大量不必要的计算时间。假设原始光谱波段数为 N，优选后的光谱波段是 M，$N > M$，则光谱特征组合的数目为 $K = N! \, / [(N - M)! \, M!]$。若 $N = 100$，则：
$$K = 100! \, / [(100 - 3)! \, 3!] = 161700$$

由于高光谱的波段数高达几百个甚至数千个，可见其波段优先的工作量相当大。

另一方面，受波段维数大幅增加的影响，为对分类中需要使用的统计参数进行比较精确的估计，训练样本数要远高于常规多波段遥感数据的分类中使用的样本数。为达到比较精确的参数估计，通常训练样本数应当是所用波段数的 10 倍以上。在样本数不变的情况下，分类精度随所使用波段数的变化呈现出 Hughes 现象，也称休斯现象，如图 4-23 所示。

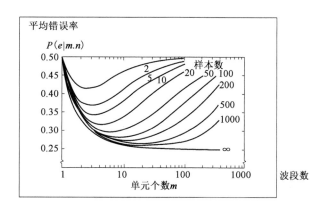

图 4-23 Hughes 现象

从图 4-23 可见,当光谱特征波段数为 8 个时,要想达到 70% 的分类精度,则至少需要 100 个建模样本;随着波段数的增加,要想保持相同的分类精度,建模样本数必须大幅增加。这说明处理高维遥感数据的特征提取是一项十分必要的工作。因此,采用何种有效手段进行高维遥感数据的特征提取,也是当前遥感分类与识别领域一个非常值得重视的研究方向。

4.3.2 光谱特征选择的准则

光谱特征选择(feature selection)就是针对特定研究对象,通过对数据的评价,从众多光谱特征中选出用于遥感分类或定量估测的有限个光谱特征,组成光谱特征空间中的一个子集。这个子集是一个缩小了的光谱特征空间,但它包括了该对象的主要特征光谱,并在一个含有多种目标对象的组合中,该子集能够最大限度地区别于其他地物。如图 4-24 所示。

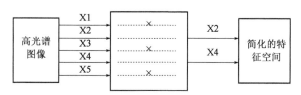

图 4-24 光谱特征选择

光谱特征选择的任务是从 n 个特征中求出对分类最有效的 m 个特征($m < n$)。从 n 个特征中选出 m 个特征,有 C_n^m 种组合方法,但是哪一种特征组合的分类效果最好,需要一个比较标准,即需要一个定量准则来衡量选择结果的好坏。

用分类错误的概率作为特征选择的准则,理论上是可行的,但因概率分布往往不知道,在实际使用中却有极大困难。因此,必须寻找另外一些更为实用的准则来衡量各类特征的可分性,并希望可分性准则满足以下三条要求(黄凤岗,1998):

① 与错误概率有单调关系,这样使准则取最大值的效果一般来说其错误概率比较小。

② 度量特性,当 $i \neq j$ 时,$J_{ij} > 0$;当 $i = j$ 时,$J_{ij} = 0$,$J_{ij} = J_{ji}$。J_{ij} 表示第 i 类与第 j 类特征的可分性准则函数,J_{ij} 越大,两类特征的分离程度就越大。

③ 单调性,即加入新的特征时,准则函数的值不减小。

满足上述条件的可分性准则有许多,常用的有各类样本间的平均距离、类别间的相对距离和 J-M 距离等。

4.3.2.1 常用的光谱可分性准则

（1）各类样本间的平均距离（J_d）

各类样本间的距离越大，则类别间的可分性越大。因此，可用各类样本间的平均距离值作为可分性准则（黄凤岗，1998），其公式为：

$$J_d = \frac{1}{2}\sum_{i=1}^{C}P_i\left(\sum_{j=1}^{C}P_j\left(\frac{1}{N_iN_j}\sum_{x_i\in W_i}\sum_{x_j\in W_j}D(x_i,x_j)\right)\right) \tag{4-12}$$

式中，C 表示类别数；N_i 表示 W_i 类中的样本数；N_j 表示 W_j 类中的样本数；P_i,P_j 分别表示相应类的先验概率；$D(x_i,x_j)$ 表示样本 x_i 与 x_j 之间的距离。

计算样本 x_i 与 x_j 之间的距离，可采用欧氏距离、马氏距离、明氏距离等。

式（4-12）表明，随着各类样本间的平均距离的增加，类别间的可分性增加。但在许多情况下类别间的平均距离并不能正确地反映类别间的可分性。如图 4-25 所示，在这两种分布情况下，尽管类别间的距离相同，即 $|\mu_1-\mu_2|$ 相等，但由于类别内的距离不同，即 σ_1,σ_2 不同，它们的可分性是不一样的，前者明显要比后者容易分。这说明类别间的平均距离并不能完全反映类别间的可分离性，这也是该准则的不足之处。

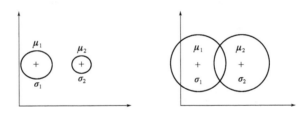

图 4-25　两种分布的可分性比较

（2）类别间的相对距离

对于分类问题，分类时总是希望类内离散度尽量小，而类间的离散度尽量大。根据这一原则类别间的相对距离可以作为类别可分性的度量。这样的度量有多种形式，在 Swain（1978）的著作中有一种比较简单的相对距离，Swain 把这种相对距离称为归一化均值距离（normalized disdance between the means，d_{norm}），简称归一化距离。其计算公式为：

$$d_{norm} = \frac{|\mu_1-\mu_2|}{\sigma_1+\sigma_2} \tag{4-13}$$

式中，μ_1,μ_2 表示类的均值；σ_1,σ_2 表示类内方差。

分类误差与归一化距离的相互关系，如图 4-26 所示。

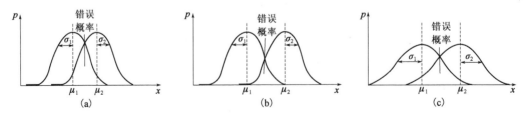

图 4-26　分类误差随归一化距离的变化情况

(a)两个有重叠的正态分布；(b)平均距离增加减少分类错误概率；(c)分布的离散度增加使分类错误概率增加

从图4-26可见,当两类样本的类内方差不变而类间距离增大时,分类的错误概率变小;当两类均值距离不变而类内方差增大时,分类的错误概率增大。而且,当两类的均值相等时,归一化距离为零,如图4-27所示。在这种情况下,归一化距离不能正确地衡量类别间的可分性。

(3)J-M距离

相对距离是基于类间距离与类内方差,J-M距离(J_{ij})则是基于类条件概率之差(Swain,1978),其表达式为:

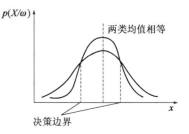

$$J_{ij} = \left\{ \int_X \left[\sqrt{p(X/\omega_i)} - \sqrt{p(X/\omega_j)} \right]^2 \mathrm{d}X \right\}^{1/2} \quad (4-14)$$

从式(4-14)可见,J-M距离其实就是两类概率密度函数之差。当模式类服从正态分布时,J-M距离可以简化为:

$$J_{ij} = \left[2(1 - e^{-\alpha}) \right]^{1/2} \quad (4-15)$$

图4-27 两类均值相等时的可分性情况

式中,α为参数。计算公式为:

$$\alpha = \frac{1}{8}(\mu_i - \mu_j)^T \left(\frac{\sigma_i + \sigma_j}{2} \right)^{-1} (\mu_i - \mu_j) + \frac{1}{2}\ln\left[\frac{|(\sigma_i + \sigma_j)/2|}{(|\sigma_i| \cdot |\sigma_j|)^{1/2}} \right] \quad (4-16)$$

式中,μ_i, μ_j表示类的均值;σ_i, σ_j表示类内方差;T为转置符号。

从式(4-15)可见,J-M距离是α的单调增函数。α由两部分组成,第一部分相当于归一化距离,只不过这里把它的作用缩小了1/8。衡量多类别时,可采用平均J-M距离(J_{ave}),即:

$$J_{ave} = \sum_{i=1}^{m} \sum_{j=1}^{m} p(\omega_i) p(\omega_j) J_{ij} \quad (4-17)$$

式中,p表示类先验概率。

J-M距离和分类精度与归一化距离的函数关系如图4-28所示(Swain,1978)。

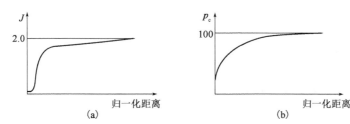

图4-28 J-M距离和分类精度与归一化距离的函数关系
(a)J-M距离与归一化距离的关系;(b)分类精度与归一化距离的关系

从图4-28可见,随着归一化距离的增加,J-M距离和分类精度都增加。但J-M距离增加到一定程度后就不再增加,而且分类精度达到一定程度后也不再增加,二者是一致的。这种关系真切地反映了距离与分类精度的实际关系。事实上当两类的距离足够大时,致使分类精度达到100%时,再增大距离对于分类精度是没有意义的。这一特点是由式(4-15)的函数性质决定的。

根据J-M距离与分类精度关系的特点,将式(4-15)改写为:

$$J_{ij} = 2(1 - e^{-d_{ij}}) \quad (4-18)$$

式中,d_{ij}表示衡量类别间分离性的一种度量值。

从式(4-18)可见,若能找到一种度量指标d_{ij},就可得到一种与J-M距离具有类似特点的可分性准则。

一般来看,J-M距离是一种相对较好的可分性指标。但J-M距离是基于类条件概率之差(Swain,1978)建立的,当类条件概率未知或不知道模式类是何种分布时,在这种情况下就不便计算 J-M 距离。

4.3.2.2 可利用的聚类有效性指标

聚类分析是根据特征指标的共性与差异性,将给定的样本集分成若干个最佳的类别。其特点是样本的特征指标是已知的,而每个样本所属类别是未知的。对于地物光谱特征选择问题,一般可以认为地物类别是已知的,即可以通过野外实地调查获取地物类别,而要选择的光谱特征指标是未知,这是因为从 n 个光谱特征中选出 m 个特征,有 C_n^m 种组合方法。因此,可以把光谱特征选择问题看作聚类分析的逆向问题。

在聚类与识别问题中,将给定的数据集划分为多少类最合适,这是聚类的有效性问题。聚类有效性研究主要基于数据集的几何信息,从紧致性、分离性、连通性和重叠度等方面对聚类划分进行评价,常用聚类有效性指标表示聚类效果。聚类分析是依据给定的数据集在不同分类数下的聚类有效性指标的最大值,确定数据集的最佳分类数。地物光谱特征选择可认为是在已知地物类别的情况下,依据不同光谱特征组合下的聚类有效性指标的最大值,确定光谱特征的最佳组合。因此,聚类有效性指标可以作为光谱特征选择的准则。

目前文献中已有大量的聚类有效性指标。根据聚类有效性指标构成成分的不同,可以将其分为三类:一类是仅考虑数据集几何结构信息的聚类有效性指标,如 Calinski 提出的 $CH^{(+)}$ 指标、Davies 提出的 $DB^{(-)}$ 指标、Gurrutxaga 提出的 $COP^{(-)}$ 指标等;第二类是仅考虑隶属度的聚类有效性指标,如 Bezdek 最早提出的分离系数 $PC^{(+)}$ 和分离熵 $PE^{(-)}$ 指标、Kim 提出的基于重叠度和分离性的 $OS^{(-)}$ 指标等;第三类是同时考虑数据集几何结构信息和隶属度的聚类有效性指标,如 Fukuyama 提出的 $FS^{(-)}$ 指标、Xie 提出的比值型 $XB^{(-)}$ 指标、Wu 提出的 $PCAES^{(+)}$ 指标等。此外,还有外部性指标、稳定性指标和生物类型的指标等。

学者们也从不同视觉分析比较了一些聚类有效性指标的性能,虽然某些指标在一些特定数据集上表现较好,但现有研究普遍认为,没有一种指标总优于其他指标,没有一种指标可以处理任何类型的数据集。因此,聚类有效性研究是一项非常困难的工作,也正因如此,使其成为模式识别领域的一个研究热点。

根据光谱特征选择的特点(假设地物类别已知),下面主要介绍上述第一类、第三类中的几种聚类有效性指标。

对于一个给定的数据集 $X = \{x_1, x_2, \cdots, x_n\}$,其指标的规格化矩阵为 $X = (x_{ij})_{m \times n}$,聚类算法将其划分为 c 类,即 $C = \{C_1, C_2, \cdots, C_c\}$,模糊划分矩阵为 $U = (u_{hj})_{c \times n}$,$h = 1, 2, \cdots, c$,$j = 1, 2, \cdots, n$,聚类中心为 $V = \{s_1, s_2, \cdots, s_c\}$,$s_h$ 为第 h 类的聚类中心,$s_{ih} = (1/n_h) \sum_{k=1}^{n_h} x_{ik}$,$n_h$ 为第 h 类中的样本数,$d(x_j, s_h)$ 为样本 x_j 到第 h 类中心 s_h 的欧式距离,$d(x_j, s_h) = [\sum_{i=1}^{m} (x_{ij} - s_{ih})^2]^{1/2}$,$x_{ij}$ 为指标的规格化值。$\bar{s}$ 为所有样本的整体中心,$\bar{s}_i = (1/n) \sum_{j=1}^{n} x_{ij}$。约定用上标"(+)"表示聚类有效性是极大型指标,即指标值越大表示聚类效果越好,指标极大值对应的聚类数即为最佳聚类数。反之,用上标"(-)"表示该指标是极小型指标。

(1)仅考虑数据集几何结构信息的聚类有效性指标

①$CH^{(+)}$ 指标。由 Calinski 等(1974)提出的 $CH^{(+)}$ 指标定义为:

$$CH^{(+)} = \frac{\dfrac{Tr(S_B)}{c-1}}{\dfrac{Tr(S_W)}{n-c}} \tag{4-19}$$

$$Tr(S_B) = \sum_{h=1}^{c} n_h \times d(s_h, \bar{s})$$

$$Tr(S_W) = \sum_{h=1}^{c} \sum_{1j=1}^{n} d(x_j, s_h)$$

在 Milligan 等(1985)对 30 个聚类有效性的比较研究中,$CH^{(+)}$ 指标性能最优。

② $DB^{(-)}$ 指标。由 Davies 等(1979)提出的 $DB^{(-)}$ 指标,用类内样本点到其聚类中心的距离估计类内的紧致性,用聚类中心之间的距离表示类间的分离性。$DB^{(-)}$ 指标定义为:

$$DB^{(-)} = \frac{1}{c} \sum_{h=1}^{c} R_h \tag{4-20}$$

式中,$R_h = \max_{p;p \neq h}(\frac{e_h + e_p}{D_{hp}})$;$D_{hp} = d(s_h, s_p)$,是第 h 类与第 p 类之间的距离;e_h, e_p 分别为第 h 类与第 p 类的平均距离,$e_h = (1/n_h) \sum_{k=1}^{n_h} d(x_k, s_h)$,$e_p = (1/n_p) \sum_{k=1}^{n_p} d(x_k, s_p)$。

$DB^{(-)}$ 指标是常用的聚类有效性指标之一,但其处理重叠类的数据集性能较差。

③ $COP^{(-)}$ 指标。Gurrutxaga 等(2010)提出的 $COP^{(-)}$ 指标是一个比值类型的指标,定义为:

$$COP^{(-)} = \frac{1}{n} \sum_{h=1}^{c} n_h \frac{(1/n_h) \sum_{k=1}^{n_h} d(x_k, s_h)}{\min_{x_l \notin C_h} \max_{x_k \in C_h} d(x_l, x_k)} \tag{4-21}$$

$COP^{(-)}$ 指标的类内紧致性用样本点到其聚类中的平均距离估计,分离性是基于最远邻近距离。

(2)同时考虑数据集几何结构信息和隶属度的聚类有效性指标

① $FS^{(-)}$ 指标。Fukuyama 等(1989)提出的 $FS^{(-)}$ 指标定义为:

$$FS^{(-)} = \sum_{h=1}^{c} \sum_{1j=1}^{n} u_{hj}^m [d(x_j, s_h) - d(s_h, \bar{s})] \tag{4-22}$$

式中,m 表示模糊度参数。

其中类内紧致性用样本到聚类中心的距离衡量,类间分离性用各类中心到数据集中心的距离衡量。显然,$FS^{(-)}$ 指标越小,数据集的分类越优;其不足之处是各类中心到数据集中心的距离同样本到聚类中心的距离一样被赋予权重 u_{hj}^m,造成式(4-22)的物理含义不清晰。为此,将式(4-22)改写为:

$$FS^{(-)} = \sum_{h=1}^{c} \sum_{1j=1}^{n} u_{hj}^m d(x_j, s_h) - \sum_{h=1}^{c} v_h^m d(s_h, \bar{s}) \tag{4-23}$$

式中,v_h 表示类隶属度,即各类中心从属于数据集中心的隶属程度,且 $\sum_{h=1}^{c} v_h = 1$。

② $XB^{(-)}$ 指标。Xie 等(1991)提出的比值型聚类有效性指标 $XB^{(-)}$ 定义为:

$$XB^{(-)} = \frac{\sum_{h=1}^{c} \sum_{1j=1}^{n} u_{hj}^m d(x_j, s_h)}{n \times \min_{h \neq q} d(s_h, s_q)} \tag{4-24}$$

其中类内紧致性用样本到聚类中心的距离衡量,类间分离性用所有聚类中心之间距离的最小值衡量。显然,$XB^{(-)}$ 指标越小,数据集的分类越优。当聚类数 c 非常大并趋向于样本总数 n 时,$XB^{(-)}$ 指标随着聚类数增加单调递减。$XB^{(-)}$ 指标是应用较为广泛的模糊聚类有效性指标之一,但若有某两类的中心非常接近时,$XB^{(-)}$ 指标值将非常大。为此,式(4-24)可改写为:

$$XB^{(-)} = \frac{\sum\limits_{h=1}^{c} \sum\limits_{j=1}^{n} u_{hj}^{m} d(x_{j}, s_{h})}{n \times \left[\min\limits_{h \neq q} d(s_{h}, s_{q}) + \theta \right]} \tag{4-25}$$

式中，θ 为适当常数或惩罚项，如 $\theta = 0.1$ 或 $\theta = 1/c$ 等。

③ $VK^{(-)}$ 指标。Kwon 等（1998）在 $XB^{(-)}$ 指标的分子上增加了一个惩罚项，即各类中心到数据集中心距离的平均值。$VK^{(-)}$ 指标定义为：

$$VK^{(-)} = \frac{\sum\limits_{h=1}^{c} \sum\limits_{j=1}^{n} u_{hj}^{m} d(x_{j}, s_{h}) + (1/c) \sum\limits_{h=1}^{c} d(s_{h}, \bar{s})}{\min\limits_{h \neq q} d(s_{h}, s_{q})} \tag{4-26}$$

$VK^{(-)}$ 指标有效克服了聚类数 c 趋向于样本数 n 时 $XB^{(-)}$ 指标呈现的递减趋势。

④ $VT^{(-)}$ 指标。Tang 等（2005）提出的 $VT^{(-)}$ 指标定义为：

$$VK^{(-)} = \frac{\sum\limits_{h=1}^{c} \sum\limits_{j=1}^{n} u_{hj}^{m} d(x_{j}, s_{h}) + \left[1/c(c-1)\right] \sum\limits_{h=1}^{c} \sum\limits_{q=h+1}^{c-1} d(s_{h}, s_{q})}{\min\limits_{h \neq q} d(s_{h}, s_{q}) + 1/c} \tag{4-27}$$

$VT^{(-)}$ 指标的构建思想类似于 $VK^{(-)}$ 指标的惩罚函数思想，在分子分母中同时增加了惩罚函数。$VT^{(-)}$ 指标有效克服了有效性指标在聚类数趋向于样本数时呈现的递减趋势以及聚类数与模糊度之间的强交互。可见，聚类有效性指标研究是一个逐步深入、完善的过程。

上述聚类有效性指标中，u_{hj}^{m} 表示第 j 样本属于第 h 个类别的隶属度，其上标 m 表示系数，且 $m > 1$。当地物类别的归属清晰时，取 $u_{hj}^{m} = 1$ 或 $u_{hj}^{m} = 0$；否则，取 $u_{hj}^{m} \in (0, 1)$。

4.3.3 光谱特征选择方法

通过光谱特征选择，可以强化那些最具有可分性的光谱波段。特征选择的方式可概括为两种：光谱特征位置搜索和光谱距离统计。对于已测定被研究对象属性值的定量分析，可采用相关系数法。

光谱特征位置搜索是根据专家对特定地物的物理化学特性和光谱特性的先验知识或纯光谱特征分析，选择具有排他性的光谱特征波段。光谱距离统计是选择一个光谱波段子集，使其在某一个光谱可分性距离统计准则下，其光谱统计差异最大化或最优化。相关系数法可用于计算不同波段间的相关性，以便在相关性相对较小的光谱波段子集中选择光谱特征；也可根据研究对象属性值与光谱波段反射率或变换值间的相关性大小，初步筛选光谱特征，组成光谱特征集，用于光谱特征提取。

4.3.3.1 光谱特征位置搜索

光谱特征位置搜索最常用的方法就是选择其特征吸收波段，因此通常先要做一个包络线去除，以便放大吸收波段处的特征。该方法的实现过程包括包络线去除和光谱特征位置搜索。包络线去除方法已在 4.2.3 节中介绍，下面主要介绍光谱特征位置搜索。

（1）光谱特征位置搜索

经过包络线去除处理后的岩石矿物光谱曲线，如图 4-29 所示，高岭石和白云石间有效区分的 5 个特征波段选择为：$B1$（$2.16\mu m$），$B2$（$2.18\mu m$），$B3$（$2.21\mu m$），$B4$（$2.32\mu m$），$B5$（$2.38\mu m$）。如果以上 5 个特征波段为凸面几何空间，那么高岭石和白云石在这个投影变换后的特征空间中集中在两个彼此分离的空间位置，因此两者可完全区分，结果如图 4-30 所示。

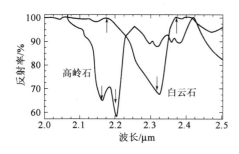

图 4-29 高岭石和白云石间的特征波段选择

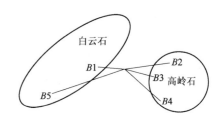

图 4-30 高岭石和白云石间在特征空间的投影

(2)基于光谱特征位置的图像彩色合成

尽管高光谱图像具有上百个光谱通道,但其彩色合成却只能用到三个波段,所以彩色合成的 RGB 波段选择方案显得十分重要。

如图 4-31 所示为一种地物的光谱波形,显然它在 1.4μm 附近有一个吸收特征。如果给此特征吸收波段赋予 RGB 中间色,即绿色(G),在此特征吸收的两侧分别确定两个非吸收通道,并分别赋予红色(R)和蓝色(B)。

在图 4-32 中,绿通道特征波段的补色为紫红色,因此在 RGB 合成方案中,图像中为紫红色的像元最有可能是具有此吸收特征的地物。这就大大缩小候选区域,为感兴趣区域(ROI)的划定和目标像元光谱的最终确认提供了优选的区域。

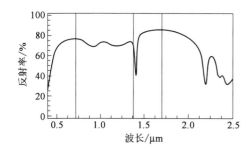

图 4-31 地物的吸收光谱特征(1.4μm)

图 4-32 RGB 波段与其相应补色

4.3.3.2 光谱距离统计

(1)光谱可分性准则的选择

光谱可分性准则有多种,常用于光谱距离统计的几种可分性准则的优劣次序为:J-M 距离、离散度、相对距离、各类样本距离的平均值。J-M 距离可操作性和衡量可分性的效果兼备。离散度衡量可分性的有效性总体来说不如 J-M 距离,但当各类模式分布相对集中,模式间的距离没有超出致使离散度失效的临界值时,用它来衡量类别可分性仍然是比较有效的。

在上述聚类有效性指标中,$CH^{(+)}$ 指标性能相对最优,其充分考虑了类内样本的紧致性和类别间的分离性,而 $XB^{(-)}$ 指标及其改进型也是较好的有效性指标。但聚类有效性指标在光谱特征选择中应用得较少。

(2)使用可分性准则的策略

选择多类别可分性光谱特征时,一般有两个策略:一是选择各类别平均可分性最大的特征;二是选择使所有类别中最难分的类别具有最大的可分性的特征。

第一个策略的不足之处是难以照顾到分布比较集中的类别。因此,假设使用第一个策略,为了弥补其不足,必须选用能够均衡照顾各类的可分性准则,比如 J-M 距离。相对而言,第二个策略能够照顾到最难分的类别,因此这个策略对可分性准则没有特殊的要求。但是,第二个策略可能漏掉使各类模式可分性最大的特征,从而使分类精度下降。

综上所述,两种策略各有优点和缺点,怎样选择策略应根据实际情况,是兼顾两种策略,还是重点关注一种策略,实际操作中必须根据分类结果比较来得出结论。

(3)确定特征选择的算法

高光谱遥感的特点之一是波段很多,要从 n 个特征中找出具有 $m(n < m)$ 个特征的最优子集并不是一件容易的事。因此,选择一个较好的算法,以便在较短的时间内找出最优的那一组特征,也是一个很重要的问题。选择特征的算法主要有以下四种(尼曼,1988)。

① 单独选择法。根据可分性准则函数,计算每一个特征的可分性,然后再依据各个特征的可分性大小排序,选择可分性最大的前 m 个特征。

② 扩充最优特征子集。该法的基本步骤是:首先,根据类别可分性准则函数,计算每一特征对所有类别的可分性,选择可分性最大的那一个特征进入最优特征子集;其次,增加一个特征,与最优特征子集中的特征形成新的组合,并计算新的特征组合的可分性,选择可分性最大的特征组合作为新的最优特征子集;第三,重复第二步,直到最优特征子集中的特征数达到 m 个为止。

③ 根据分类贡献度进行由大到小的特征添加。该法的基本步骤是:第一,根据类别可分性准则函数,计算每一个类对的可分性,找到最难分的类对;第二,计算每个特征对最难分的类对的可分性,选择可分性最大的特征进入最优特征子集;第三,增加一个特征,与最优特征子集中的特征形成新的组合,并计算新的特征组合对最难分的类对的可分性,选择可分性最大的特征组合作为新的最优特征子集;第四,重复执行第三步,直到最优特征子集中的特征数达到 m 个为止。

④ 根据分类贡献度进行由小到大的特征去除。该法的基本步骤是:第一,根据类别可分性准则函数,计算每一个类对的可分性,找到最难分的类对;第二,计算每个特征对最难分的类对的可分性,去掉可分性最小的特征,剩下的特征作为最优特征子集;第三,从最优特征子集中任意减少一个特征,作为新的特征组合,并计算新的特征组合对最难分的类对的可分性,选择可分性最大的特征组合作为新的最优特征子集;第四,重复执行第三步,直到最优特征子集中的特征数达到 m 个为止。

(4)光谱空间距离统计

在选择最优特征子集后,可采用马氏距离、离散度、变形离散度、巴氏距离、J-M 距离等可分性准则,计算特征空间子集内目标向量与要区分的特征向量之间的距离。图 4-33 表示白云石(dolomite)与高岭石(kaolinite)的反射率光谱曲线($2.0 \sim 2.5\mu m$),两曲线之间是非平行的不等距关系,从两个光谱分类的应用角度而言,显然 $2.17\mu m$ 和 $2.38\mu m$ 波长附近是两个较好的分类特征波段。

4.3.3.3　光谱相关分析

高光谱遥感波段多、数据量大,但波段的增多除导致信息冗余外,还造成光谱波段间的相关性较高。若在相关性较高的波段选择光谱特征,则光谱特征间的共线性就较强,不利于进一步的统计分析。这一缺点就给光谱特征选择带来一定难度。因此,可采用相关分析法,先弄清楚光谱波段间相关程度,然后在相关程度低的波段内进行特征选择。

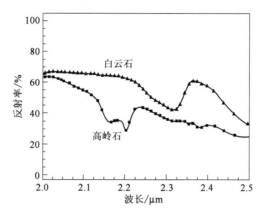

图 4-33　白云石与高岭石的反射率光谱曲线

(1)光谱波段间相关分析

冬小麦冠层 ASD 光谱数据波段间的相关性图像,如图 4-34 所示。

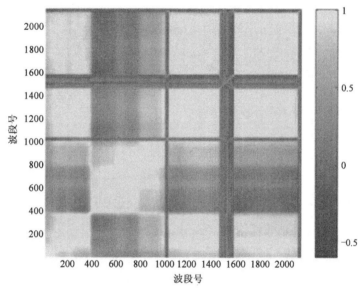

图 4-34　冬小麦冠层 ASD 光谱数据波段间的相关性图像(单位:nm)

数据获取时间:2001 年 5 月 23 日(冬小麦灌浆盛期)

从图 4-34 可见,光谱数据波段间有正相关,也有负相关,相关程度大小不一。但在某些光谱波段附件或波段之间,如 1.6~2.4μm 波段范围,1.6~2.4μm 与 0.2~0.4μm 之间存在较高的相关性。从图 4-34 可以发现,光谱数据波段间的相关性图像呈现"块"状,即颜色大致相同的图像"块"对应波段间的相关程度大体一致。这一特点为特征选择提供了依据。

光谱波段间相关分析的步骤:

① 根据测定的光谱数据,计算光谱波段间的相关系数;

② 依据光谱波段间的相关系数,绘制相关性图像;

③ 根据波段间的相关性图像,在颜色大致相同的图像"块"代表的波段内进行特征选择,或利用主成分分析法筛选出贡献最大的主成分作为要选择的特征。

这种方法可以称为目视法,可有效指导确定特征选择的光谱波段范围,减少工作量。该种方法主要用于传统多波段遥感数据;对于高光谱数据,用目视法虽然能够确定出特征选择的光谱波段范围,但选择哪个具体波段也不易确定。因此,还需要计算原始光谱数据的有关指标,进而筛选出参与分类的最佳波段。

光谱特征选择不仅要考虑各波段间的相关性,还要考虑各波段的光谱响应和信息量。在排除信息量低、响应小的部分波段后,再比较各波段的信噪比、相关性,去掉信噪比、相关性高的波段,把剩余的波段作为初步筛选的波段;然后,再利用一些统计分析方法,做进一步的波段选择(叶荣华,2000)。最佳指数法是一种常用的最佳波段选择方法,其公式为:

$$OIF = \frac{\sum\limits_{i=1}^{n} \sigma_i}{\sum\limits_{i=1}^{n}\sum\limits_{j=1}^{n} |R_{ij}|} \tag{4-28}$$

式中,OIF 为波段指数;R_{ij} 为第 i 波段与第 j 波段的相关系数;σ_i 为第 i 波段的标准差,该值越大,其对应波段的信息量越大。

OIF 波段指数值越大,说明其对应波段的信息量越大(离散程度大),且邻近波段间的相关性越小。在相关性图像"块"对应的波段内,利用式(4-28)分别计算各波段指数,选择最大 OIF 值所对应的波段作为最佳特征波段。同理,可得到所有相关性图像"块"对应光谱范围的最佳波段,从而组成最佳光谱特征子集,用于下一步的光谱特征提取分析。

(2)光谱与对象属性间相关分析

因其波段多、数据量大、信息丰富,高光谱遥感常用于定量遥感估测地物的属性值。在已测定地物属性值的情况下,可通过计算各波段光谱反射率与地物属性值的相关性,依据相关系数的大小确定特征波段。其计算公式为:

$$\rho_i = \frac{\sum\limits_{j=1}^{n} (x_{ij} - \bar{x}_i)(y_j - \bar{y})}{\sqrt{\sum\limits_{j=1}^{n} (x_{ij} - \bar{x}_i)^2 \sum\limits_{j=1}^{n} (y_j - \bar{y})^2}} \tag{4-29}$$

式中,ρ_i 为第 i 波段的相关系数;x_{ij} 为第 j 个样本第 i 波段的光谱反射率或其变换值;y_j 为第 j 个样本的属性值;$\bar{x}_i$,$\bar{y}$ 分别表示均值,且 $\bar{x}_i = \frac{1}{n}\sum\limits_{j=1}^{n} x_{ij}$,$\bar{y} = \frac{1}{n}\sum\limits_{j=1}^{n} y_j$。

某一地区的土壤含水量与室外光谱反射率的相关系数曲线,如图 4-35 所示,其中 $1.8\,\mu m$ 波段附件因噪声较大被去除。从图 4-35 可见,原始光谱经平方根的一阶微分变换后,其与含水量的相关性大小因波段而异,最大约为 0.8。因此,可根据各波段相关系数的大小,按照极大相关性原则,选择相关性较大的波段作为最佳波段,组成最优特征子集。

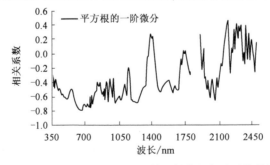

图 4-35　土壤含水量与室外光谱反射率的相关系数曲线

根据图 4-35 中相关系数值的极大值点,并考虑波段间的相关性尽量小,可选择较为离散的 5 个波段作为最优特征子集,结果见表 4-4。

表 4-4 土壤含水量的特征波段

波段/nm	669	762	1022	1235	2060
相关系数	−0.790	−0.761	−0.700	−0.697	−0.658

以上讨论的都是基于光谱空间的特征选择方法,均未利用图像的空间信息。特征选择包括的内容非常广泛,遥感图像不仅可以提取光谱维特征,而且也可以提取空间维特征,这是图像所表现出来的两种特征(张良培,2011)。基于空间自相关的波段选择方法请参见相关文献,经该种方法处理后的图像或最后得到的分类图具有尽量高的空间自相关(Warner et al, 1966)。

4.4 地物光谱特征提取

特征提取也是光谱特征空间的减维过程。与光谱特征选择相比,它是对各光谱波段间的重新组合和优化,或是对初步选择的最优光谱特征子集的进一步优化。在经过特征提取后的光谱特征空间中,其新的光谱特征向量应该是反映特定地物某一性状的一个光谱参量,或者是有别于其他地物的光谱参量。光谱特征提取对降低高光谱遥感信息冗余、减少计算工作量、提高地物分类准确度或地物属性定量估测精度,均具有重要意义。

针对多光谱及高光谱遥感图像,人们已经开发了不少特征提取方法。下面主要介绍一些常用的算法与技术。

4.4.1 主成分分析

主成分分析(principal component analysis,PCA)方法是特征提取的有效方法,被广泛应用到各领域。主成分分析又称 K-L 变换,是在均方差最小情况下的最佳正交线性变换,是将多个指标简化为少数几个综合指标的一种统计分析方法(高慧璇,2003)。在研究多指标(变量)问题时,由于多指标之间往往具有一定相关性,从而增加了分析问题的复杂性。PCA 方法就是将具有一定相关性的指标,组合成一组新的相互无关的综合指标来代替原来的指标。对高光谱进行主成分分析,能够降低光谱特征矩阵维数,而不会过多地丢失光谱信息,同时还能够减少原始光谱的冗余信息。

设 n 个样本的 p 个光谱特征值组成指标特征值矩阵 X',即:

$$X' = \begin{bmatrix} x'_{11} & x'_{12} & \cdots & x'_{1p} \\ x'_{21} & x'_{22} & \cdots & x'_{2p} \\ \cdots & \cdots & \cdots & \cdots \\ x'_{n1} & x'_{n2} & \cdots & x'_{np} \end{bmatrix} \tag{4-30}$$

式中,x'_{ij} 表示第 i 个样本的第 j 个光谱特征值;$i = 1, 2, \cdots, n; j = 1, 2, \cdots, p$。

根据指标特征值矩阵 X',主成分分析(PCA)的基本步骤如下。

(1)原始数据的标准化处理

$$x_{ij} = \frac{x'_{ij} - \bar{x}'_j}{\sqrt{s'_j}} \tag{4-31}$$

式中，x_{ij} 表示 x'_{ij} 的标准化值；$\bar{x}'_j = \dfrac{1}{n}\sum_{i=1}^{n}x'_{ij}$；$s'_j = \dfrac{1}{n-1}\sum_{i=1}^{n}\left(x'_{ij} - \bar{x}'_j\right)^2$。

由式（4-31），将式（4-30）转为标准化矩阵 $X = (x_{ij})_{n \times p}$。

（2）计算指标间的相关系数矩阵

$$R = \begin{bmatrix} r_{11} & r_{12} & \cdots & r_{1p} \\ r_{21} & r_{22} & \cdots & r_{2p} \\ \cdots & \cdots & \cdots & \cdots \\ r_{p1} & r_{p2} & \cdots & r_{pp} \end{bmatrix} \tag{4-32}$$

式中，r_{kj} 表示第 k 个指标与第 j 指标间的相关系数，$-1 \leqslant r_{kj} \leqslant 1$，$k = 1,2,\cdots,p$；$j = 1,2,\cdots,p$。

利用经过标准化处理后的数据矩阵 $X = (x_{ij})_{n \times p}$ 计算相关系数的公式为：

$$r_{kj} = \frac{1}{n-1}\sum_{i=1}^{n}x_{ik}x_{ij} \tag{4-33}$$

（3）计算矩阵 R 的特征值及其相应的特征向量

由 $|R - \lambda I| = 0$，计算出 R 的特征值，即 $\lambda = (\lambda_1,\lambda_2,\cdots,\lambda_p)$，且 $\lambda_1 \geqslant \lambda_2 \geqslant \cdots \geqslant \lambda_p$。设第 k 个特征值对应的特征向量为 $\beta_k = (\beta_{k1},\beta_{k2},\cdots,\beta_{kp})$，且 $\beta_k\beta_k^T = 1$，$k = 1,2,\cdots,p$。

（4）选择重要主成分

通过主成分分析可得到 p 个主成分，但由于各主成分包含的信息随着方差的递减而递减，所以在实际分析过程中，一般不选 p 个主成分，而是根据各主成分的累计贡献率大小来选取前 m 个主成分。贡献率是某个特征值占全部特征值的比重，计算公式为：

$$\theta_k = \frac{\lambda_k}{\sum_{j=1}^{p}\lambda_j} \tag{4-34}$$

式中，θ_k 表示第 k 个主成分的累计贡献率。

在实际问题中，确定重要主成分个数，一般要求累计贡献率 $\theta_k \geqslant 85\%$。

（5）计算主成分的载荷

计算选择的前 m 个重要主成分的载荷：$l_{kj} = \sqrt{\lambda_k}\beta_{kj}$，$k = 1,2,\cdots,m$；$j = 1,2,\cdots,p$；$m < p$。各主成分的载荷矩阵为：

$$L = \begin{bmatrix} l_{11} & l_{12} & \cdots & l_{1p} \\ l_{21} & l_{22} & \cdots & l_{2p} \\ \cdots & \cdots & \cdots & \cdots \\ l_{m1} & l_{m2} & \cdots & l_{mp} \end{bmatrix} \tag{4-35}$$

由下式计算样本标准化指标的转换值：

$$Y_i = Lx^T = \begin{bmatrix} l_{11} & l_{12} & \cdots & l_{1p} \\ l_{21} & l_{22} & \cdots & l_{2p} \\ \cdots & \cdots & \cdots & \cdots \\ l_{m1} & l_{m2} & \cdots & l_{mp} \end{bmatrix}\begin{bmatrix} x_{i1} \\ x_{i2} \\ \vdots \\ x_{ip} \end{bmatrix}^T \tag{4-36}$$

式中，Y_i 为第 i 样本经转换后的指标值，$Y_i = (y_{i1},y_{i2},\cdots,y_{im})^T$。

同理，利用式（4-36）可将所有样本的标准化指标（或原始指标）进行变换处理，从而达到降低维数的目的。由式（4-36）及 $\beta_k\beta_k^T = 1$ 可见，主成分分析是一种最佳正交线性变换。根据变换后的数据,则可以做进一步的统计分析,如地物属性值的定量估测等。

主成分分析虽然可有效降低光谱特征维数,但应用时要考虑问题的具体情况。例如,从K-L变换后的图像上选取前10个波段,从中提取方解石(calcite)和明矾石(alunite)的像元值曲线,如图4-36所示。图4-37所示为原始高光谱图像中两类矿物的光谱曲线。

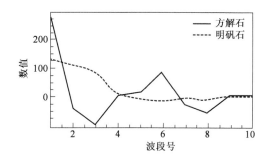

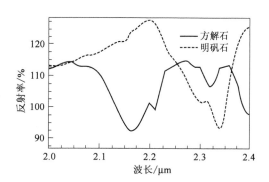

图4-36　经K-L变换后的方解石和　　　　　　图4-37　原始高光谱图像中方解石和
　　　　明矾石的前10波段的光谱曲线　　　　　　　　明矾石的矿物光谱曲线

对比图4-36和图4-37可见,尽管从K-L变换后的前几个波段可以对方解石和明矾石进行区分,但其波形曲线的特征及唯一性不强,且经过K-L变换后的光谱没有包含反映地物理化性质的光谱特征,减维后得到的新特征空间子集已没有了任何光谱特性的物理含义。而从高光谱图像中提取的两种矿物光谱却具有非常明显的吸收特征。因此,对高光谱图像数据来说,建立地物的诊断性光谱指数比方差统计的特征提取要优越(张兵,2002)。

当光谱数据量较大时,利用K-L变换也不太方便。Jia(1999)提出利用分块主成分分析法进行特征提取,该法比较适合于"块"结构(如图4-34所示)的波段间高相关的数据。据此,可以将原来的波段按照相关性分成几组高相关的组,对每一组分别进行主成分变换。采用单波段可分离性分析从每个组中选出重要的特征,然后对这些特征进一步实施主成分分析与特征提取。分块主成分分析法用于高光谱影像分类,不仅可以大大缩短处理时间,而且消除了部分因太阳光谱变化带来的影响,取得更合理的分类和显示效果。

4.4.2　最小噪声分离变换

鉴于K-L变换仍然存在着较大的不足,Green(1988)提出了最小噪声分离(minimum noise fraction, MNF)变换。MNF变换使变换后各成分按照信噪比而不是方差从大到小的顺序来排列。MNF变换能够识别和分离数据中的噪声,其本质为两个级联的K-L变换。MNF变换是假设高光谱影像中第i波段图像构成的向量z_i由理想状态下的无噪声信号向量s_i和噪声向量n_i组成,s_i和n_i不相关,向量z_i可以表示为:

$$z_i = s_i + n_i \tag{4-37}$$

式中,$i = 1, 2, \cdots, L$;L为波段数。

MNF变换首先对整幅影像或具有同性质的影像区域进行低通滤波,从而从原始图像z中分离出噪声影像n,然后分别计算出z和n的协方差矩阵$\sum_Z$和$\sum_N$,其中$Z = (z_1, z_2, \cdots, z_L)$,$N = (n_1, n_2, \cdots, n_L)$。

计算$\sum_Z^{-1} \sum_N$的特征值λ_i和相应的特征向量u_i,假设这些特征值满足$\lambda_1 \geq \lambda_2 \geq \cdots \geq \lambda_L$,令$U = (u_1, u_2, \cdots, u_L)$,则MNF变换的最终结果可表示为$Y = U^T Z$。

MNF 变换是通过变换 $I = P^T \sum_N P$，将噪声协方差矩阵变换为单位矩阵。当变换矩阵 P 应用于原始图像时，则可将原始数据中的噪声去除，波段间的相关性并重新量化使其具有单位方差。然后再对变换后的影像进行一次标准的 K-L 变换，最后得到包含有用信息的连贯的 MNF 特征影像和以噪声为主的 MNF 特征影像。

MNF 变换在一定程度上对 K-L 变换有所改进，但 MNF 变换的效果对噪声估计的效果较为依赖。因此，噪声估计是 MNF 变换中的一个关键问题。

4.4.3　基于光谱重排的特征提取

一般情况下，不同地物的光谱信息是不同的，因此可以直接利用原始光谱信息进行特征提取，比如利用红边、绿峰、NDVI 等特征可以直接提取植被，而很多矿物也具有自己明显的光谱吸收特征。但在更多情况下，当不同地物之间在光谱形状、反射率（或 DN 值）、变化趋势等指标大致相同的时候，从原始光谱上很难发现需要提取的具有显著特征的地物信息。针对这种情况，可采用光谱重排的方法。该方法的基本思路是打破光谱按波长排列的次序，根据光谱反射率或 DN 值的大小重新排列各个波段。通过大量的实验发现，任何两种不同地物的光谱经过光谱重排后，总有显著的特征出现（而不是仅仅表现为幅度上的差别），并且不同地物的特征出现在不同的位置（耿修瑞，2004）。

以两条光谱曲线 $R_1 = (r_{11}, r_{12}, \cdots, r_{1L})$，$R_2 = (r_{21}, r_{22}, \cdots, r_{2L})$ 为例来说明光谱重排的方法，其中 L 表示波段数。以 R_1 为基谱，将 $r_{11}, r_{12}, \cdots, r_{1L}$ 的值按照从小到大的顺序重新调整，得到重排光谱为 $R'_1 = (r'_{11}, r'_{12}, \cdots, r'_{1L})$，满足当 $i < j$ 时，必有 $r'_{1i} \leqslant r'_{1j}$。将 R_2 也按照相同的顺序重新排列得到 $R'_2 = (r'_{21}, r'_{22}, \cdots, r'_{2L})$。

通过光谱排序，基谱的光谱曲线将变为单调上升的重排曲线，而其他的光谱曲线在按相应的顺序重排后一般都会有特征出现，而且选取不同的光谱曲线作为基谱，相应的特征位置会发生变化。为了消减噪声对光谱的影响，可以采用光谱去噪法对原始光谱进行平滑处理，如移动平均法、小波变换等。

4.4.4　光谱吸收特征提取

光谱吸收特征提取往往建立在包络线去除和归一化的光谱线上。经过包络线去除后方解石的吸收光谱如图 4-38 所示。

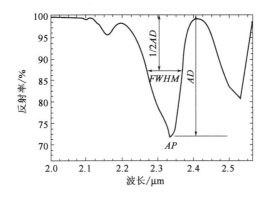

图 4-38　光谱吸收特征量化

量化的光谱吸收特征包括以下几种。

（1）吸收位置（absorption position，AP）

在光谱吸收谷中，反射率最低处的波长，即当 $\rho_\lambda = \min(\rho)$，$AP = \lambda$。

（2）吸收深度（absorption depth，AD）

在某一波段吸收范围内，反射率最低点到归一化包络线的距离，即 $AD = 1 - \rho_\lambda$。

（3）吸收宽度（absorption width，AW）

最大吸收深度一半处的光谱带宽（full width at half the maximum depth，FWHM）。$AW = \lambda_1 - \lambda_2$，其中 λ_1、λ_2 分别为最大吸收深度的一半时所对应的吸收位置右侧、左侧的波长。

（4）吸收对称度（absorptuon asymmery，AA）

以过吸收位置的垂线为界线，右边区域面积与左边区域面积比值的常用对数，称为吸收对称度。计算公式为：

$$AA = \ln\left(\frac{A_{\text{right}}}{A_{\text{left}}}\right) \tag{4-38}$$

式中，A_{left} 表示从起点位置（左肩部）到最大吸收特征位置的面积；A_{right} 表示从最大吸收特征位置到终点的（右肩部）的面积。

从式（4-38）可见，当右边区域面积与左边区域面积比值分别大于 1、等于 1 和小于 1 时，其对称度分别为正值、零和负值。如图 4-39 所示。

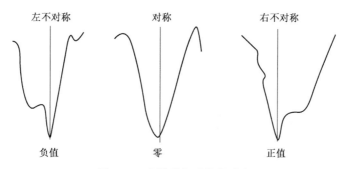

图 4-39　光谱吸收对称度对比

需要说明的是，也可以把右边区域面积与左边区域面积的比值作为对称度。如何提取更多的光谱吸收特征，有待进一步研究。

4.4.5　光谱斜率和坡向的特征提取

地物光谱在某一波长区间内，如果光谱曲线可以非常近似地模拟出一条直线，这条直线的斜率被称为光谱斜率。若光谱斜率为正，则该段光谱曲线称为正向坡，反之，称为负向坡；若光谱斜率为零，则该段光谱曲线称为平向坡。如图 4-40 所示。

$\alpha<0$，负向坡，SSI=-1　　$\alpha>0$，正向坡，SSI=1　　$\alpha=0$，平向坡，SSI=0

图 4-40　光谱坡向指数

显然，可以用光谱坡向指数（spectral slope index，SSI）来表示光谱曲线的坡向。当光谱曲线为正向坡时，SSI = 1；当光谱曲线为负向坡时，SSI = -1；当光谱曲线为平向坡时，SSI = 0。

在光谱区间$[\lambda_1,\lambda_2]$范围内,模拟出的直线段方程为:

$$\hat{R}_\lambda = aR_\lambda + b \tag{4-39}$$

式中,R_λ,$\hat{R}_\lambda$分别为波长λ处的光谱反射率及其模拟值,$\lambda \in [\lambda_1,\lambda_2]$;$a$,$b$表示常数。

若给定同类地物n个样本的光谱曲线,则由式(4-39)可得到a,b常数值的序列,其包含的信息可用于进一步的统计分析。

4.4.6 基于光谱积分的特征提取

光谱积分就是求在某一波长范围内光谱曲线与横轴围成的面积,如图4-41所示。

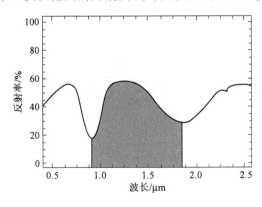

图4-41 光谱积分图示

面积S的计算公式为:

$$S = \int_{\lambda_1}^{\lambda_2} f(\lambda)\,\mathrm{d}\lambda \tag{4-40}$$

式中,$f(\lambda)$为光谱反射率的函数;λ_1,λ_2分别为积分的起止波段。

对于高光谱遥感,光谱分辨率较高,甚至可到达纳米级。因此,当$f(\lambda)$不易确定时,一般可采用简化的近似计算方法,即$S = \sum_{\lambda=\lambda_1}^{\lambda_2} R_\lambda$,其中$R_\lambda$为$\lambda$波段处的反射率。

根据计算的面积,建立研究对象属性值与其之间的函数关系,通过调整起止波段改变面积值,优化分析后得到最佳的函数关系式。

4.4.7 基于二值编码的特征提取

为了利用已建立的光谱库对特定地物进行快速查找和匹配,可将光谱用简单的0和1的二值码序列来表示。光谱反射率转换为二值码的一般方法为:

$$\begin{cases} h(\lambda_i) = 0, R(\lambda_i) \leqslant T \\ h(\lambda_i) = 1, R(\lambda_i) > T \end{cases} \tag{4-41}$$

式中,$R(\lambda_i)$为λ_i波段处的反射率,$i = 1,2,\cdots,n$,n为光谱通道数;$h(\lambda_i)$为$R(\lambda_i)$的编码;T为设定的门限值,一般可取光谱反射率的平均值。

这样就可以将光谱反射率转换为一个与波段数长度相同的编码序列。然而,有时这种编码不能提供合理的光谱可分性,也不能保证特定地物的光谱与数据库里的光谱相匹配,所以需要更复杂的编码方式。

（1）分段二值编码

分段编码将光谱通道分成几段分别进行二值编码，它是对编码方式的一个简单变形。这种方法要求每段的边界在所有像元（或样本）的矢量都相同。为使编码更有效，段的选择可以根据光谱特征进行，例如在找到所有的吸收区域后，边界可根据吸收区域来选择。

如果不同的波段的光谱行为是由不同的物理特征所主宰，可以仅选择这些波段进行编码，这样既能达到良好的分类目的又能提高编码和匹配识别效率。可见，这种仅在一定波段进行编码的方式，是分段编码的特例。

（2）波段组合二值编码

设有 n 个波段，根据相邻波段组合形式不同，二值编码有以下三种方式。

① 波段组合比较编码：若 $R(k) \leqslant R(k+1)$，则 $h(k) = 0$；若 $R(k) > R(k+1)$，则 $h(k) = 1$。

② 波段组合差值编码：若 $R(k) - R(k+1) < T$，则 $h(k) = 0$；若 $R(k) - R(k+1) \geqslant T$，则 $h(k) = 1$。

③ 波段组合比值编码：若 $R(k)/R(k+1) < T$，则 $h(k) = 0$；若 $R(k)/R(k+1) \geqslant T$，则 $h(k) = 1$。

（3）多门限编码

采用多个门限进行编码可以加强编码光谱的描述性能。例如，采用两个门限 T_a 和 T_b，可以将像元灰度划分为三个域，即

$$\begin{cases} h(\lambda_i) = 00, R(\lambda_i) < T_a \\ h(\lambda_i) = 01, T_a \leqslant R(\lambda_i) < T_b \\ h(\lambda_i) = 11, R(\lambda_i) \geqslant T_b \end{cases} \tag{4-42}$$

式中，$i = 1, 2, \cdots, n$；n 为光谱通道数。

这样将像元每个通道灰度值变为两位二进制数，像元的编码长度为通道数的两倍。事实上，两位编码可以表达 4 个灰度范围，所以采用三个门限进行编码更为有效。

一旦完成编码，则可以利用基于最小海明距离的算法来进行匹配识别地物。人们根据匹配系数的大小来确定和提取图像上感兴趣的地物信息。这种编码技术有助于提高成像光谱数据分析处理的效率。由于这种技术在处理编码过程中会丢失许多细部光谱信息，因此这种二值编码匹配技术适合较粗略识别地物的光谱。

4.4.8 基于重要程度的特征提取

福永圭之介（1978）提出了一种基于非线性准则的特征提取方法。该方法的本质是在原始分布结构所加的限制下，改变样本之间的距离（类内距离），而保持分到不同类的样本之间的距离（类间距离）不变。虽然非线性变换可以在一定程度上保持样本分布特性，并且能够增加类间的可分离性。但是，非线性变换的一些制约因素，如映射函数难以找到、效果难以保证、计算复杂和不能保证样本分布特性完全不受影响等，使这种方法很难有实用价值（童庆禧，2006）。然而，非线性变换把距离作为重要性的度量指标，即距离越小，权重越大。因此，借鉴这一特点，根据模糊模式识别理论给出一种基于光谱重要程度的特征提取方法。

确定性的分类技术要求将待识别对象明确划分为某个类别，就像数学中元素与集合的隶属关系一样，不存在模棱两可的状况。然后，现实世界中的大量事物或现象往往无法精确描述，而且有时也不需要精确描述，这类现象具有模糊性。所谓模糊性是指客观事物之间差异的

中介过渡性所引起的划分上的一种不确定性,是概念的内涵与外延的不分明性,即"亦此亦彼性"。模糊性是客观存在的,如"大胡子"、"真漂亮"、河水的"深浅"、颜色的"浓淡"、人的"胖瘦",遥感图像中的"混合像元"等。1965年,美国 L. A. Zadeh 教授在国际学术刊物"control and information"上发表了第一篇关于模糊性方面的论文"Fuzzy sets",宣告了模糊数学的诞生。

对于一个模糊概念,虽然不能确切判定某个对象符合这个概念,但可以说某个对象在多大程度上符合这个概念。因此,L. A. Zadeh 教授给出了模糊集合的定义,他提出将普通集合的特征函数拓广为隶属函数,将特征函数值域 $\{0,1\}$ 拓广为区间 $[0,1]$,用 $[0,1]$ 中的数即隶属度来表示对象对模糊概念相符合的程度。

以模糊数学为基础的模式识别方法称为模糊模式识别。由于客观事物的特征往往带有不同程度的模糊性,因此模糊模式识别已在诸多领域得到广泛应用,如语音识别、文字识别、天气预报、癌细胞识别、地震等级识别及预报、遥感图像识别等。

设已知 n 个样本(地物),每个样本有 m 个指标(光谱特征),则 n 个样本的 m 个指标用指标特征值矩阵表示为 $X = (x_{ij})_{m \times n}$, $i = 1, 2, \cdots, m$, $j = 1, 2, \cdots, n$。其规格化矩阵表示为 $R = (r_{ij})_{m \times n}$,且 $0 \leqslant r_{ij} \leqslant 1$。设将 n 个样本依据 m 个指标分成 c 个类别,则 n 个样本的划分用模糊识别矩阵表示为 $U = (u_{hj})_{c \times n}$,且满足 $0 \leqslant u_{hj} \leqslant 1$, $\sum_{h=1}^{c} u_{hj} = 1$, $\sum_{j=1}^{n} u_{hj} > 0$, $h = 1, 2, \cdots, c$。设 c 个类别的 m 个指标用模糊标准(中心)指标矩阵表示为 $S = (s_{ih})_{m \times c}$,且 $0 \leqslant s_{ih} \leqslant 1$。设 m 个指标对分类的作用程度不同,其权重向量为 $W = (w_1, w_2, \cdots, w_m)$,且 $\sum_{i=1}^{m} w_i = 1$。

在已知 n 个样本模糊划分(分类)的情况下,为求解各类别的模糊标准指标矩阵以及指标权重向量,建立如下目标函数:

$$\min \left\{ F(s_{ih}, w_i) = \sum_{j=1}^{n} \sum_{h=1}^{c} u_{hj}^2 \left[\sum_{i=1}^{m} (w_i (r_{ij} - s_{ih}))^2 \right] \right\} \tag{4-43}$$

式(4-43)目标函数的含义为:所有样本到所有类别的加权广义权距离平方和为最小。显然,目标函数具有清晰的数学物理含义。当样本的划分为 c 个类别且划分明确时,即样本 j 只属于类别 k, $u_{kj} = 1$,则式(4-43)目标函数的含义变为:所有样本到所属类别中心的广义权距离平方和为最小。在指标为等权并且不分类别($c = 1$, $u_{hj} = 1$)的特殊条件下,目标函数式(4-43)变为通常的最小二乘方最优准则。由此可见,将经典数学中的最小二乘方准则即距离平方和最小,拓展为加权广义权距离平方和最小准则,这在数学理论上是有意义的,它是模糊识别或聚类的理论基础。

为求解最优指标权重,根据目标函数式(4-43)和权重等式约束条件 $\sum_{i=1}^{m} w_i = 1$,构造拉格朗日函数,并求导得:

$$L(s_{ih}, w_i, \lambda) = \sum_{j=1}^{n} \sum_{h=1}^{c} u_{hj}^2 \left[\sum_{i=1}^{m} \left[w_i (r_{ij} - s_{ih}) \right]^2 \right] - \lambda \left(\sum_{i=1}^{m} w_i - 1 \right) \tag{4-44}$$

$$\frac{\partial L}{\partial s_{ih}} = 2 \sum_{j=1}^{n} u_{hj}^2 w_i^2 r_{ij} - 2 \sum_{j=1}^{n} u_{hj}^2 w_i^2 s_{ih} = 0 \tag{4-45}$$

$$\frac{\partial L}{\partial w_i} = 2 w_i \sum_{j=1}^{n} \sum_{h=1}^{c} \left[u_{hj} (r_{ij} - s_{ih}) \right]^2 - \lambda = 0 \tag{4-46}$$

$$\frac{\partial L}{\partial \lambda} = \sum_{i=1}^{m} w_i - 1 = 0 \tag{4-47}$$

对式(4-45)整理得:

$$s_{ih} = \frac{\sum\limits_{j=1}^{n} u_{hj}^2 r_{ij}}{\sum\limits_{j=1}^{n} u_{hj}^2} \tag{4-48}$$

对式(4-46)和式(4-47)整理得：

$$w_i = \frac{1}{\sum\limits_{k=1}^{m} \dfrac{\sum\limits_{j=1}^{n}\sum\limits_{h=1}^{c}\left[u_{hj}(r_{ij}-s_{ih})\right]^2}{\sum\limits_{j=1}^{n}\sum\limits_{h=1}^{c}\left[u_{hj}(r_{kj}-s_{kh})\right]^2}} \tag{4-49}$$

由式(4-48)可见，在已知样本模糊识别矩阵的情况下，样本的模糊类别中心是唯一存在的，且其与指标的权重无关。式(4-49)反映了在已知模糊识别矩阵 U 和模糊类别中心矩阵 S 的情况下，就全体样本而言，不同指标的内在作用规律(李希灿,2002)。

由式(4-48)可见,若样本的划分矩阵为布尔矩阵,即样本的分类是明确的,每个样本只属于一个类别,则式(4-45)可简化为：

$$s_{ih} = \frac{1}{N_h}\sum_{b=1}^{N_h} r_{ib} \tag{4-50}$$

式中, N_h 为属于第 h 类的样本数; $i=1,2,\cdots,m$; $h=1,2,\cdots,c$ 。

若令 $d_i^2 = \sum\limits_{j=1}^{n}\sum\limits_{h=1}^{c}\left[u_{hj}(r_{ij}-s_{ih})\right]^2$, $d_k^2 = \sum\limits_{j=1}^{n}\sum\limits_{h=1}^{c}\left[u_{hj}(r_{kj}-s_{kh})\right]^2$,则式(4-49)可简化为：

$$w_i = \frac{1/d_i^2}{\sum\limits_{k=1}^{m} 1/d_k^2} \tag{4-51}$$

由式(4-51)可见,各指标的权重与"距离平方"成反比。这里的"距离"可以理解为一种广义距离的表达形式。因 $d_i^2 = \sum\limits_{j=1}^{n}\left\{\sqrt{\sum\limits_{h=1}^{c}\left[u_{hj}(r_{ij}-s_{ih})\right]^2}\right\}^2$,所以可以把 d_i^2 看作关于第 i 指标的所有样本到所有类别的加权广义距离平方和,其中隶属度 u_{hj} 作为这种距离的权重。

为便于理解,将式(4-43)改写为：

$$\min\left\{F(s_{ih},w_i) = \sum_{i=1}^{m} w_i^2 \sum_{j=1}^{n}\sum_{h=1}^{c}\left[u_{hj}(r_{ij}-s_{ih})\right]^2 = \sum_{i=1}^{m} w_i^2 d_i^2\right\} \tag{4-52}$$

式(4-52)目标函数的直观含义为:所有指标的所有样本到所有类别的加权广义距离平方和为最小。显然,式(4-52)与式(4-43)是等价的,只因人的观察视觉不同,其表达形式不同而已。由式(4-52)及权重等式约束条件,也可导出式(4-51)。

前述给出的指标权重模型,应用时可从以下两个方面考虑。

(1)剔除重要程度较小的光谱特征

假定给出 n 个已分好类的样本(每类至少包括两个样本),即分类数 c 和样本的所属类别是明确的,样本的划分可用布尔矩阵 $U=(u_{hj})_{c\times n}$ 表示。设已初步筛选出近似最优光谱特征子集为 $P=\{p_1,p_2,\cdots,p_m\}$,指标特征值矩阵为 $X=(x_{ij})_{m\times n}$,其规格化矩阵为 $R=(r_{ij})_{m\times n}$;然后由式(4-48)或式(4-50)计算出类别中心指标矩阵 $S=(s_{ih})_{m\times c}$,再由式(4-49)或式(4-51)计算出 m 个指标的权重向量 $W=(w_1,w_2,\cdots,w_m)$ 。若第 k 个指标的权重相对较小,说明该指标造成类内的距离大,不利于样本分类识别,则将第 k 个指标从近似最优光谱特征子集中剔除,剩余的指标组成新的近似最优光谱特征子集。

例如,已知 47 个土壤样本被分成 3 类,根据 5 个波段光谱特征指标计算的权重向量为 $W=(0.2453,0.1867,0.1189,0.2624,0.1867)$,其中第 4 个指标的权重相对较小,因此可考虑将第 4 个指标剔除。

(2)更新重要程度较小的光谱特征

该应用的基本思路是:当第 k 个指标的权重较小时,这时不是剔除该指标,而是用一个新的光谱特征指标替代它,确保每个指标对样本分类均具有较强的作用。在操作过程中,可采用可分性准则来度量,以保证更新指标的有效性。

指标权重反映了该指标在样本分类识别中的整体作用,指标的权重小,说明该指标造成类内的距离大,但不能体现究竟使哪一类的类内距离大。因此,引入一种新的权重形式,即类指标权(Li Xican,2009)。类指标权能够清晰地反映每个指标在各类的作用程度,其计算公式为:

$$w_{ih} = \left(\sum_{k=1}^{m} \frac{\sum_{j=1}^{n} \left[u_{hj}(r_{ij} - s_{ih}) \right]^2}{\sum_{j=1}^{n} \left[u_{hj}(r_{kj} - s_{kh}) \right]^2} \right)^{-1} \tag{4-53}$$

式中,w_{ih} 表示第 h 类的第 i 个指标的权重,$0 \leqslant w_{ih} \leqslant 1$,且 $\sum_{i=1}^{m} w_{ih} = 1$,$h = 1,2,\cdots,c$。

上述的例子,若采用类指标权衡量指标的作用,则类指标权重矩阵 $W = (w_{ih})_{m \times c}$ 为:

$$W = \begin{bmatrix} 0.2131 & 0.2504 & 0.1449 \\ 0.1736 & 0.1583 & 0.3156 \\ 0.1069 & 0.1079 & 0.1221 \\ 0.3760 & 0.1759 & 0.3488 \\ 0.1304 & 0.3075 & 0.0686 \end{bmatrix}$$

在此权重矩阵中,列号对应类别,行号对应指标序号。可见,在第 1 类中,指标 p_4 和指标 p_1 起主导作用;在第 2 类中,指标 p_5 和指标 p_1 起主导作用;在第 3 类中,指标 p_4 和指标 p_2 起主导作用。指标 p_3 在三个类别中的作用均较小,因此可考虑将其剔除。虽然指标 p_5 在第 3 类中的权重仅为 0.0686,其作用特别小,但其对第 2 类起主导作用,它是第 2 类别的主要特征指标,因此不能去掉指标 p_5。

类指标权重矩阵能够细致地反映光谱特征在类内的紧致性或聚集性,但不能反映类间的分离性。因此,在应用过程中,可采用可分性准则来度量,如 $VT^{(-)}$ 指标等。

4.5 地物光谱特征规范化处理

为消减地物光谱特征因量纲、量级差异对分析结果的影响,一般要对其进行规范化处理。本节主要介绍几种常用的光谱数据规范化处理方法。

4.5.1 数据中心化

设有 n 个样本,每个样本由 m 个光谱特征来描述,则光谱特征值矩阵为 $X' = (x'_{ij})_{m \times n}$。通过数据中心化处理,将光谱特征值矩阵 X' 变为规范化矩阵 $X = (x_{ij})_{m \times n}$,其中:

$$x_{ij} = x'_{ij} - \bar{x}'_i \tag{4-54}$$

式中,x_{ij} 为 x'_{ij} 的中心化值;$\bar{x}'_i = \frac{1}{n} \sum_{j=1}^{n} x'_{ij}$;$i = 1,2,\cdots,m$;$j = 1,2,\cdots,n$。

在仅需要变化信息时,对光谱数据可进行中心化处理。也就是说,在光谱分析中并不关心光谱数据与地物属性的绝对值之间的直接关系,而是寻找它们变化之间的关系,使数据在标度上具有可比性,以消除单位不同产生的影响。

4.5.2 数据标准化

通过标准化处理,将光谱特征值矩阵 X' 变为规范化矩阵 $X = (x_{ij})_{m \times n}$,其中:

$$x_{ij} = \frac{x'_{ij} - \bar{x}'_i}{s'_i} \qquad (4\text{-}55)$$

式中,x_{ij} 表示 x'_{ij} 的标准化值;$\bar{x}'_i = \frac{1}{n}\sum_{j=1}^{n} x'_{ij}$;$s'_i = \sqrt{\frac{1}{n-1}\sum_{j=1}^{n}(x'_{ij} - \bar{x}'_i)^2}$。

标准化处理也是将光谱数据变为需要的变化信息,变化后的数据近似服从标准正态分布,可有效消减以线性形式混入光谱信号中的噪声。

4.5.3 数据区间化

通过区间化处理,将光谱特征值矩阵 X' 变为规范化矩阵 $X = (x_{ij})_{m \times n}$,其中:

$$x_{ij} = \frac{x'_{ij} - x'_{i\min}}{x'_{i\max} - x'_{i\min}} \qquad (4\text{-}56)$$

或

$$x_{ij} = \frac{x'_{i\max} - x'_{ij}}{x'_{i\max} - x'_{i\min}} \qquad (4\text{-}57)$$

式中,x_{ij} 表示 x'_{ij} 的区间化值;$x'_{i\max}$,$x'_{i\min}$ 分别表示第 i 个指标的最大值和最小值。

当研究对象的属性与光谱特征成正相关时,可采用式(4-56),负相关时可采用式(4-57)。区间化处理是将光谱特征变为区间[0,1]内的数。

4.5.4 数据均值化

通过均值化处理,将光谱特征值矩阵 X' 变为规范化矩阵 $X = (x_{ij})_{m \times n}$,其中:

$$x_{ij} = \frac{x'_{ij}}{\bar{x}'_i} \qquad (4\text{-}58)$$

式中,x_{ij} 表示 x'_{ij} 的区间化值;$\bar{x}'_i$ 表示第 i 个指标的均值。

设有 30 个土壤样本的某一波段的光谱数据(略),经上述四种方法规范化处理后,其数值特征见表4-5。

表4-5 数据规范化结果对比

处理方法	最大值	最小值	平均值	均方差
原始值	0.969	0.398	0.602	0.163
中心化	0.367	−0.204	0.000	0.163
标准化	2.253	−1.250	0.000	1.000
区间化	1.000	0.000	0.357	0.285
均值化	1.611	0.661	1.000	0.271

从表4-5可见,光谱数据经不同方法处理后,其最大值、最小值、平均值和均方差都发生了变化。其中,数据的标准化可有效改变原始数据的离散程度,其次是均值化方法。

以上四种光谱数据规范化方法均是简单的线性变换,有时会用到更为复杂的非线性处理方法,请参考相关文献,此处不再赘述。

第5章 高光谱定量估测建模技术

根据光谱特征进行地物识别及其属性值的定量反演是高光谱遥感的重要应用方面。本章主要介绍高光谱遥感的定量分析的基本步骤，以及回归分析法、主成分回归法、偏最小二乘法、模式识别法、人工神经网络法和支持向量机法等定量反演的常用方法和技术。

5.1 概述

高光谱技术既可用于定性分析也可用于定量分析。本节简要介绍高光谱定性分析和定量分析的基本思想，以及定量分析结果的精度评定指标。

5.1.1 高光谱的定性分析

高光谱定性分析主要用于物质(地物)类别的判别分析和聚类分析。在实际工作中，经常遇到一些只需要知道样品的类别或等级，并不需要知道样品中含多少组分及其含量的问题。有时，即使用定量分析的方法测出了样品中某些组分的含量，也很难确定样品属于哪一类。而且定量分析模型的精度常常取决于所用方法的准确度，如果所用方法的准确度不高，定量分析将不可能得到准确而理想的结果。然而，定性分析是依靠已知样品及未知样品谱图的比较来完成的，相对于定量分析要容易实现。

高光谱的定性分析是先通过光谱特征选择与特征提取，建立已知类别样品的光谱定性模型，然后用该模型来判别待识别的样品属于哪一个已知的类别。可见，高光谱的定性分析属于模式识别问题。模式识别无论用于哪一方面的研究，首先要确定已知模式和待识别对象，并尽可能对其进行全面的定量描述，采用一定方法提取与已知模式一致的特征指标值，然后将待识别对象与已知模式相比较，并用量化指标度量它们之间的接近程度，按照一定的法则做出科学判断。模式识别的基本步骤，如图5-1所示。

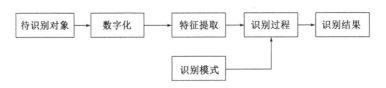

图 5-1 光谱定性分析的程序图

高光谱的定性分析常用模式识别方法，该方法又可分为有监督的识别方法、无监督的识别方法和图形显示识别方法。

有监督的识别方法需要有训练集,先通过训练集建立数学模型,然后用经过训练的数学模型来识别未知样本,未知样本的分类数由训练集确定。具体方法包括判别分析、K 最邻近法、人工神经网络(ANN)、基于贴近度的模糊识别、灰色关联度等。

无监督的识别方法不需要训练集训练模型,未知样本的分类数可以预先设定,也可以根据实际分类结果确定。聚类分析是无监督的识别方法的典型代表,该方法特别适用于样本归属不清楚的情况。

图形显示识别方法是一种直观有效的方法。在实际应用中,可以利用人类在低维数空间对模式识别能力强的特点,将高维数据压缩成低维数据,实现图像识别。

无论哪一种模式识别方法,均是依据研究对象的特征而进行识别决策的。因此,提取能充分表达类别的光谱特征是做好高光谱定性分析的重要前提。

5.1.2 高光谱的定量分析

高光谱的定量分析就是利用样品的属性值和高光谱特征数据来建立预测模型或校正模型(calibration model),确定模型参数,然后利用该模型对未知样品的待测属性值进行定量预测(估测)。因此,在对未知样品进行分析之前需要收集一批样品,用于建立定量预测模型,称该样品集为建模样品集。在预测模型建好之后,需要用一定数量的样品来检验模型的性能,称这些样品集为检验样品集。

(1)样品集的收集

高光谱的定性与定量分析都需要选择有代表性的建模样品集,其样品集的特征限制了所建模型能够分析的样品类型范围、参比值的浓度分布范围与样品纵深范围,它们都属于分析样品的范围信息。因此,为了增强所建模型的适应性,不容许通过在一定的样品中加入不同比例的待测量来配置,如此建立的模型无法应用于不同类型的天然样品。

收集建模样品是高光谱分析中工作量比较大的一个环节。对于农产品,以小麦样本为例,应充分考虑不同栽培品种和资源品种、同一品种的不同产地、同一产地的不同栽培方式等因素,这些因素都会对样品的内部化学成分产生比较大的影响;以烟草为例,除充分考虑上述变化外,还要考虑不同等级及烘烤效果的样品;而中药样品还要考虑炮制工艺波动可能产生的质量波动。

对工业生产的样品,要充分考虑原材料来源的不同,不同的配方,不同的牌号,同一牌号的不同批次及同批次内质量波动的样品。

对于多组分、复杂的天然产物而言,如土壤类型多样的土壤样品,要将全部具有代表性的样品收集到是非常困难的,也几乎是不可能的。因此,天然产物的光谱模型建立过程是一个需要不断验证、逐步完善的过程。

检验样品集的收集与建模样品集的方法相同,只是样品的数量可以相对小一些。检验样品集的代表性非常重要,否则难以说明模型的质量,同时对模型应用的可能带来比较多的不确定危害。

(2)样品集的挑选

综合考虑样品复杂背景因素导致收集到的样品数量可能会非常多,把大量的样品都进行标准实验室化学分析,要消耗大量的人力和财力;用于建立模型的样本越多,优化模型所用时间和工作量也越大;另外,大量样品中不可避免会存在性质或组成非常相似的样品,造成部分样品的信息相似或重叠。因此,需要对收集到的样品集进行挑选。

样品集的挑选方法比较多,主要分为人工挑选和计算机挑选。

①人工挑选。对于复杂样品如天然产物的农产品(包括粮食、水果、中药等)应充分考虑其产地、品种、年份、栽培方式等;而对于在线工业样品应考虑其原料的差异、工艺参数随时间的变化等,样品选择尽可能包含上述因素的变化范围,力争挑选到具代表性的建模样品集;同时还要关注内在化学组分的变化。对于样品中所有化学组成都是已知组分的样品,可以通过正交实验设计等方法进行人工设计,为减少实验设计的工作量,尽可能用最少的样品数、最大的代表性设计方案。

②计算机挑选。计算机挑选样品是将收集到的样品进行光谱扫描,采用相应的计算机软件对样品的光谱进行分析,对性质相似的样品进行剔除,挑选出代表性的样品。最常用的计算机挑选方法是对样品的光谱进行主成分分析,然后采用聚类分析等方法进行选择。

(3)校正模型的建立与检验

在样品收集与挑选的基础上,通过对样品化验和光谱测量,获取定量分析的样品数据。高光谱的定量分析分为以下三个步骤。

第一步,模型的建立。选择具有代表性的样本作为建模样本集,用于建立校正模型,即根据建模样本的光谱和属性值来建立二者的数学关系。一般要求建模样本集的样本属性组成应包括所有样品(包括检验集样本和预测集样本)所包含的化学组分,且建模样本的属性值变化范围应大于检验和预测样本的属性值变化范围,此外还要求建模样本集应具有满足建模要求的样本数。一般要求建模样本集的样本数应大于 80 个。

第二步,模型的检验。高光谱的定量分析要求在建模之后进行模型检验,以确保模型的可适用性。模型检验的任务是采用已建的模型对检验样本集的样本进行预测,然后将预测结果与已知的参考值或实测值进行统计比较。对于检验集样本的选择同样要求包含所有样本的化学组分,且其变化范围与待测样本相同,同时对样本数量也有一定的要求,即要有足够的数量进行统计检验。检验样本集的数量一般要求为总样本数的 20% 以上。

第三步,模型的使用。采用未知样本属性值的光谱特征,根据所建立的定量模型,预测未知样本的属性值或组分信息。

常用的建模方法包括:回归分析法、主成分回归法、偏最小二乘法、人工神经网络法和模式识别法等。

5.1.3　精度评定指标

用于衡量建模精度高低或质量好坏的指标,称之为精度评定指标,也称精度指标。常用的精度指标有以下几种。

(1)绝对误差

$$\Delta y = \hat{y}_i - y_i \tag{5-1}$$

式中,Δy_i 表示绝对误差或残差;$\hat{y}_i$ 表示第 i 个样本的预测值;y_i 表示第 i 个样本的实测值。

(2)相对误差和平均相对误差

$$e_i = (\hat{y}_i - y_i)/y_i \tag{5-2}$$

式中,e_i 表示相对误差,常用百分数表示。

$$\bar{e} = \frac{1}{n}\sum_{i=1}^{n}(|\hat{y}_i - y_i|)/y_i \tag{5-3}$$

式中,$\bar{e}$ 表示平均相对误差;n 表示样本个数。

这两种精度指标因其简单而被常用。

（3）标准偏差

$$SEC = \sqrt{\frac{1}{n-1}\sum_{i=1}^{n}(\hat{y}_i - y_i)^2} \tag{5-4}$$

式中，SEC 表示样本集的标准偏差；n 表示样本个数。

若某一样本的绝对误差大于 2 倍的标准偏差，则可认为该样本为异常样本，可将其剔除。

（4）校正标准差

$$RMSEC = \sqrt{\frac{1}{n-f-1}\sum_{i=1}^{n}(\hat{y}_i - y_i)^2} \tag{5-5}$$

式中，$RMSEC$ 表示样本集的校正标准差（总均方根差）；n 表示样本个数；f 表示回归分析的因子个数。

（5）决定系数

$$R^2 = \frac{\sum\limits_{i=1}^{n}(\hat{y}_i - \bar{y})^2}{\sum\limits_{i=1}^{n}(y_i - \bar{y})^2} \tag{5-6}$$

式中，R^2 表示决定系数；$\bar{y}$ 表示 y_i 的平均值，$\bar{y} = \frac{1}{n}\sum\limits_{i=1}^{n}y_i$。

R^2 越接近于 1，表示预测值与实测值的拟合程度越好，模型精度越高。特别地，当 y 与 x 呈线性相关关系时，$R^2 = \rho^2$，其中 ρ 表示 y 与 x 之间的相关系数。

（6）均方根误差（$RMSE$）

$$RMSE = \sqrt{\frac{1}{n}\sum_{i=1}^{n}(\hat{y}_i - y_i)^2} \tag{5-7}$$

式中，y_i 和 $\hat{y}_i$ 分别为检验样本的观测值和预测值；n 为预测样本的个数。

（7）方差与均方根误差的比值（RPD）

$$RPD = \frac{S.D}{RMSE} \tag{5-8}$$

式中，$S.D$ 为样本观测值的方差；$RMSE$ 为样本观测值与预测值的均方根误差。

需要指出，RPD 越大，说明预测效果越好。对 RPD 值的评判有不同的标准。有的认为当 $RPD > 2$ 时表明模型具有极好的预测能力；当 $1.4 < RPD < 2$ 时表明模型可对样本作粗略估测；而 $RPD < 1.4$ 时则表明模型无法对样本进行预测。也有的认为当 $RPD > 3.0$ 时表明模型具有极好的预测能力；当 $2.5 < RPD < 3.0$ 时表明模型具有很好的预测能力；当 $2.5 < RPD < 3.0$ 时表明模型具有较好的定量预测能力；而 $1.5 < RPD < 2$ 时则表明模型只能对样本高含量与低含量进行粗略估测。

以上精度指标分别从不同侧面评价模型的精度，在实际应用时，一般可根据需要选择其中的几种来衡量所建模型的精度。

5.2　回归分析法

回归分析方法是研究要素之间具体的数量关系的一种强有力的工具，运用这种方法能够建立反映光谱特征与研究对象属性值之间具体数量关系的数学模型，即回归分析模型。回归分析分为一元回归和多元回归分析。两个或两个以上自变量对一个因变量的数量变化关系，称为多元回归分析,表现这一数量关系的数学公式,称为多元回归模型。回归分析又分为线性回归和非线性回归。

5.2.1 线性回归分析法

5.2.1.1 一元线性回归

当研究对象的属性值与某一光谱特征之间具有较高的线性相关性时,可建立一元线性回归预测模型。该模型计算简单,易于操作,其基本步骤如下:

(1)模型建立

设有两个变量 x 和 y,x 为自变量,表示光谱特征;y 为因变量,表示研究对象的属性值。则一元线性回归模型的基本结构形式为:

$$y_i = a + bx_i + \varepsilon_i \tag{5-9}$$

式中,a,b 为待定参数;ε_i 为随机变量,$i = 1, 2, \cdots, n$;n 表示数据对的个数。

若记 $\hat{a}$,$\hat{b}$ 为待定参数 a,b 的估计值,通过最小二乘法原理,可求得一元线性回归模型为:

$$\hat{y} = \hat{a} + \hat{b}x \tag{5-10}$$

式中,$\hat{y}$ 为 y 的估计值或回归值。其中,$\hat{a}$,$\hat{b}$ 可利用下列公式计算:

$$\hat{a} = \bar{y} - \hat{b}\bar{x} \tag{5-11}$$

$$\hat{b} = \frac{\sum_{i=1}^{n}(x_i - \bar{x})(y_i - \bar{y})}{\sum_{i=1}^{n}(x_i - \bar{x})^2} \tag{5-12}$$

式中,$\bar{x}$,$\bar{y}$ 分别为变量 x 和 y 的平均值,$\bar{x} = \frac{1}{n}\sum_{i=1}^{n}x_i$,$\bar{y} = \frac{1}{n}\sum_{i=1}^{n}y_i$。

(2)模型的显著性检验

回归模型建立之后,需要对模型的可信度进行检验,以鉴定模型的质量。线性模型的检验是借助于 F 检验来完成的。检验的统计量为:

$$F = \frac{U}{Q/(n-2)} \tag{5-13}$$

式中,Q 称为误差平方和或剩余平方和;U 称为回归平方和。

误差平方和、回归平方和的计算公式为:

$$Q = \sum_{i=1}^{n}(y_i - \hat{y}_i)^2 \tag{5-14}$$

$$U = \sum_{i=1}^{n}(\hat{y}_i - \bar{y})^2 = b^2\sum_{i=1}^{n}(x_i - \bar{x})^2 \tag{5-15}$$

其中
$$S_{\text{总}} = U + Q = \sum_{i=1}^{n}(y_i - \bar{y})^2$$

显然,F 越大,就意味着模型的效果最佳。事实上,统计量 F 服从于自由度 $f_1 = 1$ 和 $f_2 = n - 2$ 的 F 分布,即 $F \sim F(1, n-2)$。在显著水平 α 下,若 $F > F \sim F_\alpha(1, n-2)$,则认为回归方程在此水平下是显著的。

(3)预测与置信区间

在回归方程满足显著性检验后,就可以利用式(5-10)进行预测,即给定 x_t,则有预测值 $\hat{y}_t = \hat{a} + \hat{b}x_t$。当自由度 n 较大时,预测值的预测区间近似为 $[\hat{y}_t - Z_{\alpha/2}S, \hat{y}_t + Z_{\alpha/2}S]$;当约定 $1 -$

$\alpha = 0.95$ 时, $Z_{\alpha/2} = 1.96$, $\hat{y}_t$ 的置信度为 0.95 的置信区间简化为:

$$[\hat{y}_t - 1.96S, \hat{y}_t + 1.96S] \tag{5-16}$$

式中, S 为剩余标准差, $S = \sqrt{\dfrac{1}{n-2}\sum\limits_{i=1}^{n}(y_i - \hat{y}_i)^2} = \sqrt{\dfrac{Q}{n-2}}$ 。

5.2.1.2 多元线性回归

在光谱定量分析的建模中,经常遇到处理多个光谱特征与所研究对象属性值的相关性,这时可采用多元线性回归(multiple linear regression, MLR)分析。该法是光谱分析中最早使用的统计分析方法,比较适合线性较好的数据,建模的基本步骤如下。

(1)多元线性回归模型建立

设研究对象的属性值 y 与 k 个光谱特征 $x_1, x_2, \cdots, x_k$ 有内在联系,其 n 组观测值为 $y_i, x_{1i}, x_{2i}, \cdots, x_{ki}, i = 1, 2, \cdots, n$,则多元线性回归模型的一般形式为:

$$y_i = \beta_0 + \beta_1 x_{1i} + \beta_2 x_{2i} + \cdots + \beta_k x_{ki} + \varepsilon_i \tag{5-17}$$

式中, $\beta_0, \beta_1, \cdots, \beta_k$ 为待定参数; ε_i 为随机变量。

如果用 $b_0, b_1, \cdots, b_k$ 表示 $\beta_0, \beta_1, \cdots, \beta_k$ 的拟合值,则有回归方程为:

$$\hat{y}_i = b_0 + b_1 x_{1i} + b_2 x_{2i} + \cdots + b_k x_{ki} \tag{5-18}$$

式中, b_0 为常数; $b_1, b_2, \cdots, b_k$ 为回归系数。

利用最小二乘法原理,可求得 b_0 和 b_p, $p = 1, 2, \cdots, n$。具体计算方法如下:

$$Ab = B \tag{5-19}$$

$$A = \begin{bmatrix} L_{00} & L_{01} & L_{02} & \cdots & L_{0k} \\ L_{10} & L_{11} & L_{12} & \cdots & L_{1k} \\ L_{20} & L_{21} & L_{22} & \cdots & L_{2k} \\ & & \cdots & & \\ L_{k0} & L_{k1} & L_{k2} & \cdots & L_{kk} \end{bmatrix}$$

$$b = (b_0, b_1, b_2, \cdots, b_k)^T$$

$$B = (L_0, L_1, L_2, \cdots, L_n)^T$$

其中

$$L_{pj} = L_{jp} = \sum_{i=1}^{n} x_{pi} x_{ji}, (p, j = 1, 2, \cdots, k)$$

$$L_{00} = n$$

$$L_{0p} = L_{p0} = \sum_{i=1}^{n} x_{pi}, (p = 1, 2, \cdots, k)$$

$$L_0 = \sum_{i=1}^{n} y_i$$

$$L_p = \sum_{i=1}^{n} x_{pi} y_i, (p = 1, 2, \cdots, k)$$

在建立式(5-19)后,对其求解,则:

$$b = A^{-1}B \tag{5-20}$$

若令:

$$X = \begin{bmatrix} 1 & x_{11} & x_{12} & \cdots & x_{1k} \\ 1 & x_{21} & x_{22} & \cdots & x_{2k} \\ 1 & x_{31} & x_{32} & \cdots & x_{3k} \\ & & \cdots & & \\ 1 & x_{n1} & x_{n2} & \cdots & x_{nk} \end{bmatrix}$$

$$Y = (y_1, y_2, \cdots, y_n)^T$$

则式(5-20)可以改写为：

$$b = A^{-1}B = (X^TX)^{-1}X^TY \tag{5-21}$$

由式(5-20)或式(5-21)求得 b_0 和 $b_p(p=1,2,\cdots,n)$ 后,可利用式(5-18)计算样本的预测值。

(2)多元线性回归模型的显著性检验

因变量 y 的观测值 $y_1, y_2, \cdots, y_n$ 之间的波动与差异,是由两个因素引起的:一是由于自变量 $x_1, x_2, \cdots, x_n$ 的取值不同;二是受其他随机因素的影响而引起的。为了从 y 的总变差中分离出来,就需要对回归模型进行方差分析,将 y 的总的离差平方和 $S_总$ 分解成两部分,即回归平方和 U 与剩余平方和 Q,有下列计算式:

$$S_总 = U + Q$$

$$U = \sum_{i=1}^{n} (\hat{y}_i - \bar{y})^2$$

$$Q = \sum_{i=1}^{n} (y_i - \hat{y}_i)^2 = S_总 - U$$

构造 F 统计量,则:

$$F = \frac{U/k}{Q/(n-k-1)} \tag{5-22}$$

在显著水平 α 下,若 $F > F \sim F_\alpha(k, n-k-1)$,则认为回归方程在 α 水平下是显著的。

多元线性回归分析法的模型含义清楚、计算简单,对光谱特征较少的问题回归效果较好。其局限性是不能够解决光谱特征矩阵的共线性问题以及对线性关系不好的数据回归效果较差,所建模型的预测能力较差;而且光谱特征数不应该超过建模样本集的样本数目,这样难免会损失一些有效的光谱信息。此外,运算过程中没有考虑到存在的噪声,这样会导致过度拟合情况,从而降低了模型的可靠性。因此,为建立更为稳健的模型,人们逐渐在此基础上发展出一系列更为有效的算法。

5.2.1.3 多元逐步线性回归

多元逐步回归分析方法(stepwise multiple linear regression,SMLR)是一般多元回归方法的优化过程。多元逐步回归分析普遍应用于光谱分析领域,可以通过选择少量波段的光谱特征建立关系模型解释多种环境变量。多元逐步回归分析方法的思路是将全部变量的方差贡献值按大小进行排序,根据其重要性逐步入选回归方程。在这个过程中,已在前面入选的变量,由于新的变量的引入而使预测误差增大时,则把它从回归模型里剔除;而先前已被剔除的变量,由于新的变量的引入后又变得相对显著时,则把它重新选入,直至没有变量可剔除或可引入时计算结束。多元逐步回归分析方法通过 F 统计量来选择和剔除自变量,F 统计量包括 F_{enter} 和 F_{remove} 值,这两个值可以查表获得。

这一方法在条件可控的情况下显示了较高的可靠性。Hummel 等(2001)应用多元逐步回归分析方法,选择返回误差较小的吸收特征波段,从实验室光谱反射率倒数的对数$[\lg(1/R)]$反演土壤水分和有机质含量。预测结果表明返回波段数最小的情况下,预测水分含量的结果最好,且利用该方法预测水分的结果好于预测有机质的结果。国内的何挺等(2006)运用多元逐步回归分析等方法建立了土壤有机质与反射光谱之间的关系,结果表明土壤有机质含量与反射率对数的倒数的一阶微分之间的关系最为敏感。周清等(2004)、刘焕军等(2007)采用多元逐步回归分析方法对土壤有机质与光谱反射率的各种变换形式进行了研究,都取得了不错的预测精度。

5.2.2 非线性回归分析法

光谱特征与所研究对象属性值的内在关联性,除了线性关系外,有时还存在着非线性关系。在这种情况下,可以采用微分方程的方法建立非线性关系的模型,但对于多因素影响的复杂的非线性系统,其影响因素往往具有许多不确定性,因此即使能够建立起基于微分方程的预测模型,其实际意义也不大。对于一些不复杂的非线性关系,可以通过变量的替换转化为线性关系,以便于非线性模型的求解。

5.2.2.1 一元非线性回归模型

(1) 几种一元非线性模型变量替换方法

①双曲线型

a. 若 $y = a + \dfrac{b}{x}$:令 $u = \dfrac{1}{x}$,则 $y = a + bu$。

b. 若 $\dfrac{1}{y} = a + \dfrac{b}{x}$:令 $u = \dfrac{1}{x}$,$v = \dfrac{1}{y}$,则 $v = a + bu$。

②指数曲线型:$y = ae^{bx}$

a. 若 $a > 0$,令 $v = \ln y$,则 $v = \ln a + bx$。

b. 若 $a < 0$,令 $v = \ln(-y)$,则 $v = \ln(-a) + bx$。

③幂函数型:$y = ax^b$,$x > 0$

a. 若 $a > 0$,令 $v = \ln y$,$u = \ln x$,则 $v = \ln a + bu$。

b. 若 $a < 0$,令 $v = \ln(-y)$,$u = \ln x$,则 $v = \ln(-a) + bu$。

④对数曲线型

a. 若 $y = a + b\lg x$,令 $u = \lg x$,则 $y = a + bu$。

b. 若 $\lg y = a + bx$,令 $v = \lg y$,则得 $v = a + bx$。

c. 若 $\lg y = a + b\lg x$,令 $u = \lg x$,$v = \lg y$,则得 $v = a + bx$。

⑤S曲线型:$y = \dfrac{1}{a + be^{-x}}$

若令 $u = e^x$,$v = \dfrac{1}{y}$,则得 $v = a + bu$。

(2) 一元非线性模型的建模方法

在确定建模样本集后,建模的基本步骤如下:

①绘制散点图。根据光谱数据和研究对象的属性数据在确定坐标系中绘制散点图。

②确定模型类型。根据散点图,观察变量之间的关联特征,若散点图明显符合某一类型的模型特点,则选择对应的建模类型;若直观上分布规律不明显,则可以通过变量替换进行模拟

分析,寻找精度最高的模型。

③确定模型参数。按照最小二乘法估计模型最佳参数。

由于影响因素的复杂性及不确定性,光谱数据与所研究对象属性值之间的内在关联性往往不是简单的线性关系,而用相关性直接去衡量它们的内在关联性,难以发现潜在的有价值的非线性关系信息。因此,上述的一元非线性模型变量替换方法,也可作为光谱数据变换的参考。

5.2.2.2 多元非线性回归模型

在光谱定量分析中,处理非线性问题的方法除变量替换外,另一种是非线性回归法(multiple nonlinear regression),即用最小二乘法估计非线性模型中的参数,进而建立非线性的回归模型。

假设因变量 y 与自变量 x(可能不止一个)之间的关系可以用下列非线性模型拟合,则:

$$y = f(x, b_1, b_2, \cdots, b_m) \tag{5-23}$$

式中, b_j 为待估计的参数, $j = 1, 2, \cdots, m$; y 是 x 的非线性函数。

设建模样本集有 n 个样本,现根据测量的数据 (y_i, x_i) 对参数 b_j 作出估计, $i = 1, 2, \cdots, n$; $j = 1, 2, \cdots, m$。由于非线性函数一般难以直接求得其解,通常采用迭代(逼近)的方法来估计参数 b_j。首先给参数 b_j 赋予初值 $b_j^{(0)}$,它与真值 b_j 之差为 Δb_j,即:

$$b_j = b_j^{(0)} + \Delta b_j \tag{5-24}$$

所以,对参数 b_j 的估计就可变成在逐步逼近过程中求 Δb_j 的问题。

假如 $b_j^{(0)}$ 较接近于 b_j,则可将函数 $y = f(x, b_1, b_2, \cdots, b_m)$ 在初值 $b_j^{(0)}$ 处作泰勒级数展开。为使问题简化,可略去高次项而只保留一次项,则:

$$y_i = f(x_i, b_1, b_2, \cdots, b_m)$$
$$= f_i^{(0)} + \frac{\partial f_i}{\partial b_1} \Delta b_1 + \frac{\partial f_i}{\partial b_2} \Delta b_2 + \cdots + \frac{\partial f_i}{\partial b_m} \Delta b_m + \varepsilon_i \tag{5-25}$$

式中, $y_i = f(x_i, b_1, b_2, \cdots, b_m)$, $i = 1, 2, \cdots, n$; $f_i^{(0)} = f[x_i, b_1^{(0)}, b_2^{(0)}, \cdots, b_m^{(0)}]$,它是各参数为初值 $b_j^{(0)}$ 时第 i 个样本的函数值; $\frac{\partial f_i}{\partial b_j}$ 是参数为 $b_j^{(0)}$ 时函数的各偏导数值; ε_i 为随机误差。

由式(5-25)得到误差方程,即:

$$\Delta y_i = \frac{\partial f_i}{\partial b_1} \Delta b_1 + \frac{\partial f_i}{\partial b_2} \Delta b_2 + \cdots + \frac{\partial f_i}{\partial b_m} \Delta b_m + \varepsilon_i \tag{5-26}$$

式中, $\Delta y_i = y_i - f_i^{(0)}$, $i = 1, 2, \cdots, n$。

把式(5-26)改写为矩阵形式,即:

$$\begin{bmatrix} \Delta y_1 \\ \Delta y_2 \\ \cdots \\ \Delta y_n \end{bmatrix} = \begin{bmatrix} \frac{\partial f_1}{\partial b_1} & \frac{\partial f_1}{\partial b_2} & \cdots & \frac{\partial f_1}{\partial b_m} \\ \frac{\partial f_2}{\partial b_1} & \frac{\partial f_2}{\partial b_2} & \cdots & \frac{\partial f_2}{\partial b_m} \\ \cdots & \cdots & \cdots & \cdots \\ \frac{\partial f_n}{\partial b_1} & \frac{\partial f_n}{\partial b_2} & \cdots & \frac{\partial f_n}{\partial b_m} \end{bmatrix} \begin{bmatrix} \Delta b_1 \\ \Delta b_2 \\ \cdots \\ \Delta b_m \end{bmatrix} + \begin{bmatrix} \varepsilon_1 \\ \varepsilon_2 \\ \cdots \\ \varepsilon_n \end{bmatrix} \tag{5-27}$$

按照最小二乘法,有 $\sum_{i=1}^{n} \varepsilon_i^2 = \min$。在误差平方和最小的目标函数下,最小二乘法的矩阵算法为：

$$\Delta y = F\Delta b \tag{5-28}$$

式中，$\Delta y = (\Delta y_1, \Delta y_2, \cdots, \Delta y_n)^T$；$\Delta b = (\Delta b_1, \Delta b_2, \cdots, \Delta b_m)^T$；$F = \left(\dfrac{\partial f_i}{\partial b_j}\right)_{n \times m}$。

式(5-28)的解为：

$$\Delta b = (F^T F)^{-1} F^T \Delta y \tag{5-29}$$

由式(5-29)求出各系数的增量 $\Delta b_1, \Delta b_2, \cdots, \Delta b_m$。将 Δb_j 代入式(5-24)可得各参数的新的估值 $b_j^{(1)} = b_j^{(0)} + \Delta b_j, j = 1, 2, \cdots, m$。以 $b_j^{(1)}$ 作为第二次迭代初值，重复以上步骤进行计算，直至收敛，得到满足精度要求的参数为止。

一般来说，非线性回归的运算量较大，而参数初值的选择对迭代收敛的速度有较大的影响。

5.3 主成分回归法

目前，主成分回归(principal component regression，PCR)被广泛用于可见－近红外光谱数据的统计分析及建模中。主成分回归方法的主要优点在于回归方程的数量可以远远小于自变量的数量。在光谱分析过程中，由于自变量的数目接近或大于样本数量，经常出现多重共线问题。特别是在高光谱数据分析中，波段的数目多达几百至几千个，而样本的数量很少，在这种情况下相邻波段光谱测量值之间的关联性很高。主成分回归可以利用全部光谱信息，将高度相关的波段归于一个独立变量中，提取为数不多的独立变量建立回归方程。该方法压缩了建模所需样本数并通过内部经验来防止模型过度拟合现象。

主成分回归分为两步：第一步，利用主成分分析法筛选回归显著的因子，获取一组分布与预测范围内的不存在共线性的向量值；第二步，用因变量和主成分进行回归，建立线性预测方程。

设光谱特征矩阵为 $X = (x_{ij})_{n \times p}$，表示自变量；向量 $Y = (y_j)_{n \times 1}$，代表一个因变量；其中，n 表示样本数，p 表示自变量的个数。根据矩阵 $X = (x_{ij})_{n \times p}$ 进行主成分分析，在确定 $m(m < p)$ 个主成分后(见 4.4.1 节)，计算出 m 个主成分的载荷矩阵 $L = (l_{kj})_{m \times p}$，其中 $l_{kj} = \sqrt{\lambda_k}\beta_{kj}, k = 1, 2, \cdots, m; j = 1, 2, \cdots, p$。然后利用下式计算第 i 样本各主成分的得分，即：

$$T_i = Lx_i^T = \begin{bmatrix} l_{11} & l_{12} & \cdots & l_{1p} \\ l_{21} & l_{22} & \cdots & l_{2p} \\ \cdots & \cdots & \cdots & \cdots \\ l_{m1} & l_{m2} & \cdots & l_{mp} \end{bmatrix} \begin{bmatrix} x_{i1} \\ x_{i2} \\ \vdots \\ x_{ip} \end{bmatrix} \tag{5-30}$$

由式(5-30)将标准化的矩阵 $X = (x_{ij})_{n \times p}$ 转化为得分矩阵 T，即：

$$T = \begin{bmatrix} t_{11} & t_{12} & \cdots & t_{1m} \\ t_{21} & t_{22} & \cdots & t_{2m} \\ \cdots & \cdots & \cdots & \cdots \\ t_{n1} & t_{n2} & \cdots & t_{nm} \end{bmatrix} \tag{5-31}$$

式中，t_{ik} 表示第 i 个样本的第 k 个主成分的得分，$i = 1, 2, \cdots, n; k = 1, 2, \cdots, m$。

然而，此时因变量 y 并没有起作用，主成分回归就是在主成分分析的基础上，将因变量 y 和 m 个重要主成分的得分 t 进行回归，建立多元回归方程 $y = f(t_1, t_2, \cdots, t_m)$。其求解方法同多元回归分析一样,具体方法见 5.2 节的内容。

主成分回归方程可用矩阵表示为:

$$Y = TB + E \tag{5-32}$$

式中,Y 表示因变量向量;T 表示得分矩阵;B 表示回归系数矩阵;E 表示残差。

回归系数矩阵 B 的最小二乘法解为:

$$B = (T^T T)^{-1} T^T Y \tag{5-33}$$

由于得分矩阵中各列相互正交,因此主成分回归克服了多元线性回归(MLR)所产生的严重共线问题。在最大程度利用光谱信息的同时,通过忽略那些次要成分,起到了抑制噪声的作用,进一步提高了模型的稳定性和可靠性。但其运算速度比多元线性回归(MLR)慢,且模型的变量(提取的主成分)失去了原有的物理含义。

在主成分分析中,对于模型建立至关重要的是最佳主成分数的选取。若主成分数过少,将会丢失一定量的有用信息,拟合不充分;若选取的主成分数过多,则会因为包含过多的噪声而出现过度拟合现象,使得模型的预测误差增大。因此,要合理选取最佳主成分数,以保证模型的有效性。一般要求主成分的累计贡献率在 85% ~ 95%。

Chang 等(2001)使用主成分回归分析将近红外光谱反射率与实测土壤成分数据相关联。结果表明,这种方法能够在短时间内同时评价多种主要土壤特性(如总碳、总氮、水分和颗粒大小)和次要土壤特性[如阳离子交换容量(CEC),可提取钙、钾和锰,呼吸速率和潜在可矿化氮]。其中,对于土壤总碳、总氮和水分含量,能够准确地进行评价。任红艳等(2010)将矿区土壤光谱标准正态变化后,再建立主成分回归预测模型,该模型可以用来预测土壤中重金属 As、Fe 的含量以及有机质含量,其模型的决定系数 R^2 分别为 0.74、0.75、0.71。

5.4　偏最小二乘法

偏最小二乘法(partial least squares regression,PLS)也是一种基于主成分分析的多变量建模方法。类似于主成分回归(PCR),对光谱矩阵 X 进行分解,去除其中无效的噪声干扰。同时,分解因变量矩阵 Y,消除其中的无用信息。在分解光谱矩阵 X 的同时考虑了因变量矩阵 Y 的影响,其实质是将矩阵的分解和回归并为一步。在每计算一个新主成分之前,将矩阵 X 的得分矩阵 T 与矩阵 Y 的得分矩阵 U 进行交换,使得 X 主成分直接与 Y 关联。这样就弥补了主成分回归(PCR)方法只对矩阵 X 进行分解的缺点。

偏最小二乘法(PLS)计算步骤如下:

(1)矩阵分解

对光谱特征矩阵 $X = (x_{ij})_{n \times p}$ 和研究对象的属性值矩阵 $Y = (y_{ik})_{n \times m}$ 进行分解,其模型为:

$$X = TP + E \tag{5-34}$$

$$Y = UQ + F \tag{5-35}$$

式中,T 是矩阵 X 的 n 行 d 列(d 为提取的主成分个数)得分矩阵;U 是矩阵 Y 的 n 行 d 列得分矩阵;P 是矩阵 X 的 $d \times p$ 阶载荷矩阵;Q 是矩阵 Y 的 $d \times m$ 阶载荷矩阵;E 是矩阵 X 的 PLS 拟合残差 $n \times p$ 阶矩阵;F 是矩阵 Y 的 PLS 拟合残差 $n \times m$ 阶矩阵。

根据前述的主成分分析算法可完成矩阵 X 和矩阵 Y 的分解。

(2)T 和 U 线性回归

在获取得分矩阵 T 和 U 之后,对 T 和 U 作线性回归,其模型为:

$$U = TB + E_d \tag{5-36}$$

$$B = (T^TT)^{-1}T^TU \tag{5-37}$$

式中，B 为 $d \times d$ 阶对角回归系数矩阵；E_d 为随机误差矩阵。

根据最小二乘法可建立 T 和 U 的线性回归关系，即 $U = TB$。

（3）待测样本的预测

将 $U = TB$ 代入式（5-35），则 $Y = TBQ$。在预测时，首先根据 P 求出待预测样本光谱特征矩阵 $X_{未知}$ 的得分矩阵 $T_{未知}$，然后求得其属性值的预测值为：

$$Y_{未知} = T_{未知}BQ \tag{5-38}$$

在 PLS 算法中主成分数 d 的确定一般采用交叉验证法（每次留一个样本作为检验样本），可根据预测误差平方和的变化（先从大到小、后从小到大的一般变化）及精度指标来确定最佳的主成分数 d。

偏最小二乘法在应用中显示出了其独特的优越性，体现在以下方面。

①灵活地使用光谱数据，可以根据需要使用全部或部分光谱数据而达到很好的建模效果。

②将光谱特征矢量与被测属性值相关，即把数据分解与回归同时进行，有效地融合在一起。

③适用于处理样本数量少、但变量相对较多的问题。

④PLS 算法是多元线性回归和主成分分析的完美结合，显著提高了模型的预测能力。

当然，偏最小二乘法也有其弱点和局限性，在某些情况下的回归结果并不理想。首先，它对奇异点不具有稳健性，一两个奇异点的存在，就可以严重改变回归的结果。其次，从偏最小二乘法运算的过程所提取的成分并不都是理想的，其中就有一种成分，它的协方差较大，主要原因是自变量系统中混入了较多的异常影响，从而造成其方差较大，但该成分对响应变量的解释能力却不强。

刘磊等（2011）在对江西红壤采集的光谱数据进行两种变换后，分别运用多元线性逐步回归和偏最小二乘法建立相应的有机质预测模型，结果发现偏最小二乘法要优于多元线性逐步回归。程街亮等（2008）和陈鹏飞等（2008）利用偏最小二乘法分别建立了土壤有机质和土壤 N、P 含量的高光谱预测模型，用检验样本对模型进行验证，预测相关系数分别达到了 0.7937（有机质）和 0.9698（N）、0.8307（P）。

5.5 模式识别法

模式是供模仿用的理想样本。所谓模式识别，是指从待识别对象中识别出哪些对象与已知模式相同或相近。在日常生活中，人们经常用感官来识别图形、文字、语言等。在科学技术中，通过气象卫星资料的分析和处理，对未来天气属于何种类型作出预报；医生通过病情分析，对病人所患病情作出判断；地质工作者通过对地质资料的分析，对矿藏分布情况作出判断；遥感工作者通过对图像资料的分析，对地物类型作出判断或对作物长势、营养、产量等作出科学评估，等等。这些工作的共同特点是给出了各种已知模式，识别给定的对象属于哪一种类型，这就是模式识别。

人工智能是当今世界信息革命的主流，可以认为模式识别是人工智能的重要组成部分之一。由于客观事物的特征往往带有不同程度的不确定性，即随机性、模糊性和灰色性，因此随机数学、模糊数学和灰色数学成为模式识别理论基础的重要组成部分（李希灿，2017）。模式识别方法有许多,本节主要介绍模糊模式识别和灰色关联识别方法。

5.5.1 模糊模式识别

普通集合表示有明确外延的即"非此即彼"的清晰概念,它的特征函数仅取 0,1 两个值。$\mu_A(x) = 1$ 表示 $x \in A$,即对象 x 符合集合 A 表示的概念;$\mu_A(x) = 0$ 表明 $x \bar{\in} A$,对象 x 不符合 A 表示的概念。元素与集合之间的关系是截然分明的,因此也称普通集合为"硬集"。但是,现实生活中存在着大量没有明确外延的即"亦此亦彼"的模糊概念。例如,以人的集合 U 为论域,"年轻人""老年人"是没有明确外延的模糊概念。对于这种具有"亦此亦彼"特性的概念,用普通集合去刻画是很困难的。为此,我们必须引入新的数学思想。

对于一个模糊概念,虽然不能确切判定某个对象符合这个概念,但可以说某个对象在多大程度上符合这个概念。1965 年美国自动控制论专家 L. A. Zadeh 教授提出了模糊集合的定义,他提出将特征函数拓广为隶属函数,将特征函数值域 $\{0,1\}$ 拓广为区间 $[0,1]$,用 $[0,1]$ 中的数来表示对象对模糊概念相符合的程度。

模糊数学是精确描述模糊现象的数学学科。以模糊数学为基础的模式识别方法称为模糊模式识别。它又可分为基于最大隶属原则的模糊识别方法和基于择近原则的模糊识别方法。

5.5.1.1 贴近度与择近原则

贴近度是一种度量两个模糊之间接近程度的综合指标。若映射:

$$\sigma : F(U) \times F(U) \rightarrow [0,1]$$
$$(\underset{\sim}{A}, \underset{\sim}{B}) \rightarrow \sigma(\underset{\sim}{A}, \underset{\sim}{B}) \qquad (5-39)$$

称为贴近度,如果满足条件:

① $\sigma(\underset{\sim}{A}, \underset{\sim}{A}) = 1$;

② $\sigma(\underset{\sim}{\phi}, \underset{\sim}{U}) = 0$;

③ $\sigma(\underset{\sim}{A}, \underset{\sim}{B}) = \sigma(\underset{\sim}{B}, \underset{\sim}{A})$;

④ $\underset{\sim}{A} \subset \underset{\sim}{B} \subset \underset{\sim}{C} \Rightarrow \sigma(\underset{\sim}{A}, \underset{\sim}{C}) \leqslant \sigma(\underset{\sim}{A}, \underset{\sim}{B}) \wedge \sigma(\underset{\sim}{B}, \underset{\sim}{C})$。

对于有限论域,设 $\underset{\sim}{A}, \underset{\sim}{B}$ 是有限论域上的两个模糊向量,即:

$$\underset{\sim}{A} = (a_1, a_2, \cdots, a_n)$$
$$\underset{\sim}{B} = (b_1, b_2, \cdots, b_n)$$

其中,$0 \leqslant a_i \leqslant 1, 0 \leqslant b_i \leqslant 1, i = 1, 2, \cdots, n$。下面给出几个贴近度的定义。

① 记 $d(\underset{\sim}{A}, \underset{\sim}{B}) = (\sum_{i=1}^{n} |a_i - b_i|^p)^{\frac{1}{p}}, p \geqslant 1$,称:

$$\sigma(\underset{\sim}{A}, \underset{\sim}{B}) = 1 - c(d(\underset{\sim}{A}, \underset{\sim}{B}))^{\alpha} \qquad (5-40)$$

为 $\underset{\sim}{A}, \underset{\sim}{B}$ 的闵可夫斯基(Minkowski)距离贴近度,其中 c, a 是两个适当选择的参数。

取 $c = \frac{1}{n}, \alpha = p = 1$ 时:

$$\sigma(\underset{\sim}{A}, \underset{\sim}{B}) = 1 - \frac{1}{n} \sum_{i=1}^{n} |a_i - b_i| \qquad (5-41)$$

称为 $\underset{\sim}{A}, \underset{\sim}{B}$ 的海明(Hamming)距离贴近度。

若 $c = \dfrac{1}{n}, \alpha = 1, p = 2$ 时：

$$\sigma(\underset{\sim}{A}, \underset{\sim}{B}) = 1 - \frac{1}{n}\sqrt{\sum_{i=1}^{n}(a_i - b_i)^2} \tag{5-42}$$

称为 $\underset{\sim}{A}, \underset{\sim}{B}$ 的欧氏距离贴近度。

②若

$$\sigma(\underset{\sim}{A}, \underset{\sim}{B}) = \frac{\sum\limits_{i=1}^{n}(a_i \wedge b_i)}{\sum\limits_{i=1}^{n}(a_i \vee b_i)} \tag{5-43}$$

它表示 U 上所有 n 维模糊向量的一个贴近度。

③若

$$\sigma(\underset{\sim}{A}, \underset{\sim}{B}) = \frac{2\sum\limits_{i=1}^{n}(a_i \wedge b_i)}{\sum\limits_{i=1}^{n}(a_i + b_i)} \tag{5-44}$$

称为 U 上的所有 n 维模糊向量的一个贴近度。

④若

$$\sigma(\underset{\sim}{A}, \underset{\sim}{B}) = \frac{1}{n}\sum_{i=1}^{n}p_i, \begin{cases} p_i = \dfrac{b_i}{a_i}; & a_i \geqslant b_i > 0 \\[2mm] p_i = 1 & a_i = b_i = 0 \\[2mm] p_i = \dfrac{a_i}{b_i}; & a_i < b_i < 1 \end{cases} \tag{5-45}$$

称为 U 上的所有 n 维模糊向量的一个贴近度。

以上几种贴近度可以验证它们满足贴近度定义的条件。关于贴近度的定义还有许多，请参见有关文献。顺便指出，在实际应用中要根据具体情况选用不同的贴近度，也可以构造出新的满足实际需要的贴近度计算公式。

若已知 $\underset{\sim}{A} = (0.7, 0.8, 0.4, 0.2), \underset{\sim}{B} = (0.6, 0.9, 0.5, 0.3)$，则按式(5-41)计算得：

$$\sigma(\underset{\sim}{A}, \underset{\sim}{B}) = 1 - \frac{1}{4}(|\,0.7 - 0.6\,| + |\,0.8 - 0.9\,| + |\,0.4 - 0.5\,| + |\,0.2 - 0.3\,|)$$

$$= 1 - \frac{1}{4}(0.1 + 0.1 + 0.1 + 0.1) = 0.9$$

按式(5-42)计算得 $\sigma(\underset{\sim}{A}, \underset{\sim}{B}) = 0.95$；按式(5-43)计算得 $\sigma(\underset{\sim}{A}, \underset{\sim}{B}) = 0.833$；按式(5-44)计算得 $\sigma(\underset{\sim}{A}, \underset{\sim}{B}) = 0.909$；按式(5-45)计算得 $\sigma(\underset{\sim}{A}, \underset{\sim}{B}) = 0.803$。可见，计算方法不同，贴近度的值也不同，但不会影响实际应用。这是因为模糊模式识别是以一种方法计算的贴近度序列的最大值作为判别依据。

在模糊模式识别中有这样一类问题，被识别的对象也是一个模糊集，要识别它与模型库中 n 个模糊集之间的关系，在这种情形下必须采用择近原则。

择近原则：设 $\underset{\sim}{A_1}, \underset{\sim}{A_2}, \cdots, \underset{\sim}{A_n} \in F(U)$ 为 n 个标准模式，$\underset{\sim}{B} \in F(U)$ 是待识别对象。若存在下标

$i \in \{1,2,\cdots,n\}$,使得A_i满足条件:

$$\sigma(A_i,B) = \max\{\sigma(A_1,B),\sigma(A_2,B),\cdots,\sigma(A_n,B)\} \tag{5-46}$$

则可认为B与A_i靠近。

如果这样的i值不唯一,可选另一种贴近度进行识别,力求得到唯一结果。

5.5.1.2 模糊模式识别方法

由于影响因素的复杂性,往往使测量的光谱数据及研究对象的属性数据存在不确定性,从而导致提取的光谱特征与研究对象的属性间的相关性不高,造成基于回归分析方法的建模估测精度较低。在这种情况下,对相关性没有特殊要求的模糊模式识别方法是一种比较适宜的方法。若已知模式库中的模式数量足够大且其代表性较强,则一定能够找到与待识别对象最接近的模式。基于模糊模式识别的高光谱定量估测方法如下:

①根据光谱分析提取光谱特征,建立模式库。设模式库中有n个已知模式,每个模式有m个光谱特征,则用特征指标矩阵表示为$X = (x_{ij})_{m \times n}$, $i = 1,2,\cdots,m; j = 1,2,\cdots,n$。

②对已知模式的光谱特征进行规格化处理。采用区间化等方法,将n个已知模式的光谱特征转化为$[0,1]$区间内的数,即将特征指标矩阵$X = (x_{ij})_{m \times n}$转化为模糊矩阵$R = (r_{ij})_{m \times n}$, $0 \le r_{ij} \le 1$。

③确定待识别对象。设待识别对象q的光谱特征值向量为$X_q = (x_{iq})_{m \times 1}$;将其转化为模糊向量$R_q = (r_{iq})_{m \times 1}$, $0 \le r_{iq} \le 1$。

④计算贴近度。利用上述计算贴近度的公式,分别计算出待识别对象q与n个已知模式的贴近度,即$\sigma = \{\sigma_{1q},\sigma_{2q},\cdots,\sigma_{nq}\}$。

⑤识别决策。若$\sigma_{kq} = \max\{\sigma_{1q},\sigma_{2q},\cdots,\sigma_{nq}\}$,则按择近原则判定待识别对象$q$与第$k$个已知模式最接近。若第$k$个已知模式的属性值为$y_k$,则令待识别对象$q$的属性值的估测值$\hat{y}_q = y_k$。

显然,高光谱定量估测的模糊模式识别方法简单易行。在实际应用中,要想提高估测精度应注意两点:一是除合理选择光谱特征外,要确保已知模式的数量足够大,且它们具有较强的代表性;二是不断改进贴近度计算方法,能够在有限的模式中识别出最理想的对应模式。

于涛等(2013)利用陕西省横山区的实测光谱数据,采用对数的一阶微分变换方法对土样的高光谱数据进行处理,通过单相关分析提取反演因子,利用成因分析法确定反演因子权重,分别采用最大最小法贴近度、加权海明距离贴近度和加权欧式距离贴近度,建立土壤有机质含量高光谱估测模型,然后对比分析其精度。实验结果表明,加权欧式距离贴近度模型的平均相对误差为7.04%,优于最大最小法贴近度模型和加权海明距离贴近度模型。考虑影响因素的复杂性以及土壤有机质含量随时间的动态变化,李西灿等(2014)提出一种带有优化系数的模糊模式识别模型,并用于土壤有机质含量区间值高光谱估测。结果表明,模型优化系数可调节类别判别的准确度,12个检验样本土壤有机质含量区间值的估测准确度为91.67%。

5.5.2 灰色关联模式识别

灰色系统理论由中国学者邓聚龙教授于1982年创立,是一种研究小数据、贫信息不确定性问题的新方法。该理论以"部分信息已知,部分信息未知"的"小数据""贫信息"不确定性系统为研究对象,主要通过对"部分"已知信息的挖掘,提取有价值的信息,实现对系统运行行为、演化规律的正确描述和有效控制(刘思峰,2018)。

灰色系统理论经过 30 多年的发展,现已基本建立起一门新兴学科的结构体系。其主要内容包括:灰数运算与灰色代数系统、灰色方程、灰色矩阵等灰色系统的基础理论;序列算子和灰色信息挖掘方法;用于系统诊断、分析的系列灰色关联分析模型;用于解决系统要素和对象分类问题的多种灰色聚类评估模型;系列灰色预测模型(GM)和灰色系统预测方法和技术;主要用于方案评价和选择的灰靶决策及多目标加权灰靶决策模型,以及以多方法融合创新为特色的灰色组合预测模型等。

目前,灰色系统理论在经济、农业、医疗、生态、气象、政法、历史、教育、交通、运输、管理、军事、工业控制等领域的应用日益广泛,其中灰色预测、灰色关联分析的研究及其应用最为活跃。灰色关联分析法是对系统中各因素间关联程度的比较,通过对系统动态发展变化态势进行量化比较分析,反映各因素间的接近次序和空间分布规律。灰色关联度用来衡量因素之间关联程度大小,其数值越大,关联程度越强。

5.5.2.1 灰色关联度及其计算方法

灰色关联度是一种度量影响因素序列间关联性程度的综合指标。关联性实质上是反映曲线几何形状的差别,因此将以曲线间差值的大小作为关联程度的衡量尺度。下面介绍几种灰色关联度的计算方法。

(1)邓氏灰色关联度

设 $X_0 = [x_0(1), x_0(2), \cdots, x_0(n)]$ 为系统特征行为序列,且 $X_i = [x_i(1), x_i(2), \cdots, x_i(n)]$ 为相关因素时间序列,$i = 1, 2, \cdots, m; k = 1, 2, \cdots, n$。对于 $\xi \in (0,1)$,令:

$$\gamma(x_0(k), x_i(k)) = \frac{\min\limits_i \min\limits_k |x_0(k) - x_i(k)| + \xi \max\limits_i \max\limits_k |x_0(k) - x_i(k)|}{|x_0(k) - x_i(k)| + \xi \max\limits_i \max\limits_k |x_0(k) - x_i(k)|} \quad (5\text{-}47)$$

$$\gamma(X_0, X_i) = \frac{1}{n} \sum_{k=1}^{n} \gamma_i(x_0(k), x_i(k)) \quad (5\text{-}48)$$

则称 $\gamma(X_0, X_i)$ 为 X_0 与 X_i 的灰色关联度,其中 ξ 称为分辨系数,一般取 $\xi = 0.5$。

式(5-47)中,$\min\limits_i \min\limits_k |x_0(k) - x_i(k)|$、$\max\limits_i \max\limits_k |x_0(k) - x_i(k)|$ 分别为两级最小、最大指标差值。k 点关联系数 $\gamma(x_0(k), x_i(k))$ 常简记为 $\gamma_{0i}(k)$,灰色关联度 $\gamma(X_0, X_i)$ 简记为 γ_{0i}。

由式(5-48)可见,灰色关联度 γ_{0i} 就是 X_0 与 X_i 关于 n 个点(时刻)关联系数的平均值,且 $\gamma_{0i} \in (0, 1]$。若各点的权重不同,且 $\sum\limits_{k=1}^{n} w_k = 1$,则式(5-48)改写为:

$$\gamma_{0i} = \sum_{k=1}^{n} w_k \gamma_{0i}(k) \quad (5\text{-}49)$$

系统特征行为序列简称为参考数列,相关因素时间序列简称为比较序列。由式(5-47)、式(5-48)可计算出每个比较序列与参考数列的关联度,即:

$$\gamma = (\gamma_{01}, \gamma_{02}, \cdots, \gamma_{0i}, \cdots, \gamma_{0m}) \quad (5\text{-}50)$$

由式(5-50),对关联度进行由大到小的排序,可得到 m 个相关因素对系统特征行为作用程度的关联序列,从而确定对系统特征行为影响的主要因素,用于指导实际工作。这是提出灰色关联度的基本出发点,为分析“小数据”“贫信息”不确定性系统运行行为提供了重要理论基础。

随着研究的深入,学者们相继提出了多种灰色关联度的计算模型,如灰色绝对关联度、灰色相对关联度、灰色综合关联度、相似关联度、接近关联度、斜率关联度、T 型关联度等(刘思峰,2018)。但灰色关联度模型的构建要充分考虑规范性、偶对称性、整体性和接近性,不能仅体现"两两比较"的思想,应体现灰色关联度的总体性特征(肖新平,2005)。

(2)灰色绝对关联度

灰色绝对关联度是利用在系统行为数据序列(曲线)始点零化后与坐标系横轴围成的面积构建的一种灰色关联度模型,其应用较为广泛。所谓始点零化是指系统行为数据序列中各点(时刻)的数值均减去第一个数值,即数据序列作平移变换,第一个数值化为零。

设 $X_0 = (x_0(1), x_0(2), \cdots, x_0(n))$ 为系统特征行为序列,且 $X_i = (x_i(1), x_i(2), \cdots, x_i(n))$ 为相关因素时间序列,$i = 1, 2, \cdots, m; k = 1, 2, \cdots, n$。则称:

$$\varepsilon_{0i} = \frac{1 + |s_0| + |s_i|}{1 + |s_0| + |s_i| + |s_i - s_0|} \tag{5-51}$$

为 X_0 与 X_i 的灰色绝对关联度,简称绝对关联度(刘思峰,1991)。其中:

$$|s_0| = \left| \int_1^n (x_0(t) - x_0(1)) \mathrm{d}t \right| = \left| \sum_{k=2}^{n-1} x_0(k) + \frac{1}{2} x_0(n) \right| \tag{5-52}$$

$$|s_i| = \left| \int_1^n (x_i(t) - x_i(1)) \mathrm{d}t \right| = \left| \sum_{k=2}^{n-1} x_i(k) + \frac{1}{2} x_i(n) \right| \tag{5-53}$$

$$|s_i - s_0| = \left| \sum_{k=2}^{n-1} (x_i(k) - x_0(k)) + \frac{1}{2} (x_i(n) - x_0(n)) \right| \tag{5-54}$$

这里仅给出长度相同序列的灰色绝对关联度的定义,对于长度不同的序列,可采用内插的方法补齐较短序列的不足数据等措施,使之化成长度相同的序列。由式(5-51)可见,灰色绝对关联度仅与系统行为数据序列(曲线)始点零化后与坐标系横轴围成的面积有关,因此灰色绝对关联度可用于长度不同序列间的关联性分析。

灰色绝对关联度 ε_{0i} 只与 X_0 和 X_i 的几何形状有关,而与其空间相对位置无关,即平移不改变绝对关联度的值。

设某一系统特征行为序列和5个相关因素时间序列分别为:

$$X_0 = (170, 174, 197, 216.4, 235.8)$$
$$X_1 = (308.58, 310, 295, 346, 367)$$
$$X_2 = (195.4, 189.9, 187.2, 205, 222.7)$$
$$X_3 = (24.6, 21, 12.2, 15.1, 14.57)$$
$$X_4 = (20, 25.6, 23.3, 29.2, 30)$$
$$X_5 = (18.98, 19, 22.3, 23.5, 27.655)$$

在对各数据序列进行始点零化处理后,利用式(5-51)计算的灰色绝对关联度分别为

$$\varepsilon_{01} = 0.748, \varepsilon_{02} = 0.545, \varepsilon_{03} = 0.502, \varepsilon_{04} = 0.606, \varepsilon_{05} = 0.557$$

若再计算始点零化的各数据序列 X_i 相对 X_0 的指标差,则利用式(5-48)计算的邓氏灰色关联度分别为:

$$\gamma_{01} = 0.813, \gamma_{02} = 0.664, \gamma_{03} = 0.612, \gamma_{04} = 0.697, \gamma_{05} = 0.679$$

可见,利用两种方法计算的关联度数值不同,但相关因素的关联序相同,即各因素对系统特征行为作用大小的先后次序为:$X_1 > X_4 > X_5 > X_2 > X_3$。

(3)指标加权灰色关联度

灰色关联分析方法除用于分析系统特征行为的影响因素关联性外,还可用于待识别样本与已知模式的关联性分析。对于非时间序列的指标数据,下面给出一种指标加权的灰色关联

度计算模型。

设 $X_0 = (x_0(1), x_0(2), \cdots, x_0(m))$ 为待识别样本，$X_i = (x_i(1), x_i(2), \cdots, x_i(m))$ 为已知模式，$i = 1, 2, \cdots, n; k = 1, 2, \cdots, m$。对于 $\xi \in (0, 1)$，令：

$$\gamma_{0i}(k) = \frac{\min\limits_i \min\limits_k |w_k(x_0(k) - x_i(k))| + \xi \max\limits_i \max\limits_k |w_i(x_0(k) - x_i(k))|}{|w_i(x_0(k) - x_i(k))| + \xi \max\limits_i \max\limits_k |w_i(x_0(k) - x_i(k))|} \tag{5-55}$$

$$\gamma_{0i} = \frac{1}{m} \sum_{k=1}^{m} \gamma_{0i}(k) \tag{5-56}$$

则称 γ_{0i} 为待识别样本 X_0 与已知模式 X_i 的加权灰色关联度。一般取 $\xi = 0.5$。

（4）灰色加权距离关联度

设 $X_0 = (x_0(1), x_0(2), \cdots, x_0(m))$ 为待识别样本，$X_i = (x_i(1), x_i(2), \cdots, x_i(m))$ 为已知模式，$i = 1, 2, \cdots, n; k = 1, 2, \cdots, m$。令：

$$\gamma_{0i} = \frac{1}{1 + 2d_{0i}} \tag{5-57}$$

则称 γ_{0i} 为待识别样本 X_0 与已知模式 X_i 的灰色加权距离关联度。其中：

$$d_{0i} = \left\{ \sum_{k=1}^{m} |w_i(x_i(k) - x_0(k))|^p \right\}^{\frac{1}{p}} \tag{5-58}$$

称为待识别样本 X_0 与已知模式 X_i 间的灰色加权距离，且 $0 \leqslant d_{0i} \leqslant 1$。$p$ 为距离参数，一般取 $p = 1$ 或 $p = 2$。

根据灰色关联度定义的基本思想，结合实际应用问题，学者们提出了许多改进的灰色关联度模型，在此不再赘述，请参考相关文献。

5.5.2.2　灰色关联模式识别方法

灰色关联度主要用于系统特征行为的影响因素分析和优势分析，此外还可用于模式识别和预测（Li Xican, 2007）。基于灰色关联度模式识别的高光谱定量估测方法如下：

①根据光谱分析提取光谱特征，建立模式库。设模式库中有 n 个已知模式，每个模式有 m 个光谱特征，则用特征指标矩阵表示为 $X = (x_{ij})_{m \times n}$，$i = 1, 2, \cdots, m; j = 1, 2, \cdots, n$。

②对已知模式的光谱特征进行规格化处理。采用区间化等方法，将 n 个已知模式的光谱特征转化为 $[0, 1]$ 区间内的数，即将特征指标矩阵 $X = (x_{ij})_{m \times n}$ 转化为标准化矩阵 $R = (r_{ij})_{m \times n}, 0 \leqslant r_{ij} \leqslant 1$。

③确定待识别对象。设待识别对象 q 的光谱特征值向量为 $X_q = (x_{iq})_{m \times 1}$；将其转化为标准化向量 $R_q = (r_{iq})_{m \times 1}, 0 \leqslant r_{iq} \leqslant 1$。

④计算灰色关联度。利用上述计算灰色关联度的公式，分别计算出待识别对象 q 与 n 个已知模式的灰色关联度，即 $\gamma = \{\gamma_{1q}, \gamma_{2q}, \cdots, \gamma_{nq}\}$。

⑤识别决策。若 $\gamma_{kq} = \max\{\gamma_{1q}, \gamma_{2q}, \cdots, \gamma_{nq}\}$，则按最大关联原则判定待识别对象 q 与第 k 个已知模式最接近。若第 k 个已知模式的属性值为 y_k，则令待识别对象 q 的属性值的估测值 $\hat{y}_q = y_k$。

在高光谱分析应用方面，目前灰色关联度已被用于选择敏感波段和定量估测。李西灿等（2012）基于灰色关联模式识别方法进行土壤有机质含量高光谱估测，为充分利用多个极大关联度的信息，提出一种计算土壤有机质含量光谱估测值的加权模型，有效提高了估测精度。

灰色关联识别的精度与模式数量有关，在模式数量无限即模式库囊括所有模式时，待识别样本能够被准确识别;而在模式数量有限的情况下,灰色关联度将待识别样本识别为与其最接近的模式。由于客观条件的制约,模式库中的标准模式数量不可能无限增多,利用灰色关联度进行模式识别时不可避免地存在误差,对识别精度产生一定影响。因此,李明亮等(2016)在灰色关联度模式识别的基础上,考虑待识别样本与其最接近模式之间的自变量和因变量差异性,对差值数据再次进行数据挖掘,建立修正模型,对灰色关联度识别出的模式进行修正,建立了一种具有残差修正的灰色关联估测模式,并用于土壤有机质、含水量高光谱估测,均取得了较为满意的结果。为充分利用待识别样本与其最接近模式之间的自变量和关联度的差异信息,Miao Chuanhong等(2018)进一步提出另一种灰色关联识别估测的修正模型,并有效提高了土壤 pH 值的高光谱估测精度。

5.6　人工神经网络法

人工神经网络(artificial neural networks,ANN),有时也称为神经网络,是在现代生物学研究人脑组织所取得成果的基础上提出来的,它利用由大量简单的处理单元广泛连接而组成的复杂网络,来模拟大脑的神经网络结构和行为,如记忆、联想、学习和归纳等功能。人工神经网络介于常规计算机和人脑之间:一方面,人工神经网络试图模拟人脑的功能;另一方面,许多现实技术又是常规的,从而能够用计算机来实现人脑的某些功能,解决许多常规计算机难以解决的问题,开辟了一条信息处理的新途径。人工神经网络具有学习、记忆、概括、归纳和提取等人脑功能的基本特征,克服了以前人工智能领域普遍采用的基于逻辑和符号处理的理论与方法的局限性,从而为人工智能研究开辟了新途径。

神经网络的发展过程大体可分为 4 个阶段,在其经历启蒙时期(1945～1965 年)、低潮时期(1966～1980 年)和复兴时期(1981～2005 年)之后,进入了第四阶段即深度学习阶段。2006 年,Hinton 提出的深度学习,是机器学习的一个新方法,也是神经网络的最新发展。深度学习算法打破了传统神经网络对层数的限制,可根据设计者需要选择网络层数,构建含多隐含层的机器学习框架模型,对大规模数据进行训练,从而得到更有代表性的特征信息。神经网络的研究可分为理论研究和应用研究两个方面。

(1)理论研究

①以神经生理与认知科学为基础,对人类思维以及智能机理进行研究。

②借鉴神经基础理论的研究成果,运用数理方法,深入研究网络算法,提高稳定性、收敛性、容错性、鲁棒性等方面的性能,发展新的网络数理理论,如神经网络动力学、非线性神经场等,并且尝试构建功能上更加完善、性能上更具优越性的神经网络模型。

(2)应用研究

①对神经网络的硬件实现和软件模拟的研究。

②神经网络在模式识别、信号处理、专家系统、优化组合、知识工程、机器人控制和预测等领域的应用研究(牟少敏,2018)。

下面主要介绍人工神经网络的基本概念、特点、结构和几个常用的模型。

5.6.1　神经网络基础

(1)生物神经元

在介绍人工神经元之前,首先以人脑神经元为例介绍生物神经元的结构及特点。人脑中大约有 1000 亿个神经元。神经元主要由树突、细胞体、轴突和突触组成,基本结构如图 5-2 所示。树突的作用是接受信息,细胞体的作用是对接受的信息进行处理,轴突的作用是发出信息。一个神经元的轴突末端与另外一个神经元的树突紧密接触形成的部分构成突触,用于保证信息的单向传递。

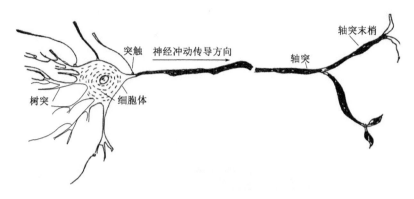

图 5-2　生物神经元结构图

（2）人工神经网络结构

人工神经元是受人脑神经元结构的启发而提出的,结构如图 5-3 所示,一个神经元结构由输入向量、激活函数及输出向量三部分组成。输入向量 $X = \{x_0, x_1, \cdots, x_n\}$ 与对应的权值向量 $W = \{w_0, w_1, \cdots, w_n\}$ 分别相乘再求和作为输入值 $\sum\limits_{i=0}^{n} x_i w_i$,在激活函数的作用下输出对应的 $f(\sum\limits_{i=0}^{n} x_i w_i + b)$,其中 b 为激活函数的阈值。

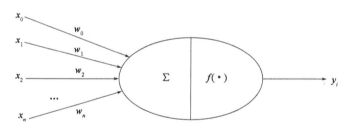

图 5-3　人工神经元结构图

（3）常见激活函数（activation function）

神经网络由大量的神经元连接组成,每个神经元代表一种特定的输出函数,称为激活函数。激活函数不是要在神经网络中发挥某种激活作用,而是通过某种函数的形式把生物神经元中"激活的神经元特征"保留并映射出来。激活函数具有可微性、单调性和输出范围有限等特点。

常用的激活函数主要有线性函数、斜面函数、阈值函数、Sigmoid 函数、双曲正切函数以及 ReLU 函数。下面重点介绍三种常用的函数。

① Sigmoid 函数。Sigmoid 函数又称为 S 形曲线,是一种常用的非线性激活函数,数学表达式为:

$$f(x) = \frac{1}{1 + e^{-x}} \tag{5-59}$$

Sigmoid 函数图形如图 5-4 所示。

由图 5-4 可见,Sigmoid 函数是一个连续、光滑且严格单调的阈值函数,可将输入的实值映射到 0 ~ 1 的范围内,当输入值趋向于负无穷时映射结果为 0,当输入值趋向于正无穷时映射结果为 1。但 Sigmoid 函数也存在缺点,具体表现为 Sigmoid 函数有易饱和性,当输入值非常大或非常小时,神经元梯度几乎接近 0。

② Tanh 函数。Tanh 函数是双曲正切函数,是一种常用的非线性激活函数,数学表达式为:

$$f(x) = \frac{e^x - e^{-x}}{e^x + e^{-x}} \tag{5-60}$$

Tanh 函数图形如图 5-5 所示。

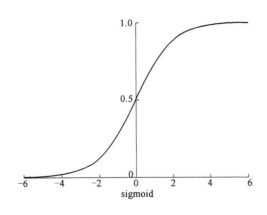

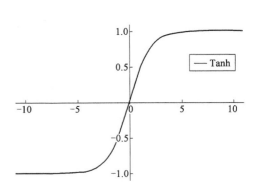

图 5-4　Sigmoid 函数曲线　　　　　　　　　　图 5-5　Tanh 函数曲线

由图 5-5 可见,Tanh 函数与 Sigmoid 函数类似,是 Sigmoid 函数的变形,不同的是 Tanh 函数把实值的输入映射到 [− 1,1] 的范围。Tanh 函数解决了上述 Sigmoid 函数的第二个缺点,因此实际中 Tanh 函数比 Sigmoid 函数更常用。Tanh 函数的缺点是存在梯度饱和的问题。

③ ReLU 函数。近年来,ReLU 函数越来越受欢迎,数学表达式为:

$$f(x) = \max(0,x) \tag{5-61}$$

ReLU 函数图像如图 5-6 所示。

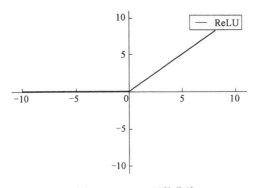

图 5- 6　ReLU 函数曲线

由图 5-6 可知,当输入信号小于 0 时,输出为 0;当输入信号大于 0 时,输入与输出相等。ReLU 函数的优点是:

① 相比于 Sigmoid 函数和 Tanh 函数,收敛速度较快,且梯度不会饱和;

② 计算复杂度较低,只需要一个阈值即可得到输出。

缺点是:当输入小于 0 时,梯度为 0,会导致负的梯度被置零而不被激活。

(4) 神经网络的结构与类型

目前为止,已有 40 多种人工神经网络模型被开发和应用,如感知机、反向网络、自组织映射、Hopfield 网络等。根据网络中神经元的互联方式,可分为前馈型神经网络、反馈型神经网络、层内互连前向网络以及互联网络,下面依次介绍几种常见的网络结构。

① 前馈型神经网络。前馈型神经网络的结构如图 5-7 所示,主要包括输入层、隐含层和

输出层。网络中的神经元分层排列,层内神经元无连接,而层间神经元有连接,在这种网络结构下,信息由输入单元经过隐含层到达输出单元,传导方向始终一致,无反馈。因此前馈型神经网络对每个输入信息是同等对待或等权处理的。典型的前馈型神经网络是 BP 神经网络。

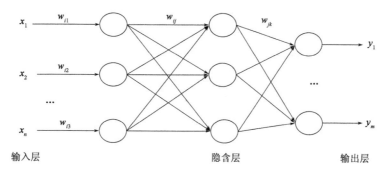

图 5-7 前馈型神经网络

② 反馈型神经网络。反馈型神经网络的结构如图 5-8 所示。由结构图可见,反馈型神经网络与前馈型神经网络的结构大体一致,不同的是,反馈型神经网络在前馈型神经网络的基础上加入了输出到输入的反馈机制,将最后一层的神经元中自身的输出信号作为输入信号反馈给前层其他神经元。典型的反馈型神经网络是 Hopfield 神经网络。

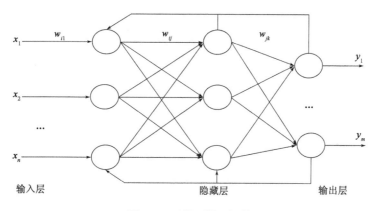

图 5-8 反馈型神经网络

③ 层内互连前向网络。层内互连前向网络是在前馈型神经网络的基础上,将层内神经元相互连接,通过限制层内可以同时被激活的神经元数量,或将层内神经元以分组的形式进行集体激活,从而实现同一层神经元之间横向兴奋或抑制的机制。

④ 互联网络。互联网络分为全互连和局部互连两种。全互联网络中,每个神经元都与其他神经元相连;局部互连网络中,有些神经元之间没有连接关系,互连是局部的。互联网络的特点是,能够对同等地位信息之间的强弱关系进行区分。

(5)神经网络的工作方式

神经网络运作过程分为学习和工作两个阶段。

① 神经网络的学习阶段。神经网络的学习阶段是指通过使用学习算法来调整神经元间的连接权值,使得网络输出更符合实际需求的状态。

② 神经网络的工作阶段。神经网络的工作阶段是指在神经元间的连接权值不变的情况下,神经网络作为分类器、预测器等被使用。

（6）神经网络的学习规则

神经网络的学习规则就是修正权值和偏置值的过程和方法，分为有监督学习、无监督学习和增强学习。常见的学习规则主要有 Hebb 学习规则、误差修正型规则、Delta 学习规则、竞争型规则以及随机型规则等。下面分别进行简要介绍。

① Hebb 学习规则。Hebb 学习规则属于无监督学习规则，其原理是当两个神经元同时处于激发状态时两者间的连接值会被加强，否则被减弱。某一时间一个神经元被激发，如果会同时激发另外一个神经元，则会认为两个神经元之间存在着联系，联系会被强化；反之，如果两个神经元总是不能够同时被激发，则两个神经元之间的联系会越来越弱。

② 误差修正型规则。误差修正型规则是一种有监督的学习规则，其原理是根据实际输出与期望输出的误差，进行网络连接权值的修正，最终网络误差小于目标函数，达到预期效果。误差修正型规则主要包括：δ 学习规则、感知器学习规则、BP 学习规则和 Widrow-Hoff 学习规则等。

③ Delta 学习规则。Delta 学习规则是一种简单的监督学习规则，其原理是根据神经元的实际输出与期望输出差别来调整连接权值。若神经元实际输出比期望输出大，则减小所有输入为正的连接权重，增大所有输入为负的连接权重；反之，若神经元实际输出比期望输出小，则增大所有输入为正的连接权重，减小所有输入为负的连接权重。

④ 竞争型规则。竞争型规则是一种无监督学习算法，其原理是网络中没有期望输出，仅根据一些现有的学习样本进行自组织学习，通过神经元之间相互竞争对外界刺激响应的权利，调整网络权值以适应输入的样本数据。

⑤ 随机型规则。随机型规则是一种有监督学习算法，其原理是将随机思想、概率论思想及能量函数思想加入到学习的过程中，根据网络输出均方差的变化调整网络中的相关参数，最终达到网络目标函数收敛的目的。

5.6.2　神经网络模型

5.6.2.1　BP 神经网络

1986 年 Rumelhart 提出了误差多层反传（error back-propagation）网络算法。这种新算法的提出，克服和解决了以感知器为基础的网络算法存在的不足和问题，其较强的运算能力能处理许多较为复杂（包括非线性）的问题。基于误差反向传播算法（error back-propagation algorithm，BP）的前馈神经网络也称 BP 神经网络。BP 神经网络具有明显的特点：

① 分布式的信息储存方式；

② 大规模并行运算；

③ 自学习和自适应性；

④ 较强的鲁棒性和容错性。

由于它的这些特点，BP 神经网络成为各种神经网络模型中具有代表意义的一种 BP 神经网络模型，也是当前获得广泛应用的神经网络模型之一。BP 神经网络是一种采用有监督学习方式的多层前向反馈网络，目前它在非线性优化、模式识别、图像处理、自动控制、智能控制、光谱反演等方面的应用也取得了显著成效。

BP 神经网络的主要缺点是：

① 算法收敛速度慢；

② 对隐节点个数的选择没有理论上的指导；

③ 采用梯度最速下降法,训练过程中容易出现局部最优问题,因此得到的解不一定是全局最优解。

(1)BP 神经网络的基本原理

BP 神经网络包括信号的正向传播和误差的反向传播两个过程,从输入到输出的方向计算误差输出,从输出到输入的方向调整权值和阈值。

正向传播过程:输入信号通过隐含层,经过非线性变换,作用于输出节点,产生输出信号,当实际输出与期望输出不相符时,转入误差的反向传播过程。

反向传播过程:输出误差通过隐含层向输入层逐层反传,同时将误差传播到各层所有的单元,以各层的误差信号作为调整各单元权值的依据,通过调整隐含层节点与输出节点的连接权值以及阈值和输入节点与隐含层节点的连接权值,使误差沿梯度方向下降。

经过反复学习训练,直到对整个学习样本集的误差达到要求时,训练停止。

(2)BP 神经网络的实现步骤

BP 神经网络的实现是输入学习样本,使用反向传播算法对网络的权值和阈值进行反复的调整训练,使输出向量与期望向量尽可能相等或接近,当网络输出层的误差在指定范围内时训练结束(张良培,2011)。具体步骤如下:

① 选择一组学习样本,每一个样本由输入信息和期望的输出结果两部分组成。

② 从学习样本集中取一样本,把输入信息输入到网络中。

③ 分别计算经神经元处理后的输出层各节点的输出。

④ 计算网络的实际输出和期望输出之间的误差,判断误差是否在指定范围内,如果在指定范围内则训练完成,不在指定范围内则执行步骤⑤。

⑤ 从输出层反向计算到第一个隐含层,并按照能使误差向减小方向的原则,调整网络中各神经元的连接权值及阈值,执行步骤④。

5.6.2.2 RBF 神经网络

RBF 神经网络(radical basis function,RBF)即径向基函数神经网络,是继 BP 神经网络之后发展起来的性能更优的一种典型的三层前馈神经网络,其特点是能够逼近任意的非线性函数、泛化能力较强、收敛速度快。目前,RBF 神经网络已成功应用于非线性函数逼近、时间序列分析、数据分类、图像处理、系统建模、控制和故障诊断等领域。

(1)RBF 神经网络的基本原理

RBF 神经网络是由输入层、隐含层和输出层组成,结构如图 5-9 所示。其中,隐含层由隐单元构成,隐单元的个数可根据实际需求设定。隐含层中的激活函数称为径向基函数,是一种通过局部分布的、对中心点径向对称衰减的非负非线性函数。常用的径向基函数是高斯函数,即:

$$\varphi_i(x) = \exp\left(-\frac{\|x - c_i\|^2}{2\sigma_i^2}\right) \tag{5-62}$$

式中,$\varphi_i(x)$ 表示隐含层第 i 个单元的输出;x 表示输入向量;c_i 表示隐含层第 i 个高斯单元的中心;σ 表示该基函数围绕中心点的宽度;范数 $\|x - c_i\|$ 表示向量 x 与中心 c_i 之间的距离,$i = 1,2,\cdots,h$。

RBF 网络的基本原理是以径向基函数作为隐单元的基构成隐含层空间。输入向量由输入层到隐含层时,被直接映射到隐含层空间;由隐含层到输出层时,是简单的线性相加。

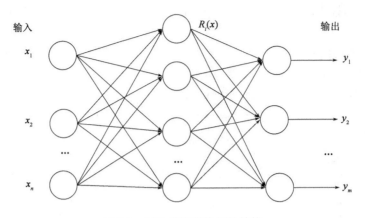

图 5-9　RBF 神经网络拓扑结构

假设输入层节点数为 n，隐含层和输出层节点的个数分别为 h 和 m。则网络的输出可表示为：

$$y_k = \sum_{i=1}^{h} w_{ki} \varphi_i(x) \tag{5-63}$$

式中，y_k 表示网络的输出；w_{ki} 表示第 i 个隐含层节点到输出层第 k 个节点的权值，$k = 1, 2, \cdots, m$。

式（5-63）的矩阵形式为：

$$Y = W\Phi$$

其中

$$Y = (y_1, y_2, \cdots, y_m)^T \tag{5-64}$$

$$W = \begin{bmatrix} w_{11} & w_{12} & \cdots & w_{1h} \\ w_{21} & w_{22} & \cdots & w_{2h} \\ \cdots & \cdots & \cdots & \cdots \\ w_{m1} & w_{m2} & \cdots & w_{mh} \end{bmatrix} = (w_{ki})_{m \times h} \tag{5-65}$$

$$\Phi = (\varphi_1(x), \varphi_2(x), \cdots, \varphi_h(x))^T \tag{5-66}$$

（2）RBF 神经网络的实现步骤

RBF 神经网络是将原始的非线性不可分的向量空间变换到另一空间（通常是高维空间），将低维空间非线性不可分问题通过核函数映射到高维空间中，使其达到在高维空间线性可分的目的。因此，RBF 神经网络是一种强有力的核方法。RBF 神经网络算法步骤如下。

① 确定基函数中心 c_i。通常可采用 K-均值聚类方法或 C-均值聚类方法。

② 计算宽度 σ_i。计算公式为：

$$\sigma_i = \frac{C_{\max}}{\sqrt{2u}} \tag{5-67}$$

式中，$C_{\max}$ 表示所选取中心之间的最大距离；u 表示中心的个数。

③ 计算隐含层与输出层之间的权值。计算公式为：

$$w = \exp\left(\frac{u}{C_{\max}} \| x_p - c_i \|^2\right) \tag{5-68}$$

式中，p 表示非中心样本个数，$p = 1, 2, \cdots, P$。

5.6.3 神经网络的应用

由于人工神经网络具有自学习、自组织与自适应能力,很强的容错能力,分布储存与并行处理信息的能力及强大的非线性逼近能力,可实现许多常规方法难以达到的要求精度。因此,人工神经网络在光谱数据处理领域得到广泛应用。

DPS7.5 系统中 BP 神经网络光谱估测模型建立的基本方法如下。

① 数据准备。启动 DPS7.5 系统,将 Excel 表中的数据复制到 DPS7.5 系统数据表单,并选中数据。

② 参数设置。点击 DPS7.5 系统主菜单"其它",选择"神经网络类模型→BP 神经网络模型"并点击,则显示模型参数设置界面,如图 5-10 所示。

在图 5-10 界面中,输入隐含网络层数,点击"确认",则显示如图 5-11 界面。

在图 5-11 界面中,输入第 1 隐含网络层节点数,如

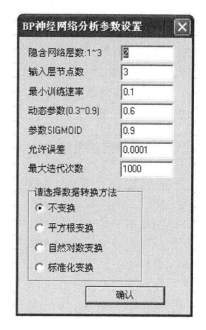

图 5-10 BP 神经网络参数设置

输入 3,点击"OK",则显示第 2 隐含网络层节点数输入界面,如输入 2,点击"OK",然后则自动计算。计算完毕后,显示待预测样本因子输入窗。输入预测样本因子后,点击"OK"则显示预测值。若不继续预测,关闭该窗口,则系统自动新建数据表单并显示计算结果,即各层节点的权重矩阵和拟合值。

图 5-11 隐含层节点数设置

③ 结果保存。若不保存拟合残差图,双击该图则其消失。将计算结果复制到 Excel 表或另存文件。在 Excel 表中计算各样本的预测值、误差值、相对误差和平均相对误差,评定模型的精度及有效性。

④ 模型优化。神经网络模型的精度与隐含层数、节点数和模型参数有关,调整模型参数,寻找精度最优的模型结构及参数。

Farifteh 等(2007)应用人工神经网络和最小二乘法这两种方法定量分析了土壤盐分,其目的是比较线性和非线性这两种方法应用于土壤盐分光谱反演的可靠性。高光谱反射率数据来源于实验室光谱、野外光谱和 HyMap 图像光谱。研究结果表明,在定量评价土壤盐分时,最小二乘法作为线性方法,与人工神经网络具有同样的可靠性。两种方法主要不同之处在于建模的计算时间和最终模型的再生性。选用同样样品集的情况下,人工神经网络要利用更长的时间进行学习和训练。沈润平等(2009)的研究发现,利用人工神经网络所建立的模型要普遍优于多元线性逐步回归模型,而网络集成模型的总均方根误差优于单个 BP 网络模型。袁征等(2014)采用多元线性回归、BP 神经网络和模糊综合识别三种方法分别建立了土壤有机质高光谱估测模型。结果表明,多元线性回归模型和 BP 神经网络模型的精度基本相同,但二者均低于模糊综合识别模型的精度。余蛟洋等(2018)基于光谱特征参数的单因素回归模型、多元线性逐步回归模型和基于逐步回归分析的 BP 神经网络模型预测西北地区苹果的叶绿素含量(SPAD)。结果表明,逐步回归分析的 BP 神经网络模型反演和预测能力较单因素回归模型和

多元逐步回归模型表现最优,建模 R^2 和验证 R^2 分别达到 0.90 和 0.84 以上,验证 $RMSE <$ 4.41,验证 $RE <7.42\%$。郭云开等(2018)建立了长沙县北部某乡镇的土壤重金属 Cu 含量 BP 神经网络预测模型,模型的拟合优度为 0.721,预测精度达 82.3%,高于一元回归模型 0.414 的拟合优度与 76.1% 的预测精度。

人工神经网络虽然具有强大的非线性逼近能力等优点,但其模型结构是一种黑箱结构,且其物理含义不明确。另外,确定最佳隐含层数及其节点数要反复试验,优化过程比较费时。

5.7   支持向量机法

支持向量机(support vector machine,SVM)由 Corinna Cortes 和 Vapnik 等人于 1995 年首先提出。它是一种机器学习方法,其基础是统计学习理论的 VC 维理论和结构风险最小原则。基本思想是在样品空间或特征空间中,构造一个最优决策的超平面,使得该超平面到不同样本集之间的距离最大,从而使算法的泛化能力得到提高。该方法是一个凸二次优化问题,能够得到全局最优解。此外,支持向量机(SVM)较传统的神经网络具有收敛速度快、容易训练、不需要预设网络结构等优点,其在解决有限样本、非线性、高维的模式分类和回归估计等问题中表现出许多特有的优势。因此,作为一种有效的机器学习工具,支持向量机在模式识别、数据挖掘、函数逼近、图像处理等方面得到了广泛的应用。

5.7.1   支持向量机的基本原理

假设给定一个训练样本集 $D = \{(x_i, y_i) | i = 1, 2, \cdots, n\}$,其中 $x_i \in R^d, y_i \in \{-1, 1\}$,该分类问题为二类分类。下面针对训练集为线性和非线性两种情况,分别讨论支持向量机。

5.7.1.1   线性支持向量机

线性支持向量机又分为线性可分和线性不可分两种情况。

(1)线性可分

线性可分是可以用一个超平面把训练集正确地分开,即两类点分别在超平面的两侧,没有错分点。如果样本集可以被超平面 $f(x) = wx + b = 0$ 正确地分为两类,则称为线性可分。该超平面函数为:

$$f(x_i) = \begin{cases} wx_i + b \geq 0, 若 \, y_i = +1 \\ wx_i + b \leq 0, 若 \, y_i = -1 \end{cases} \tag{5-69}$$

式中,$i = 1, 2, \cdots, n$。

① 最优超平面。设超平面 $f(x) = wx + b = 0$ 可以将两类样本分开,且使得所有的正样本(属于第一类的样本)满足 $wx_i + b \geq 1$,所有的负样本(属于第二类的样本)满足 $wx_i + b \leq -1$。令超平面 $f(x) = 1$ 和距离为 2Δ,则称 Δ 为分类间隔。

如果同时满足分类间隔最大,则称对应的超平面为最优超平面。分类间隔定义为两类平行于最优分类超平面的边界面之间的距离的一半。显然,按定义,分类间隔为 $\Delta = 1/\|w\|$,如图 5-12 所示。

根据统计学习理论可知,最优分类超平面最小化了结构风险,因而其泛化能力优于其他的分类超平面。实际上,支持向量机算法的基本出发点就是为了寻找这样的最优超平面。由此可以得到以下的决策函数:

$$f(x) = \text{sgn}(wx + b) \tag{5-70}$$

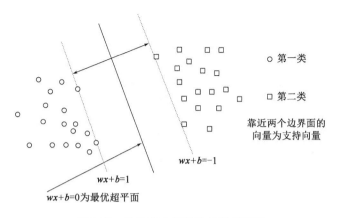

图5-12 线性可分情形的最优超平面

式中,sgn(·)表示符号函数。

② 线性可分支持向量机的求解。线性可分支持向量机可以归结为一个二次规划问题,即:

$$\min\left\{\frac{1}{2}\parallel w\parallel^2\right\} \tag{5-71}$$

其约束条件不等式为:

$$y_i(wx_i + b) \geq 1, i = 1,2,\cdots,n \tag{5-72}$$

引入 Lagrange 乘子 α_i,则得到对偶公式(5-73)。

$$L(w,b,\alpha) = \frac{1}{2}\parallel w\parallel^2 - \sum_{i=1}^{n}\alpha_i[y_i(wx_i + b) - 1] \tag{5-73}$$

式中,α_i 为 Lagrange 乘子。

对 Lagrange 函数求 w 和 b 极小值,即得:

$$\sum_{i=1}^{n}\alpha_i y_i = 0 \tag{5-74}$$

$$w = \sum_{i=1}^{n}\alpha_i y_i x_i \tag{5-75}$$

式中,$\alpha_i \geq 0, i = 1,2,\cdots,n$。

将式(5-71)代入式(5-73),转换为其对偶形式得:

$$\max\left\{w(\alpha) = \sum_{i=1}^{n}\alpha_i - \frac{1}{2}\sum_{i,j=1}^{n}\alpha_i\alpha_j y_i y_j(x_i y_j)\right\} \tag{5-76}$$

其约束条件式为:

$$\sum_{i=1}^{n}\alpha_i y_i = 0 \tag{5-77}$$

式中,$\alpha_i \geq 0, i = 1,2,\cdots,n$。

(2)线性不可分

线性不可分指的是用超平面划分会产生很大的误差,这类分类问题称为线性不可分,如图5-13 所示。

当训练集为线性不可分时,需要引入非负的松弛变量 ζ_i,将式(5-71)改为:

$$\min\left\{\frac{1}{2}\parallel w\parallel^2 + C\sum_{i=1}^{n}\zeta_i\right\} \tag{5-78}$$

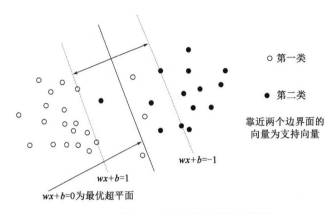

图 5-13　线性不可分情形的最优超平面

约束条件为：

$$y_i(wx_i + b) \geqslant 1 - \zeta_i \tag{5-79}$$

式中，$\zeta_i \geqslant 0, i = 1, 2, \cdots, n$。

式（5-78）中的第二项称为惩罚项，C 是常量，称为惩罚项因子，ξ_i 是松弛变量（松弛因子）。C 值越大，表示对错误分类的惩罚就越大。

引入 Lagrange 乘子求解，可得到与线性可分情形类似的对偶形式，只是其约束条件不同，即：

$$\min\left\{ w(\alpha) = -\sum_{i=1}^{n} \alpha_i + \frac{1}{2} \sum_{i,j=1}^{n} \alpha_i \alpha_j y_i y_j (x_i y_j) \right\} \tag{5-80}$$

约束条件为：

$$\sum_{i=1}^{n} \alpha_i y_i = 0 \tag{5-81}$$

式中，$0 \leqslant \alpha_i \leqslant C, i = 1, 2, \cdots, n$。

式中的 α_i 有下述三种可能的取值，即：

① $\alpha_i = 0$；

② $0 < \alpha_i < C$，此时所对应的支持向量则称为标准支持向量（normal support vector，NSV）；

③ $\alpha_i = C$，此时对应的支持向量称为边界支持向量（boundary support vector，BSV）。

由以上分析可知，确定 Lagrange 乘子 α_i 是获取最优超平面以及决策函数的关键。

求解上述的二次规划问题可得最优的 Lagrange 乘子 α_i，从而得到相应的线性支持向量机的判别函数，即：

$$f(x) = \text{sgn}(wx + b) = \text{sgn}\left(\sum_{i=1}^{n} \alpha_i y_i (x_i x) + b \right) \tag{5-82}$$

由式（5-82）可知，判别函数是训练样本的线性组合加上阈值。但式（5-82）中阈值 b 不能在优化过程中求得。其计算可根据 KKT 条件（Karush – Kuhn – Tucher），在最优化点处，则有：

$$\alpha_i [y_i (wx_i + b) - 1 + \zeta_i] = 0 \tag{5-83}$$

参数 b 的计算如下：

$$b = \frac{1}{|I|} \sum_{i \in I} \left(y_i - \sum_{j=1}^{n} \alpha_j y_j (x_j x_i) \right) \tag{5-84}$$

式中，$I = \{i \mid 0 < \alpha_i < C\}$ 是边界支持向量集合。

5.7.1.2　非线性支持向量机

针对非线性分类问题，可以通过非线性特征映射 ϕ，把样本从输入空间 $\boldsymbol{R}^d$ 映射到某个高

维的特征空间 F 即 $\phi:R^d \to F$，再在特征空间中对样本向量进行类似的操作，构造最优分类超平面。支持向量机的训练与决策过程只依赖于特征空间中向量的内积运算，即 $\phi(x_i) \cdot \phi(x_j)$。如果存在一个核函数，使得下式成立，即：

$$K(x_i, x_j) = \phi(x_i)\phi(x_j) \tag{5-85}$$

则只需在训练和决策过程中，利用核函数代替样本向量的内积，而不必知道映射 ϕ 的具体表达式。

把核函数 K 代入原规划和对偶问题的表达式中，即可以求得非线性的支持向量机，其相应的目标函数为：

$$\min\left\{\frac{1}{2}\|w\|^2 + C\sum_{i=1}^{n}\zeta_i\right\} \tag{5-86}$$

约束条件式为：

$$s.t. \ y_i(w^T\phi(x_i) + b) \geqslant 1 - \zeta_i$$
$$\zeta_i \geqslant 0, i = 1, 2, \cdots, n \tag{5-87}$$

其对偶形式为：

$$\min\left\{w(\alpha) = -\sum_{i=1}^{n}\alpha_i + \frac{1}{2}\sum_{i,j=1}^{n}\alpha_i\alpha_j y_i y_j K(x_i y_j)\right\} \tag{5-88}$$

约束条件式为：

$$s.t. \ \sum_{i=1}^{n}\alpha_i y_i = 0$$
$$0 \leqslant \alpha_i \leqslant C, i = 1, 2, \cdots, n \tag{5-89}$$

令 $Q = (Q_{ij}) = y_i y_j K(x_i, x_j)$，则式(5-87)的矩阵表达式为：

$$\min\left\{w(\alpha) = \frac{1}{2}\alpha^T Q\alpha - e^T\alpha\right\} \tag{5-90}$$

式中，e 是分量为 1 的 n 维向量，α 是由对应于 (x_i, y_i) 的 n 个分量 α_i 构成的向量。
约束条件式为：

$$s.t. \ y^T\alpha = 0$$
$$0 \leqslant \alpha_i \leqslant C, i = 1, 2, \cdots, n \tag{5-91}$$

则相应的分类函数为：

$$f(x) = \text{sgn}\left(\sum_{i=1}^{n}\alpha_i y_i K(x_i, x) + b\right) \tag{5-92}$$

5.7.2 支持向量机的特点及应用

（1）支持向量机的特点
与神经网络的学习方法相比，支持向量机具有以下特点：

① 因基于结构风险最小化原则构建，支持向量机具有良好的泛化能力。

② 引入核函数，可将输入空间的非线性问题映射到高维特征空间中，在高维空间中构造线性函数解决问题。

③ 支持向量机的算法是转化为凸优化问题求解，避免了神经网络中的局部最优化问题，可得到算法的全局最优解。

④ 支持向量机具有严格的理论支撑及数学基础，主要针对在小样本的情况下，基于有限样本信息得到最优解。

（2）支持向量机的应用

随着对支持向量机研究的不断深入,基于支持向量机的模型及方法被广泛运用到模式识别、图像处理、预测等各领域。模式识别方面主要有:人脸识别、字符识别、图像识别、文本分类、邮件分类及图像检索等。回归预测方面主要有:非线性系统估计、建模与控制、农业病虫害的预测预报、土壤性状指标光谱估测等。

为方便研究者使用支持向量机,台湾大学林智仁副教授等开发设计了 LIBSVM 系统。该系统是一个简单、易于使用和快速有效的 SVM 模式识别与回归的软件包,它不但提供了编译好的可在 Windows 系列系统使用的执行文件,还提供了源代码,方便改进、修改以及在其他操作系统上应用。

在常用的 Matlab 工具箱中,也有支持向量机的计算程序。在初次使用时,应先添加支持向量机模型模块。具体操作步骤为:打开 Matlab→设置路径→添加并包含子文件夹→libsvm –301 –［farutoUltimate3.1Mode］（SVM – GUI – 3.1［Mcode］｛by faruto｝也添加）→保存→关闭。这项操作,在最初使用之前添加一次就可以了。使用支持向量机的步骤如下。

① 打开 Matlab 软件,当前文件夹选到 E:软件安装包 – 支持向量机 – SUV_GUI_3.1［Mcode］｛by faruto｝。

② 点击 SVM_GUI.fig,出现一个界面,如图 5-14 所示。SVC 是分类,SVR 是回归,EXIT 是退出。选择 SVR,出现如图 5-15 所示的界面,继续下一步操作。

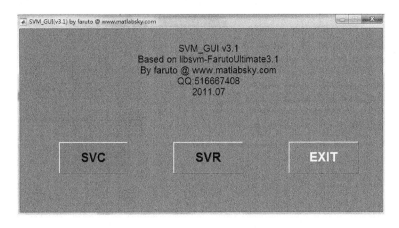

图 5-14　支持向量机计算系统首界面

③ 如图 5-15 所示,点击 load 按钮读取数据.mat 文件。选择自变量进行［0,1］归一化、因变量不进行［0,1］归一化,不进行 pca 降维预处理,选择参数:grid search method（cg）。这是因为其他的参数不准确,每次计算的结果都不一样。

④ 点击 SVR 按钮,计算得到预测和检验样本的均方根误差和决定系数。预测值自动保存到原.mat 文件里,pretest 表示检验样本预测值,pretrain 表示建模样本预测值。

⑤ 点击 save 按钮,保存计算结果,也会有保存的预测值。

如图 5-16 所示,Matlab.mat 文件中有 Model、pretest、pretrain、TEST_DATA、TEST_LABEL、test_x、test_y 、TRAIN_DATA、TRAIN_LABEL、train_x、train_y。如果要换用一组新的数据,把 Model 以外的其他文件全部清空,把建模样本的自变量数据（光谱特征值）复制到 train_x,因变量（土壤含水量）数据复制到 train_y,检验样本的自变量数据复制到 test_x,因变量数据复制到 test_y,然后再进行 SVR 计算即可。

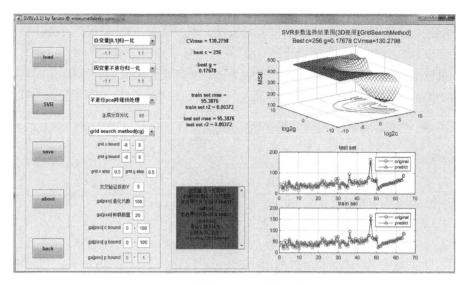

图 5-15　支持向量机的计算操作界面

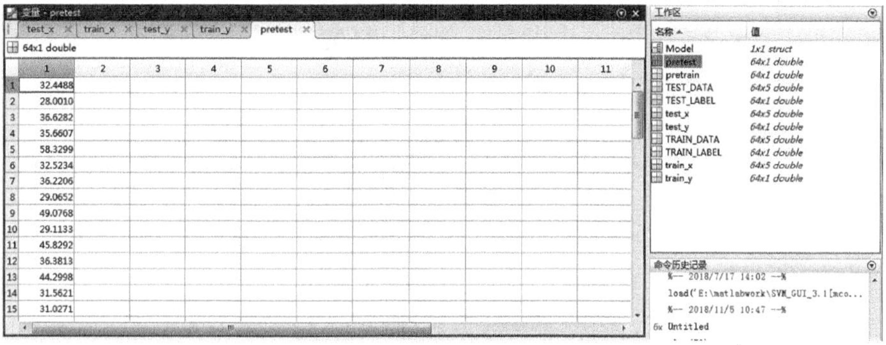

图 5-16　支持向量机的数据文件操作界面

　　纪文君等(2012)通过不同建模方法对浙江的水稻土的有机质(SOM)进行了比较研究,使用支持向量机(SVM)建立的模型 $RMSE$ 为 $3.08g/kg$,R^2 为 0.927,RPD 达到 2.16,优于 PLSR 的建模结果。Viscara Rossel 等(2010)将澳大利亚各地的土壤样本光谱经离散小波变换后建立有机碳、黏粒含量和 pH 的 SVM 预测模型,取得了较好的预测结果(R^2 分别为 $0.86,0.85$ 和 0.75)。姜红等(2017)利用微波遥感和光学遥感数据建立了新疆焉耆盆地的土壤水分反演模型。实验结果表明,土壤水分的遥感监测精度较高,其建模集决定系数 $R^2 = 0.81$,均方根误差 $RMSE = 3.16\%$;验证集 $R^2 = 0.89$,$RMSE = 3.15\%$ 。

5.8　权重自反馈的模糊综合预测法

　　人工神经网络的本质是通过误差反馈和调整节点之间的权重获取最优的拟合值,从而得到拟合值最优下的网络结构和节点连接权重。但人工神经网络的模型结构是一种黑箱结构,最佳隐含层数、节点数和权重的优化过程比较费时,且往往得到的是局部最优解。因此,寻找一种自动计算权重的方法是一个重要的研究方向。

　　1998 年陈守煜教授提出一种模糊综合分析预测方法,并成功应用于径流中长期预报。模糊综合分析预测法的一个关键问题是要合理确定预测因子的权重,虽然通过模拟计算可获得近似最优的权重,但这样会存在盲目性,且工作量较大。为此,2002 年李希灿根据模糊聚类与模糊识别理论模型,提出一种自动确定权重的方法;2012 年基于预测因子加权综合值的模糊划分,进一步提出一种权重自反馈的计算模型,从而丰富了模糊综合分析预测方法。

高光谱定量分析中的不确定性是客观存在的,随着研究的深入,基于模糊聚类与模糊模式识别的预测方法被用于光谱定量分析。本节主要介绍两种权重自反馈的模糊综合预测法。

5.8.1　基于样本特征值模糊划分的预测模型

设有 n 个样本组成样本集:

$$Y = \{y_1, y_2, \cdots, y_n\} \tag{5-93}$$

式中,y_j 表示样本 j 的特征值;$j = 1, 2, \cdots, n$。

令 $M = \max\{y_1, y_2, \cdots, y_n\}$,$x_j = y_j/M$,则式(5-93)变为:

$$X = \{x_1, x_2, \cdots, x_n\} \tag{5-94}$$

式中,x_j 表示样本 j 特征值的规格化值;$0 < x_j \leqslant 1$,$j = 1, 2, \cdots, n$。

(1)计算样本特征值的模糊划分

因样本特征值在大小划分上具有模糊性,设样本集依据式(5-94)划分为 c 个类别,模糊识别矩阵为 $U = (u_{hj})_{c \times n}$,且满足 $\sum_{h=1}^{c} u_{hj} = 1$,$\sum_{j=1}^{n} u_{hj} > 0$。显然,求解模糊识别矩阵是一个单指标模糊识别与聚类问题。计算公式为:

$$u_{hj} = \left(\sum_{k=1}^{c} \frac{(x_j - g_h)^2}{(x_j - g_k)^2} \right)^{-1} \tag{5-95}$$

$$g_h = \frac{\sum_{j=1}^{n} u_{hj}^2 x_j}{\sum_{j=1}^{n} u_{hj}^2} \tag{5-96}$$

式中,g_h 表示第 h 个类别的中心指标规格化值,$0 \leqslant g_h \leqslant 1$,$h = 1, 2, \cdots, c$,$j = 1, 2, \cdots, n$。

由式(5-95)、式(5-96)可知,只要给定样本集的聚类数 c,就可通过循环迭代计算得到样本集的最优模糊划分 U^* 和最优模糊聚类中心 G^*。求解方法如下:

① 给定 u_{hj} 与 g_h 所要求满足的计算精度 ε_1 与 ε_2;

② 设定一个满足 $0 \leqslant u_{hj} \leqslant 1$,$\sum_{h=1}^{c} u_{hj} = 1$ 矩阵元素不全相等的初始模糊划分矩阵 (u_{hj}^0);

③ 将 (u_{hj}^0) 代入式(5-96),求对应的初始模糊中心指标矩阵 (g_h^0);

④ 将 (g_h^0) 代入式(5-95),求一次近似模糊状态划分矩阵 u_{hj}^1;

⑤ 将 u_{hj}^1 代入式(5-96),求一次近似模糊状态中心矩阵 (g_h^1);

⑥ 逐个比较矩阵 (u_{hj}^1) 与 (u_{hj}^0) 的对应元素以及矩阵 (g_h^1) 与 (g_h^0) 的对应元素,若对应元素最大差值的绝对值小于要求的精度,则迭代结束;否则,进行第二次循环迭代计算。

显然,满足计算精度要求的结束条件为:

$$\max | u_{hj}^l - u_{hj}^{l-1} | \leqslant \varepsilon_1 \text{ 且 } \max | g_h^l - g_h^{l-1} | \leqslant \varepsilon_2 \tag{5-97}$$

式中,l 表示迭代次数。

(2)建立预测方程

根据最优模糊划分矩阵 U^*,计算样本的级别变量特征值,即:

$$H = (h_1, h_2, \cdots, h_n) \tag{5-98}$$

式中，h_j 表示样本 j 的级别变量特征值，$h_j = \sum_{h=1}^{c} h \cdot u_{hj}$，$j = 1, 2, \cdots, n$。

由式(5-93)、式(5-98)，利用下式计算 y 与 h 之间的相关系数：

$$\rho = \frac{\sum_{j=1}^{n}(h_j - \bar{h})(y_j - \bar{y})}{\sqrt{\sum_{j=1}^{n}(y_j - \bar{y})^2 \sum_{j=1}^{n}(h_j - \bar{h})^2}} \tag{5-99}$$

式中，$\bar{h} = \frac{1}{n}\sum_{j=1}^{n} h_j$；$\bar{y} = \frac{1}{n}\sum_{j=1}^{n} y_j$。

为了提高预测精度，一般要求 $\rho \geq 0.9$。建立 y 与 h 之间的线性(或非线性)回归方程：

$$\hat{y} = a + bh \tag{5-100}$$

式中，$b = \sum_{j=1}^{n}(h_j - \bar{h})(y_j - \bar{y}) / \sum_{j=1}^{n}(h_j - \bar{h})^2$，$a = \bar{y} - b\bar{h}$。

显然，若求得待预测对象的级别变量特征值，由式(5-100)即可进行预测决策，其特点是样本的聚类结果与实际相符合，y 与 h 之间具有较高的相关性。但由于式(5-100)是基于样本特征值的模糊集分析、统计分析建立的预测模式，因此预测决策还必须依据成因分析寻求最优预测参量。

(3)计算最优预测参量

设每个样本有 m 个预测因子，n 个样本的预测因子特征值用矩阵表示为 $X = (x_{ij})_{m \times n}$，为消除各预测因子量纲量级的差异，将其转化为相对隶属度矩阵 $R = (r_{ij})_{m \times n}$。设各预测因子对预测对象的作用程度不同，权重向量为：

$$W = (w_1, w_2, \cdots, w_m) \tag{5-101}$$

式中，w_i 表示第 i 个预测因子的权重，且 $\sum_{i=1}^{m} w_i = 1$。

在已知样本集最优模糊划分矩阵 U^* 的情况下，从成因的角度分析，这一最优模糊划分是由各预测因子综合作用的结果，即各预测因子具有对应的聚类中心和权重。

为了求解最优聚类中心矩阵 S^* 和最优指标权重向量 W^*，建立模糊环境下的目标函数：

$$\min\{F(w_i, s_{ih}) = \sum_{j=1}^{n}\sum_{h=1}^{c}[u_{hj}(\sum_{i=1}^{m}(w_i(r_{ij} - s_{ih}))^p)^{\frac{1}{p}}]^2\} \tag{5-102}$$

根据权重的等式约束条件及目标函数式(5-102)，建立无约束的拉格朗日函数，并取 $p=2$，式(5-102)变为：

$$\min\{L(w_i, s_{ih}, \lambda) = \sum_{j=1}^{n}\sum_{h=1}^{c}[u_{hj}^2\sum_{i=1}^{m}(w_i(r_{ij} - s_{ih}))^2] - \lambda(\sum_{i=1}^{m} w_i - 1)\} \tag{5-103}$$

对式(5-103)求偏导，并令导数等于零，整理得：

$$s_{ih} = \frac{\sum_{j=1}^{n} u_{hj}^2 r_{ij}}{\sum_{j=1}^{n} u_{hj}^2} \tag{5-104}$$

$$w_i = \left(\sum_{k=1}^{m} \frac{\sum_{j=1}^{n}\sum_{h=1}^{c}[u_{hj}^2(r_{ij} - s_{ih})^2]}{\sum_{j=1}^{n}\sum_{h=1}^{c}[u_{hj}^2(r_{kj} - s_{kh})^2]}\right)^{-1} \tag{5-105}$$

显然，在已知模糊划分矩阵 U^* 的情况下，利用式(5-104)可求得最优聚类中心矩阵 S^*，由式(5-105)可求得最优指标权重向量 W^*。从式(5-104)、式(5-105)可知，只要给定最优模糊识别矩阵 U^*，就一定存在一个最优聚类中心 S^* 和最优指标权重向量 W^*，即依据成因分析可求得各预测因子的最优权重。

(4)预测决策

已知模糊聚类中心 S^* 和预测因子权重 W^* 的情况下, u_{hj} 为未知数, 此时目标函数式(5-102)变为:

$$\min\left\{F(u_{hj}) = \sum_{j=1}^{n}\sum_{h=1}^{c}\left[u_{hj}^2\sum_{i=1}^{m}(w_i(r_{ij} - s_{ih}))^2\right]\right\} \tag{5-106}$$

根据目标函数式(5-106)及等式约束条件式 $\sum_{h=1}^{c}u_{hj} = 1$, 构造拉格朗日函数:

$$L(u_{hj},\lambda) = \sum_{j=1}^{n}\sum_{h=1}^{c}u_{hj}^2\left[\sum_{i=1}^{m}(w_i(r_{ij} - s_{ih}))^2\right] - \lambda\left(\sum_{h=1}^{c}u_{hj} - 1\right) \tag{5-107}$$

对式(5-107)求偏导, 并令导数等于零, 整理得:

$$u_{hj} = \cfrac{1}{\displaystyle\sum_{k=1}^{c}\cfrac{\displaystyle\sum_{i=1}^{m}\left[w_i(r_{ij} - s_{ih})\right]^2}{\displaystyle\sum_{i=1}^{m}\left[w_i(r_{ij} - s_{ik})\right]^2}} \tag{5-108}$$

因此, 由预测参量式(5-104)、式(5-105)及待预测对象前期预测因子的规格化值, 由式(5-108)可求得预测对象的最优模糊划分。

根据预测对象的最优模糊划分 $U_j^* = (u_{1j}, u_{2j}, \cdots, u_{cj})$, 计算级别变量特征值 $h_j = \sum_{h=1}^{c}h \cdot u_{hj}$, 则由式(5-100)求得预测对象的预测决策值为 $\hat{y}_j = a + b \cdot h_j$。

上述算法是基于样本特征值先计算出样本的模糊划分, 再根据成因分析自动获取预测因子的权重, 不妨称之为基于样本特征值模糊划分的预测模型。该模型数学基础严密, 物理含义清晰, 根据样本集的模糊划分可自动获取预测因子的权重, 权重确定不需要迭代计算, 从而使预测模型计算简单、方便实用, 且可通过改变聚类数 c 优化预测精度。若在式(5-104)、式(5-105)中引入权重监督因子和稳定系数, 则可进一步优化模型和预测精度。

李希灿等(2002)将上述模糊综合预测方法应用于新疆伊犁河的雅马渡站的年径流预报, 取得了较为满意的结果, 其中17个建模样本的平均相对误差为3.68%, 6个模型检验样本的平均相对误差为7.09%。李希灿等(2003)利用该模型进行滦河某一观测站地下水位动态预测, 5个检验样本预测结果的最大相对误差为5.84%, 平均相对误差为2.93%。李希灿等(2008)利用陕西省横山区实测的84个土样的高光谱数据和12项土壤性质指标, 采用模糊综合预测方法, 建立土壤性质指标高光谱反演模型, 结果表明该方法是较为有效的。

朱西存等(2013年)以山东省烟台市栖霞果园实测的120个苹果花期冠层光谱反射率和室内测定的苹果花钾素含量数据为基础, 基于冠层光谱原始反射率及其11种变换形式提取光谱特征, 利用模糊识别算法建立钾素含量的光谱估测模型。结果表明, 24个检验样本的实测值与估测值的平均相对误差为9.8%, 则估测精度为90.2%。为验证钾素含量最佳估测模型的普适性, 以2009年苹果花期, 在山东栖霞试验区测定的冠层光谱数据中, 随机抽取80个独立试验数据, 对钾素含量最佳估测模型进行了验证。由验证结果可知, 实测值与估测值的平均相对误差为16.7%, 验证精度达到了83.3%。说明利用模糊识别预测法建立的钾素含量估测模型, 能较好地估测苹果花期冠层的钾素含量。

5.8.2　基于预测因子加权综合值模糊划分的预测模型

这种方法是先对预测因子进行综合处理, 其基本方法如下:

（1）计算预测因子的加权综合值

设权重向量为 $W = (w_1, w_2, \cdots, w_m)^T$，满足 $w_i \geqslant 0$，$\sum\limits_{i=1}^{m} w_i = 1$，则样本 j 的 m 个预测因子的加权综合值为：

$$z_j = \sum_{i=1}^{m} w_i r_{ij} \tag{5-109}$$

由式（5-109）计算 n 个样本的预测因子综合值，用向量表示为：

$$Z = (z_1, z_2 \cdots, z_n) \tag{5-110}$$

令 $M = \max\{z_1, z_2, \cdots, z_n\}$，$x_j = z_j / M$，则式（5-109）变为：

$$X = \{x_1, x_2, \cdots, x_n\} \tag{5-111}$$

式中，x_j 表示样本 j 预测因子加权综合值的规格化值；$0 < x_j \leqslant 1$，$j = 1, 2, \cdots, n$。

（2）计算综合值的模糊划分

设 n 个样本依据式（5-111）划分为 c 个类别，模糊划分矩阵为 $U = (u_{hj})_{c \times n}$，且满足 $\sum\limits_{h=1}^{c} u_{hj} = 1$，$\sum\limits_{j=1}^{n} u_{hj} > 0$。显然，这是一个单目标的模糊识别与聚类问题，计算公式为：

$$u_{hj} = \left(\sum_{k=1}^{c} \frac{(x_j - g_h)^2}{(x_j - g_k)^2} \right)^{-1} \tag{5-112}$$

$$g_h = \frac{\sum\limits_{j=1}^{n} u_{hj}^2 x_j}{\sum\limits_{j=1}^{n} u_{hj}^2} \tag{5-113}$$

式中，g_h 表示第 h 个类别的模糊聚类中心指标规格化值，$0 \leqslant g_h \leqslant 1$，$h = 1, 2, \cdots, c$；$j = 1, 2, \cdots, n$。

由式（5-112）、式（5-113）通过循环迭代计算得到样本集的最优模糊划分 U^* 和最优模糊聚类中心 G^*。

（3）计算权重向量

在已知样本集最优模糊识别矩阵 U^* 的情况下，从成因的角度分析，这一最优模糊划分是由各预测因子综合作用的结果，即各预测因子具有对应的聚类中心和权重。

为了求解最优模糊聚类中心矩阵 S^* 和最优指标权重 W^*，并考虑主观约束，引入监督因子和稳定系数，建立模糊环境下的目标函数：

$$\min\left\{ F(w_i, s_{ih}) = (1 - \alpha) \sum_{j=1}^{n} \sum_{h=1}^{c} \left[u_{hj} \left(\sum_{i=1}^{m} (w_i(r_{ij} - s_{ih}))^p \right)^{\frac{1}{p}} \right]^2 + \right.$$
$$\left. \alpha\beta^2 \sum_{j=1}^{n} \sum_{h=1}^{c} \left[\left(\sum_{i=1}^{m} (w_i(r_{ij} - s_{ih}))^p \right)^{\frac{1}{p}} \right]^2 \right\} \tag{5-114}$$

根据目标权重的等式约束条件及目标函数式（5-114），建立无约束的拉格朗日函数，并取 $p = 2$，式（5-114）变为：

$$\min\left\{ L(w_i, s_{ih}, \lambda) = (1 - \alpha) \sum_{j=1}^{n} \sum_{h=1}^{c} \left[u_{hj}^2 \sum_{i=1}^{m} (w_i(r_{ij} - s_{ih}))^2 \right] \right.$$
$$\left. + \alpha\beta^2 \sum_{j=1}^{n} \sum_{h=1}^{c} \sum_{i=1}^{m} \left[w_i(r_{ij} - s_{ih}) \right]^2 - \lambda \left(\sum_{i=1}^{m} w_i - 1 \right) \right\} \tag{5-115}$$

对式（5-115）求偏导，并令导数等于零，整理得：

$$s_{ih} = \frac{\sum\limits_{j=1}^{n} \left[(1 - \alpha) u_{hj}^2 + \alpha\beta^2 \right] r_{ij}}{\sum\limits_{j=1}^{n} \left[(1 - \alpha) u_{hj}^2 + \alpha\beta^2 \right]} \tag{5-116}$$

$$w_i = \left(\sum_{k=1}^{m} \frac{\sum\limits_{j=1}^{n} \sum\limits_{h=1}^{c} \left[(1-\alpha) u_{hj}^2 + \alpha\beta^2 \right] (r_{ij} - s_{ih})^2}{\sum\limits_{j=1}^{n} \sum\limits_{h=1}^{c} \left[(1-\alpha) u_{hj}^2 + \alpha\beta^2 \right] (r_{kj} - s_{kh})^2} \right)^{-1} \tag{5-117}$$

显然,在给定监督因子和稳定系数的情况下,已知模糊划分矩阵 U^*,利用式(5-116)可求得最优模糊聚类中心矩阵 S^*,由式(5-117)可求得最优指标权重 W^*。

(4)权重优化计算

在给定 m 个预测因子的初始权重 W、监督因子 α 和稳定系数 β 的情况下,由式(5-109)计算出 n 个样本的预测因子加权综合值,根据综合值由式(5-112)、式(5-113)计算出 n 个样本的模糊识别矩阵 U^*,由式(5-116)、式(5-117)又可以计算出 m 个预测因子的权重,再由式(5-109)计算出 n 个样本的预测因子加权综合值。这样就构成了自迭代计算过程,具体步骤如下:

① 将样本的预测因子特征值矩阵 $X = (x_{ij})_{m \times n}$ 转化为相对优属度矩阵 $R = (r_{ij})_{m \times n}$。

② 给定预测因子加权综合值的计算精度 ε、聚类数 c 和目标初始权重 $W^0 = (w_i^0)$。

③ 给定稳定系数 β 和权重监督因子 α。

④ 把 (w_i^0) 代入式(5-109)计算各样本的预测因子加权综合值 $Z^0 = (z_i^0)$。

⑤ 根据综合值 Z^0,由式(5-112)、式(5-113)循环迭代计算模糊识别矩阵 $U^0 = (u_{hj}^0)$。

⑥ 把 (u_{hj}^0) 代入式(5-116)、式(5-117)计算目标权重 $W^1 = (w_i^1)$。

⑦ 把 (w_i^1) 代入式(5-109)计算各样本的预测因子加权综合值 $Z^1 = (z_i^1)$。

⑧ 逐个比较 Z^1 与 Z^0 对应的分量,若 $\max|z_j^1 - z_j^0| \leq \varepsilon$,则计算结束。若 $\max|z_j^1 - z_j^0| > \varepsilon$,则重复计算步骤⑤～⑦,直至满足计算的精度要求为止。

由此可见,求解最优权重迭代结束的条件为:

$$\max |z_j^l - z_j^{l-1}| \leq \varepsilon \tag{5-118}$$

式中,l 为循环迭代次数。

显然,在得到最优权重的同时,也得到 n 个样本的预测因子加权综合值。

(5)建立预测方程并优化

设有 n 个样本的特征值向量为:

$$Y = \{y_1, y_2, \cdots, y_n\} \tag{5-119}$$

式中,y_j 表示样本 j 的特征值;$j = 1, 2, \cdots, n$。

由式(5-110)、式(5-119)计算综合值 z 与样本特征值 y 之间的相关系数 ρ。为了提高预测精度,一般要求 $\rho \geq 0.9$。建立 y 与 h 之间的线性(或非线性)回归方程:

$$\hat{y} = a + bz \tag{5-120}$$

式中,$b = \sum\limits_{j=1}^{n} (z_j - \bar{z})(y_j - \bar{y}) / \sum\limits_{j=1}^{n} (z_j - \bar{z})^2$,$a = \bar{y} - b\bar{z}$,$\bar{z} = \frac{1}{n}\sum\limits_{j=1}^{n} z_j$,$\bar{y} = \frac{1}{n}\sum\limits_{j=1}^{n} y_j$。

由权重优化过程可见,权重计算与给定的稳定系数 β 和权重监督因子 α 有关。因此,通过调整稳定系数 β 和权重监督因子 α,可获得满足式(5-118)要求的不同权重向量,建立不同的预测方程,从而实现预测方程的优化。

上述算法是基于预测因子的加权综合值,先计算样本的模糊划分,然后再根据成因分析导出权重模型,通过迭代计算自动获取预测因子的权重,不妨称之为基于预测因子加权综合值模糊划分的预测模型。

Li Xican 等(2012)利用该模型进行滦河某一观测站 24 个月的地下水位动态预测,前 19

个建模样本的平均相对误差为 2.77%,后 5 个模型检验样本的平均相对误差为 2.40%;再将该模型应用于新疆伊犁河的雅马渡站的年径流预报,除个别样本外,预测值的相对误差较小,前 17 个建模样本的平均相对误差为 7.83%,后 6 个模型检验样本的平均相对误差为 7.68%。这一结果是令人满意的。利用泰安市的 90 个棕壤样本光谱数据进行土壤含水量光谱估测,其中 72 个样本用于建模、18 个样本用于预测检验。结果表明,当分类数 $c=6$ 时,利用上述两种方法预测的效果较好,18 个检验样本的平均相对误差分别为 6.05%、7.34%。这说明权重自反馈的模糊综合预测法用于光谱数据定量分析是可行有效的。

本节介绍的两种权重自反馈的模糊综合预测方法,其模型结构是一种白化的网络结构,与神经网络的黑箱结构不同,只要给定分类数模型的结构就确定了。权重计算也与神经网络不同,神经网络是通过误差反馈逐步修正权重,而权重自反馈的模糊综合预测方法是通过模型参数的网络结构关系,自动计算出权重值或通过自循环计算出符合精度要求的权重,而且可以通过调整稳定系数 β 和权重监督因子 α,实现权重优化。

5.9 可变模糊识别预测法

1965 年札德(Zadeh)提出的模糊集合概念,是对康拓(Cantor)普通集合论的突破,并由此发展为一门新的数学学科——模糊集合论,在数学思维上有重要科学意义。但模糊集合论是静态概念、静态理论,不能描述模糊现象、模糊事件、模糊概念客观上存在的动态可变性。用静态的模糊集合论去研究动态的模糊现象、事件与概念,存在着研究理论与研究对象之间相悖的矛盾,这是模糊集合论的理论缺陷。

20 世纪伊始,陈守煜教授在工程模糊集理论的基础上创建可变模糊集理论,是对模糊集合论静态概念与理论的新突破(陈守煜,2009)。可变模糊聚类、模式识别、优选、评价的理论与方法已在凌汛预报、地下水污染评价、方案优选等方面得到应用。本节主要介绍可变模糊识别预测方法及其在光谱反演中的初步应用。

5.9.1 相对隶属函数与相对差异函数

模糊概念通常具有时间、空间以及条件上的相对性与动态可变性,相应的描述它们的隶属度及隶属函数也应是相对的、动态可变的。可变模糊集就是以相对隶属度表示的模糊可变集,并与相对差异度一起形成比较系统的可变模糊集理论。

(1)相对隶属函数

设 U 为论域,u 为 U 的任意元素,$u \in U$,事物 u 的一对对立的模糊概念用模糊集分别表示为:A、A^c。分别赋给 A、A^c 处于共维差异中介过渡的两个相对端点(或极点)以 1、0 或 0、1 的区间数。在 1、0 到 0、1 的数轴上构成一对 [1,0] 与 [0,1] 闭区间数的连续统。对 U 中的任意元素 u,都在该连续统的任一点上指定了一对数 $\mu_A(u)$、$\mu_{A^c}(u)$,称为 u 对 A、A^c 的相对隶属度。映射:

$$\mu_A, \mu_{A^c} : U \to [0,1]$$
$$u_1 \mu_A(u), \mu_{A^c}(u) \in [0,1] \tag{5-121}$$

称为 A、A^c 的相对隶属函数。

(2)相对差异函数

设:

$$D_A(u) = \mu_A(u) - \mu_{A^c}(u) \tag{5-122}$$

则 $D_A(u)$ 称为 u 对 A 的相对差异度。映射：

$$D : U \to [-1,1]$$
$$u_1 D(u) \in [-1,1] \tag{5-123}$$

称为 u 对 A 的相对差异函数。

由于 $\mu_A(u) + \mu_{A^c}(u) = 1$，当 $\mu_A(u) > \mu_{A^c}(u)$，$0 < D_A(u) \le 1$；当 $\mu_A(u) = \mu_{A^c}(u)$，$D_A(u) = 0$；当 $\mu_A(u) < \mu_{A^c}(u)$，$-1 \le D_A(u) < 0$。

相对差异函数表示了连续统数轴上任意一点 $\mu_A(u)$ 与 $\mu_{A^c}(u)$ 的相对差值，即对立模糊概念或对立两种基本模糊属性程度的差异。$D_A(u) = 0$ 的 P_m 点表示了对立双方或对立两种基本模糊属性达到动态平衡，即渐变式质变界；$D_A(u) = 1$、-1 的 P_l、P_r 点表示了对立双方达到突变式质变点。因此，相对差异函数完整、形象地表达了唯物辩证法关于质变的两种形式：渐变（非爆发式质变）与突变（爆发式质变）。

因 $\mu_{A^c}(u) = 1 - \mu_A(u)$，则由式（5-122）得：

$$\mu_A(u) = \frac{1}{2}(1 + D_A(u)) \tag{5-124}$$

由式（5-124）可见，若已知 u 对 A 的相对差异度，则可计算出 u 对 A 的相对隶属度。这为确定 u 对 A 的相对隶属度提供了一种新思路。

5.9.2 可变模糊识别预测模型

可变模糊识别预测模型的主要步骤如下：

(1)确定预测因子并进行归一化处理

设样本的因变量集合为 $\{y_j\}$，$j = 1,2,\cdots,n$；样本的自变量由 m 个光谱特征（预测因子）组成，则预测因子特征值矩阵表示为 $X = (x'_{ij})$，$i = 1,2,\cdots,m$；$j = 1,2,\cdots,n$。在预测因子中，存在正向因子和逆向因子，正向因子的特征值与因变量成正相关，逆向因子则相反。为降低数据处理的复杂性，需对预测因子进行归一化处理并将所有因子转化为正向因子。将预测因子归一化到 $[0,1]$ 区间有多种方法，可采用下列公式：

$$x_{ij} = \begin{cases} x'_{ij}/\max x'_{ij}, & \text{正相关时} \\ 1 - x'_{ij}/\max x'_{ij}, & \text{负相关时} \end{cases} \tag{5-125}$$

(2)确定变量的分级值区间

根据集合 $\{y_j\}$ 与矩阵 $X = (x_{ij})_{m \times n}$，确定因变量与自变量的最大、最小值，分别表示为 $\max y_j$、$\min y_j$ 与 $\max x_{ij}$、$\min x_{ij}$。根据均匀分级法，对因变量与自变量进行分级。设 h 为级别变量，$h = 1,2,\cdots,c$，c 为级别数。则各变量的级差值分别为：

$$\begin{cases} y' = (\max y_j - \min y_j)/c \\ x'_i = (\max x_{ij} - \min x_{ij})/c \end{cases} \tag{5-126}$$

式中，$i = 1,2,\cdots,m$；$j = 1,2,\cdots,n$。

因变量、自变量对应的分级值区间矩阵分别为 I_{ef}、I_{ab}，即：

$$I_{ef} = ([e_h, f_h]) \tag{5-127}$$
$$I_{ab} = ([a_{ih}, b_{ih}]) \tag{5-128}$$

式中，$[e_h, f_h]$ 与 $[a_{ih}, b_{ih}]$ 分别表示因变量与自变量分级区间的上、下限，$h = 1,2,\cdots,c$；$i = 1,2,\cdots,m$。

（3）建立点值映射矩阵

根据式（5-127），确定因变量相对差异度等于1的点值映射向量Y，即：

$$Y = (y_1, y_2, \cdots, y_c) \tag{5-129}$$

其中，当$h = 1$、c时，因变量对1、c级的相对差异度等于1的点值分别取为：$e_1 = \min y_j$、$f_c = \max y_j$；当$h = 2, 3, \cdots, c - 1$时，因变量对h级的相对差异度等于1的点值取区间$[e_h, f_h]$的中值，即：

$$y_h = \begin{cases} \min y_j, & h = 1 \\ \dfrac{e_h + f_h}{2}, & h = 2, 3, \cdots, c - 1 \\ \max y_j, & h = c \end{cases} \tag{5-130}$$

根据矩阵式（5-128），确定自变量相对差异度等于1的点值映射矩阵K，即：

$$K = (k_{i1}, k_{i2}, \cdots, k_{ic}) \tag{5-131}$$

其中，$i = 1, 2, \cdots, m$；当$h = 1$时，$a_{i1} = \min x_{ij}$；当$h = c$时，$b_{ih} = \max x_{ij}$；当$h = 2, 3, \cdots, c - 1$时，取$k_{ih} = \dfrac{a_{ih} + b_{ih}}{2}$，即：

$$k_h = \begin{cases} \min x_{ij}, & h = 1 \\ \dfrac{a_{ih} + b_{ih}}{2}, & h = 2, 3, \cdots, c - 1 \\ \max x_{ij}, & h = c \end{cases} \tag{5-132}$$

由质量互变定理（陈守煜，2009）可知，预测因子x_i的分级值区间的交点b_{ih}为渐变式质变点，其相对差异度$D_A(u) = 0$，将b_{ih}的点值，$h = 1, 2, \cdots, c - 1$，插入自变量点值映射矩阵K相邻元素之间，可得到相对差异度为1、0的点值映射矩阵T，即：

$$T = \begin{pmatrix} k_{11} & b_{11} & k_{12} & b_{12} & \cdots & k_{1(c-1)} & b_{1(c-1)} & k_{1c} \\ k_{21} & b_{21} & k_{22} & b_{22} & \cdots & k_{2(c-1)} & b_{2(c-1)} & k_{2c} \\ \vdots & & & & \cdots & & & \vdots \\ k_{m1} & b_{m1} & k_{m2} & b_{m2} & \cdots & k_{m(c-1)} & b_{m(c-1)} & k_{mc} \end{pmatrix} \tag{5-133}$$

（4）计算相对差异度

将检验样本因子i的特征值x_i与点值映射矩阵T级别h的区间$[k_{ih}, k_{i(h+1)}]$数值进行比较，观察特征值落入到哪一个区间。因为渐变式质变点b_{ih}的相对差异度$D_A(u) = 0$，所以因子的特征值落入矩阵T区间会出现两种情况。

① 当$x_i \in [k_{ih}, b_{ih}]$时，x_i对h、$h + 1$级的相对差异度定义为：

$$\begin{cases} D_{ih}(x_i) = \dfrac{b_{ih} - x_i}{b_{ih} - k_{ih}} \\ D_{i(h+1)}(x_i) = -D_{ih}(x_i) \end{cases} \tag{5-134}$$

② 当$x_i \in [b_{ih}, k_{i(h+1)}]$时，$x_i$对$h$、$h + 1$级的相对差异度为：

$$\begin{cases} D_{i(h+1)}(x_i) = \dfrac{b_{ih} - x_i}{b_{ih} - k_{i(h+1)}} \\ D_{ih}(x_i) = -D_{i(h+1)}(x_i) \end{cases} \tag{5-135}$$

根据物理概念，对于预测因子特征值x_i没有落入的T矩阵的其他区间级别，其相对隶属度都为0，相对差异度都为-1。根据式（5-134）、式（5-135）可以得到预测因子特征值x_i对各个级别的相对差异度 $D(x_i)$，即：

$$D(x_i) = (D_1(x_i), D_2(x_i), \cdots, D_c(x_i)) \tag{5-136}$$

式中，$i = 1, 2, \cdots, m$。

（5）计算相对隶属度

根据因变量 y_j 与自变量 x_i 的成因关系，由式（5-124）可得到级别为 h 的多因子综合相对隶属度的线性加权模型，即：

$$v_h(y) = \frac{1}{2}\left[1 + \sum_{i=1}^{m}\left[w_i D_{ih}(x_i)\right]\right] \tag{5-137}$$

式中，$v_h(y)$ 为级别 h 的多因子综合相对隶属度；w_i 表示权重，$i = 1, 2, \cdots, m, h = 1, 2, \cdots, c$。预测因子的权重可按下式计算：

$$\begin{aligned}
W &= (w_1, w_2, \cdots, w_i, \cdots, w_m) \\
&= \left(\frac{|\rho_1|}{\sum\limits_{j=1}^{m}|\rho_j|}, \frac{|\rho_2|}{\sum\limits_{j=1}^{m}|\rho_j|}, \cdots, \frac{|\rho_j|}{\sum\limits_{j=1}^{m}|\rho_j|}, \cdots, \frac{|\rho_m|}{\sum\limits_{j=1}^{m}|\rho_j|}\right)
\end{aligned} \tag{5-138}$$

式中，w_i 为因子 x_i 的权重，且 $\sum\limits_{i=1}^{m}w_i = 1$；$\rho_i$ 为因子 x_i 与因变量 y 的相关系数。

（6）计算预测值

根据级别特征值的定义，计算出在多因子综合作用下因变量的级别特征值 $H(y)$，即：

$$H(y) = \sum_{h=1}^{c}v_h(y) \times h \tag{5-139}$$

式中，$1 \leqslant H(y) \leqslant c$。

设 $h \leqslant H(y) \leqslant h+1$，根据因变量的点值映射向量式（5-129），采用线性内插法可计算预测值 $\hat{y}$，即：

$$\hat{y} = y_h + (y_{h+1} - y_h) \times (H(y) - h) \tag{5-140}$$

式中，$\hat{y}$ 表示预测值，$y_h \leqslant \hat{y} \leqslant y_{h+1}$。

从上述计算步骤可见，调整因变量与预测因子的分级数，变换分级方法和相对差异度的计算方法，可实现预测值的优化，从而提高预测精度。

5.9.3 应用实例

徐邮邮等（2018）以山东省泰安市棕壤为研究对象，基于土壤含水量实测值以及土壤光谱反射率的平方根的一阶微分变换数据，采用可变模糊识别预测方法建立了土壤含水量高光谱估测模型。

泰安市（116°20′—117°59′E，35°28′—36°28′N）位于山东省中部泰山脚下，属温带半湿润大陆性季风气候区，具有明显的高山气候特征。全市地貌类型多样，山地、丘陵、平原等相间分布，主要土壤类型为棕壤。

在泰安市周边地区共采集 94 个样本。在室外，采用美国 ASD 公司生产的 ASD FieldSpec Pro FR 便携式光谱测量仪，对 94 个土壤样本进行反射光谱测定，光谱范围为 350～2500nm，光谱重采样间隔为 1nm。在实验室内采用烘干法测定土壤含水量，土壤含水量的统计特征如表 5-1 所示。

表 5-1　土壤含水量的统计特征

最小值/%	最大值/%	均值/%	标准差/%	变异系数/%
6.567	19.895	13.113	10.457	24.660

94 个样本的原始光谱反射率与土壤含水量的相关系数的绝对值均在 0.70 以下。经过比较分析,去除编号 20、30、69、80 的 4 个异常样本后,90 个样本的各波段反射率与含水量的相关系数明显提高,最大相关性接近 0.80。将样本集分为两部分:72 个样本用于建立模型,18个样本用于检验模型的精度。

对原始光谱数据进行变换处理,然后计算变换后光谱数据与土壤含水量的相关系数。根据极大相关性原则,选取 5 个波段的平方根的一阶微分光谱作为预测因子,如表 5-2 所示。

表 5-2　土壤含水量的特征波段

波段/nm	669	762	1022	1235	2060
相关系数	− 0.790	− 0.761	− 0.700	− 0.697	− 0.658

根据式(5-125)进行预测因子归一化,72 个建模样本预测因子的最大、最小特征值如表 5-3 所示。

表 5-3　预测因子的最大、最小特征值

指　　标	x_{1j}	x_{2j}	x_{3j}	x_{4j}	x_{5j}
最大值	0.580	0.533	0.661	0.723	0.536
最小值	0	0	0	0	0

经过多次试验比较,当级别数 $c = 6$ 时,预测效果最好。下面以编号为 61 的样本检验结果为例,具体说明可变模糊识别预测的基本计算步骤。

根据土壤含水量和预测因子的最大、最小值,按均匀分级原则,根据式(5-126)可得分级值区间矩阵 I_{ef}、I_{ab},即:

$$I_{ef} = ([6.567,8.788][8.788,11.010][11.010,13.231]$$
$$[13.231,15.452][15.452,17.674][17.674,19.895])$$

$$I_{ab} = \begin{pmatrix} [0,0.097] & [0.097,0.193] & [0.193,0.290] & [0.290,0.387] & [0.387,0.483] & [0.483,0.580] \\ [0,0.089] & [0.089,0.178] & [0.178,0.267] & [0.267,0.356] & [0.356,0.444] & [0.444,0.533] \\ [0,0.110] & [0.110,0.220] & [0.220,0.331] & [0.331,0.441] & [0.441,0.551] & [0.551,0.661] \\ [0,0.120] & [0.120,0.241] & [0.241,0.361] & [0.361,0.482] & [0.482,0.602] & [0.602,0.723] \\ [0,0.089] & [0.089,0.179] & [0.179,0.268] & [0.268,0.358] & [0.358,0.447] & [0.447,0.536] \end{pmatrix}$$

由矩阵 I_{ef}、I_{ab} 以及式(5-130)、式(5-132),分别确定土壤含水量与预测因子的点值映射矩阵 Y、K,即:

$$Y = (6.567,9.899,12.120,14.342,16.563,19.895)$$

$$K = \begin{pmatrix} 0 & 0.145 & 0.242 & 0.338 & 0.435 & 0.580 \\ 0 & 0.133 & 0.222 & 0.311 & 0.400 & 0.533 \\ 0 & 0.165 & 0.276 & 0.386 & 0.496 & 0.661 \\ 0 & 0.181 & 0.301 & 0.422 & 0.542 & 0.723 \\ 0 & 0.134 & 0.223 & 0.313 & 0.402 & 0.536 \end{pmatrix}$$

根据式(5-133),将矩阵 I_{ab} 中的渐变式质变点 b_{ih} 插入到矩阵 K 中的相邻元素之间,可得到预测因子 x_i 的点值映射矩阵 T。

$$T = \begin{pmatrix} k_{i1} & b_{i1} & k_{i2} & b_{i2} & k_{i3} & b_{i3} & k_{i4} & b_{i4} & k_{i5} & b_{i5} & k_{i6} \\ 0 & 0.097 & 0.145 & 0.193 & 0.242 & 0.290 & 0.338 & 0.387 & 0.435 & 0.483 & 0.580 \\ 0 & 0.089 & 0.133 & 0.178 & 0.222 & 0.267 & 0.311 & 0.356 & 0.400 & 0.444 & 0.536 \\ 0 & 0.110 & 0.165 & 0.220 & 0.276 & 0.331 & 0.386 & 0.441 & 0.496 & 0.551 & 0.661 \\ 0 & 0.120 & 0.181 & 0.241 & 0.301 & 0.361 & 0.422 & 0.482 & 0.542 & 0.602 & 0.723 \\ 0 & 0.089 & 0.134 & 0.179 & 0.223 & 0.268 & 0.313 & 0.358 & 0.402 & 0.447 & 0.536 \end{pmatrix}$$

将 61 号检验样本特征值向量转置,并列于点值映射矩阵 T 的右侧,比较向量值 x_i($i=1$,2,3,4)落入矩阵 T 内的位置,根据式(5-134)、式(5-135)计算因子 x_i 对级别 h 的相对差异度。

例如,61 号样本的第一个预测因子值为 0.237,落入 T 矩阵的 b_{12} 与 k_{13} 之间。则该预测因子对 2、3 级的相对差异度为:

$$D_{13}(x_1) = \frac{b_{12} - x_1}{b_{12} - k_{13}} = \frac{0.193 - 0.237}{0.193 - 0.242} = 0.911$$

$$D_{12}(x_1) = -D_{13}(x_1) = -0.911$$

没有落入的其他区间级别,其相对差异度都为 -1。

最后得到一个相对差异度矩阵,即:

$$D = \begin{pmatrix} -1 & -0.911 & 0.911 & -1 & -1 & -1 \\ -0.522 & 0.522 & -1 & -1 & -1 & -1 \\ 0.264 & -0.264 & -1 & -1 & -1 & -1 \\ -1 & -1 & 0.557 & -0.557 & -1 & -1 \\ -1 & -1 & 0.969 & -0.969 & -1 & -1 \end{pmatrix}$$

利用式(5-138)计算各因子权重向量为:

$$W = (0.224, 0.212, 0.192, 0.187, 0.185)$$

根据式(5-137)计算 61 号待检验样本对级别 h 的相对隶属度向量为:

$$v_h = (0.172, 0.242, 0.541, 0.044, 0, 0)$$

根据式(5-139),计算多因子综合作用下的 61 号待检验样本的级别特征值为 $H = 2.458$。

根据 H 的大小,确定 $h = 2$;根据式(5-140)计算 61 号待检验样本的土壤含水量预测值 $\hat{y}$。

$$\hat{y} = y_2 + (y_3 - y_2)(H - h)$$
$$= 9.899 + (12.120 - 9.899) \times (2.458 - 2) = 10.916$$

同理,对 18 个检验样本进行全部检验,并利用相对误差评价预测结果的精度。结果表明,绝大部分检验样本的相对误差较小,在 7% 以内,只有 36 号样本的相对误差较大,为 11.921%;61 号样本相对误差最小,仅 0.035%;所有检验样本的平均相对误差为 2.761%。绘制预测值与实测值的散点图(略),样本点均匀分布在趋势线两侧,决定系数 R^2 为 0.972。

第6章　高光谱遥感技术的应用

高光谱遥感技术已得到广泛应用。本章重点介绍高光谱遥感技术在植被监测、精细农业、土壤性状监测、环境质量监测、农产品检测、地质调查以及在医学医药、化学与化工和国防安全中的应用。

6.1　高光谱遥感技术在植被监测中的应用

高光谱遥感已成为地表植被地学过程对地观测的强有力的工具,其特点是在特定光谱域以高光谱分辨率同时获取连续的地物光谱图像,使得遥感应用着重于在光谱维上进行空间信息展开,定量分析地球表层生物物理化学过程和参数。

植被反射光谱在不同的波段有不同的响应。如图 6-1 所示,在可见光范围受叶绿素、类胡萝卜素等植被色素和植被覆盖度的影响,在近红外区域主要受细胞结构、组成成分影响,在红外区域则主要受含水率的影响。植被在不同波段的光谱响应规律成为定量分析地表植被生物物理化学过程和参数的基础。

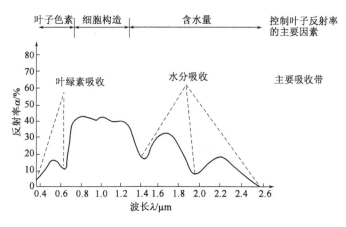

图 6-1　健康植被的反射光谱曲线

高光谱遥感作为一种新的遥感技术已经在植被指数、植被叶面积指数、光合有效辐射等因子的估算中以及在植被生物化学参数分析、植被生物量和作物单产估算、作物病虫害监测中得到广泛的应用。

高光谱遥感植被指数反演是植被高光谱遥感的主要内容之一。通过植被指数反演可以提取植物生物物理参数的定量信息。目前,植被指数已广泛应用在植被监测中,常见的植被指数有：

① 比值植被指数(RVI)：它是绿色植物的灵敏指示参数，与叶面指数(LAI)、叶干生物量(DM)、叶绿素含量相关性高，可用于检测和估算植物生物量；

② 归一化植被指数(NDVI)：用于检测植被生长状态、植被覆盖度和消除部分辐射误差等；

③ 差值\环境植被指数(DVI\EVI)：对土壤背景的变化极为敏感；

④ 绿度植被指数(GVI)：是各波段辐射亮度值的加权和，而辐射亮度是大气辐射、太阳辐射、环境辐射的综合结果；

⑤ 垂直植被指数(PVI)：可较好地消除土壤背景的影响。

Ceccato 等利用短波红外波段(700~1300 nm)与近红外波段(1600 nm 和 820 nm)附近波段的比值来对植被的含水量进行预测，研究发现比值指数比用单一波段进行水分含量预测的模型有更高的准确度。朱西存等建立了基于光谱指数的苹果叶片水分含量预测模型，发现苹果叶片水分含量的敏感波段主要集中在近红外和短波红外波段，并以主成分回归分析法建立了苹果叶片水分含量预算模型，模型具有较好的敏感性和稳定性。

高光谱遥感技术在植被生长监测中的应用，主要分为以下三个方面：

(1)植被长势监测

植被长势是植被生长发育状况评价的综合参数。长势监测是对植被苗情、生长状况与变化的宏观监测。构建时空信息辅助下的遥感信息技术与植被生理特性及植被长势之间的关系模型，可监测植被长势。利用遥感技术在植被生长不同阶段进行观测，可获得不同时间序列的图像。农田管理者可以通过遥感提供的信息，及时发现植被生长中出现的问题，采取针对性措施进行田间管理(如施肥、喷施农药等)。管理者可以根据不同时间序列的遥感图像，了解不同生长阶段中植被的长势。杨勇等(2011)运用逐步回归分析法，建立了柑橘叶片含水率模型；姚云军等(2008)通过采集作物不同生长时期的遥感影像，探索了作物的节律特征；浦瑞良和宫鹏(1997)使用多元统计和光谱导数技术，评价小型机载成像光谱仪(CASI)数据用于估计冠层生化浓度(总叶绿素、全氮和全磷)的潜力和效率。

(2)作物估产

赵晓庆等(2017)以多旋翼无人机为平台，搭载 Cubert UHD185 成像高光谱传感器的无人机遥感农情监测系统，获取了大豆多个生育期的无人机高光谱数据冠层光谱，较为准确地估测了大豆产量；白丽等(2008)以 $VARI_{700}$ 抗大气植被指数建立棉花各生育期的产量预报模型；王韬等(2006)采用多维偏最小二乘算法，建立了冬小麦亩产量估产模型。刘良云等(2004)以(890nm,1200nm)弱水汽吸收光谱指数为例，建立了冬小麦各个生育期的产量预报模型。

(3)植被病虫害监测

植物病虫害的监测是通过监测叶子的生物化学成分来进行的。植物光谱维方向的特征信息主要集中在由植物叶片中生物化学成分含量的变化形成的吸收波形处。植物光谱的导数实质上反映了植物内部物质(叶绿素及其他生物化学成分)的吸收波形的变化。病虫害感染导致叶子叶肉细胞结构发生变化，使得叶子的光谱反射率也发生了变化。程帆等(2017)采用 RF 和 RC 方法提取特征波段，并建立过氧化物酶活性值的 PLSR 预测模型，成功地应用可见/近红外高光谱对细菌性角斑病早期胁迫下的黄瓜叶片中所含过氧化物酶(peroxidase,POD)活性进行了检测。王植等(2010)利用高光谱遥感技术监测板栗病虫害，分析了其现实意义并深入探讨其可行性。季慧华(2013)研究了受螟虫迫害水稻与健康水稻的拉曼光谱的区别，并通过受害水稻的纵向研究来探索早期检测的可行性。

目前,运用地面与航空遥感进行植被监测的试验较多,这为将来应用航天高光谱遥感数据进行研究奠定了基础。

6.2 高光谱遥感技术在精细农业中的应用

农业生产具有生产分散性、时空变异性、灾害突发性等人们难以用常规技术掌握和了解的基本特性,是长期以来农业生产一直处于被动地位的原因。随着科学技术日新月异地发展,农业生产向精准农业方向发展的趋势日益凸显。精准农业(precision agriculture,PA)是按照田间每一单元的环境条件和作物产量的差异性,在合适的地点和时间,施用适量的水、肥、药和种子等,从而精准地进行施肥、播种、灌溉、杀虫、除草、收获等,用较小的投入获取较高的收益,并将环境污染降低到最低程度的农业生产技术。

遥感技术是在现代物理学、空间科学、电子计算机技术、数学方法和地球科学理论的基础上发展起来的一门新兴的、综合性的交叉学科,是一门先进的、实用的探测技术。农业是遥感最先投入应用的领域。高光谱遥感技术以其高光谱分辨率的特点,以连续窄波段的光谱反射率变化来反应地物细微的光谱特性,广泛应用于精准农业的生产实践中。

农田精准化施肥是精准农业的重要组成部分。农田精准施肥是根据土壤养分含量和作物养分胁迫的空间分布情况来控制肥料的使用量,以获得最大的经济和环境效益。为达到这一目的,土壤和作物养分的信息不可或缺。通过地面、近地无人机和卫星高光谱遥感技术,对作物营养组分(氮、磷、钾)和长势进行监测,可提供作物养分和生长情况信息,同时在地理信息系统、专家系统和决策支持系统的支持下,生成作物不同物候期生长情况的"诊断图",为指导合理精准施肥提供可靠的依据。

自20世纪70年代以来,土壤和作物营养的光谱诊断已经在探测范围、波段宽度有了大幅提升。从最初的宽波段的多光谱遥感技术,到很多窄波段的高光谱技术,再到包含海量光谱信息的高光谱成像技术,在土壤和作物营养诊断遥感监测中都做了很多研究。

近20年来,利用遥感进行作物养分(尤其是氮)实时监测和快速诊断一直是农业应用研究的热点,其中,高光谱遥感可很好地对作物养分进行诊断和监测(姚云军等,2008)。基本原理就是利用作物氮、磷、钾等含量的变化会引起作物叶片生理和形态结构变化,造成作物光谱反射特性变化的特性。作物养分高光谱诊断与监测方法主要包括多元统计回归方法诊断作物养分含量、基于特定吸收波段内波谱特征参数的作物养分诊断。

在地面高光谱遥感应用方面,Blackmer等利用波段范围为350~1050 nm的ASD光谱仪研究发现:基于550 nm和710 nm两个波段反射率之比对玉米冠层氮含量反应敏感;王仁红等(2014)通过设计不同氮素水平和品种类型的冬小麦田间试验,筛选叶片氮含量和冠层氮密度反演效果较好的参数,建立其与氮营养指数的经验模型,用来反演评价冠层氮素营养状况;王树文等(2016)研究不同氮水平下的水稻叶片,通过高光谱成像技术,分析拔节期水稻叶片光谱数据,采用全波段高光谱数据、连续投影算法及分段主成分分析与相关分析相结合的方法建立多种反演模型,并对估算模型进行检验和筛选。房贤一等(2013)利用高光谱数据对苹果盛果期冠层叶绿素含量进行估测,分析光谱指数与冠层叶绿素含量的相关性,利用逐步回归分析构建叶绿素含量反演模型;Reeves等(1999)发现基于NIRS(近红外光谱)的土壤总氮预测精度受土壤类型的影响较大;韩兆迎等(2014)对土壤高光谱数据进行变换和分析,筛选出与土壤有机质含量相关性高的敏感波长,构建土壤有机质含量的反演模型。

在卫星遥感应用方面,主要是利用 Hyperion 高光谱数据构建植被指数。Wu 等(2010)利用 Hyperion 高光谱数据红边的多个植被指数,对多种作物的叶绿素含量进行光谱监测,为进一步氮素诊断和变量施肥提供依据。

在近地无人机遥感应用方面,高林等(2016)利用 ASD FieldSpec FR Pro 2500 光谱辐射仪和 Cubert UHD185 Firefly 成像光谱仪在冬小麦试验田进行地空联合试验,基于获取的孕穗期、开花期以及灌浆期地面高光谱数据和无人机高光谱遥感数据,估测冬小麦 LAI;罗丹(2017)借助低空无人机获取高光谱遥感影像数据,分析全波段反射率与叶片氮含量的相关性,构建光谱指数,建立估测模型并优选出精度较高的 BP 和 RBF 人工神经网络模型,进而实现了小区域范围内冬小麦叶片氮含量的空间反演。

6.3 高光谱遥感技术在土壤性状监测中的应用

分析土壤的相关特性,传统的方法是野外采样,然后进行室内的化学分析。这种分析方法虽然较精确,但要消耗大量的时间、人力和物力,且采样点数量有限,因此该方法在快速监测大范围土壤的时空分布及其变化规律时具有较大的局限性。土壤光谱是各种土壤属性的综合反映,土壤光谱分析技术具有分析速度快、成本低、无危险、无破坏、可同时反演多种成分等特点,为土壤研究提供了新的手段与方法。目前,普遍认为土壤的有机质含量、含水量、氧化铁含量、机械组成、母质等是影响土壤光谱特性的主要理化性状。

早期对土壤含水量的研究,主要集中于土壤含水量较低的情况,所以认为土壤反射率随着土壤含水量的增加而降低。随着研究的进一步深入和扩展,发现土壤含水量较高时会出现相反的现象。目前,普遍认为对于可见光到短波红外所有波段而言,当土壤含水量低于田间持水量时,土壤反射率随着土壤含水量的增加而降低;而当土壤含水量高于田间持水量时,土壤反射率随着土壤含水量的增加反而增加。刘伟东等(2004)通过使用相对反射率方法、一阶微分方法、差分方法,对土壤表面湿度进行预测并且进行验证,结果表明,从总体上看,反射率倒数的对数的一阶微分与差分方法对土壤水分的预测能力较强,另外尝试了对高光谱遥感图像进行土壤表面湿度的填图,建立了较为精细的土壤表面湿度空间分布图,对高光谱遥感在精准农业中的应用进行了有效的探索。

土壤有机质(SOM)/有机碳(SOC)是一个关键的土壤特性,对生态系统功能及可持续农业系统管理具有重要的影响,研究表明,SOM 是影响土壤光谱特征的重要因子。徐彬彬等(2000)发现去除 SOM 后反射率明显增加,去除 SOM 前后土壤的反射率差值在 $0.6\mu m$ 附近具有最大值,利用 $0.6\mu m$ 弓曲差可较好地预测 SOM 含量;史舟等(2014)对所有的土壤光谱数据采用 Savitzky-Golay 平滑加一阶微分进行转换,来减少大样本数据受到实验室光学测试环境条件差异的影响,然后对数据进行主成分变换降维处理,引入模糊 k-means 方法进行大样本光谱数据的最佳分类数目计算,并将中国土壤光谱数据分成五类,各自代表了不同的土壤矿物和有机组分,主要类型与国际同行类似成果有可比性,最后提出了采用土壤光谱分类方法结合偏最小二乘回归法(PLSR),建立土壤有机质的光谱分类–局部预测模型,结果比未分类直接采用 PLSR 方法的一阶微分–全局预测模型的精度有了显著提高;纪文君等(2012)通过研究不同类型土壤 SOM 含量与光谱关系,指出可见光光谱区域比近红外光谱区域更有用。

氮、磷、钾是植物生长必需的大量营养元素,相关学者利用高光谱对土壤中的氮、磷、钾含量进行定量反演研究。张娟娟等(2012)分析了我国 5 种不同类型土壤的 TN 及速效氮含量与近红外光谱反射率之间的关系,利用 1881 nm、2070 nm 处的反射率差值指数、比值指数、归一化指数构建了线性回归模型,其模型 R^2 均大于 0.7;周鼎浩等(2014)采用偏最小二乘回归法(PLSR),研究了不同光谱预处理方式对水稻土 TP 可见光 – 近红外高光谱反演精度的影响,结果表明,光谱预处理方法对土壤全磷反演精度的影响不大,基于 PLSR 建立的水稻土全磷光谱反演模型的 R^2 达 0.85,RPD 为 1.8;陈红艳等(2012)对土壤样本反射率对数的一阶导数光谱,分别基于 4 种函数进行多层小波离散分解,提取小波低频系数,构建土壤速效钾含量高光谱估测模型,证明结合偏最小二乘回归法预测土壤速效钾含量是可行的。然而,也有学者指出光谱反演速效磷、土壤有效钾含量的精度不高。

土壤盐渍化通常出现在气候干旱、土壤蒸发强度大、地下水位高且含有较多的可溶性盐类的地区。李娟等(2018)对干旱区土壤盐渍化的高光谱特征进行研究,分析并阐明了高光谱精度的影响因子及变换形式,研究表明,该区域的土壤高光谱信息对土壤电导率的响应较全盐量敏感,以电导率为监测指标的高光谱反演精度明显要高于全盐量;彭杰等(2014)以南疆地区温宿县、和田县、拜城县的水稻土为研究对象,通过分析土样的高光谱数据和室内测定的盐分与电导率数据,研究了耕作土壤含盐量与电导率的关系,并比较了含盐量和电导率与不同光谱指标的相关性以及二者高光谱反演的精度。结果表明,南疆水稻土的含盐量与电导率的相关性较低,二者之间的关系因地区差异而有较大的变化;含盐量与反射率、一阶微分、连续统去除之间的相关性要优于电导率,特别在一些土壤盐渍化的敏感波段尤为突出;以含盐量建立的多元线性回归、主成分回归、偏最小二乘回归模型的决定系数和相对分析误差均高于电导率。研究表明,高光谱信息对土壤含盐量的响应比电导率更敏感,以含盐量为监测指标的高光谱反演精度明显要优于电导率。

龚绍琦等(2010)以如东县洋口镇为研究区,通过对土壤反射光谱的测量和同步的土壤化学分析,研究了土壤重金属 Cr、Cu、Ni 与土壤黏土矿物、铁锰氧化物以及碳酸盐之间的赋存关系。利用光谱一阶微分、倒数对数和连续统去除法对土壤光谱的处理,获得了土壤成分的特征波段,通过土壤重金属与土壤光谱变量的相关分析,并利用逐步回归分析方法,确立了 3 种重金属元素的最佳遥感模型;王维等(2011)证明土壤重金属铜含量与土壤全铁和镁含量显著相关,而与土壤有机质的相关性不显著,表明红壤性土壤黏土矿物对土壤铜含量影响较大,与重金属铜含量相关性较好的波段在 830 nm、1000 nm 和 2250 nm 附近,且一阶微分模型精度(79%)高于反射率模型(66.26%)和倒数对数模型(67%)的精度。

6.4 高光谱遥感技术在环境质量监测中的应用

高光谱遥感技术在环境质量监测中主要应用在以下几个方面:

(1)大气环境遥感监测

大气遥感是利用传感器对大气结构、状态及变化进行监测。大气传感器可以监测大气中的 O_3、CO_2、SO_2、CH_4 及气溶胶、有害气体的三维分布。这些物理量通常不可能用遥感手段直接识别。但是,由于水汽、CO_2、SO_2、CH_4 等微量气体成分具有各自分子所固有的辐射和吸收光谱,可以通过测量大气的散射、吸收及辐射的光谱而从中识别出来。

自 1978 年以来,科学家们利用搭载在 Nimbus – 7 卫星上的臭氧制图光谱仪(TOMS)对大气中臭氧进行了卫星观测,开创了利用遥感手段对全球变化进行研究的先河。

赵靓(2017)使用 GOSAT 卫星数据与 TCCON 地基反演结果,反演了大气中的 CO_2 和 CH_4。闫欢欢等(2010,2015)利用紫外 – 可见光高光谱传感器 OMI 观测数据,分析了近 10 余年(2004~2014年)全球和中国区域 NO_2 和 SO_2 空间分布特征、长时间序列变化和季节变化特征,并利用 OMI 传感器反演了大气中的 SO_2。

(2)水环境遥感监测

利用遥感技术可以直接或间接探测的水体,包括叶绿素 a 浓度(Chl - a)、悬浮泥沙含量、水深(水体透明度 SD)、水温、黄色物质(溶解性有机物 DOM)等。

水中悬浮固体(SS)含量是水质指标的重要参数之一。SS 不仅可以作为水体污染物的示踪剂,其含沙量的多少还直接影响水体的透明度、水色等光学性质。一般来说,对可见光遥感而言,580~680 nm 对不同泥沙浓度出现辐射峰值,即对水中泥沙反应最敏感,是遥感监测水中悬浮物质的最佳波段,被陆地卫星、NOAA、风云气象卫星及海洋卫星选择。

国际上卫星遥感气溶胶的研究开始于 20 世纪 70 年代中期,我国科学家从 80 年代中期开始进行这方面的研究。1986 年赵柏林等利用 NOAA/AVHRR 资料,对海上大气气溶胶进行了研究,由于是研究的尝试阶段,仅对渤海上空一个点进行了测量,结果表明,对气溶胶浓度计算所达到的精度可以满足气候和环境研究的需要。刘莉利用 GMS - 5 可见光通道,研究了湖面上空气溶胶光学厚度,试验证明了该方法的可行性。毛节泰、李成才等(2005)利用 MODIS 资料和地面多波段光度计资料,对整个中国、中国东部地区及四川盆地等地的气溶胶特性做了大量的研究工作,并取得了一定的成果。

曹引等(2018)提出了基于离散粒子群和偏最小二乘的水体浊度反演模型,利用 HJ - 1A HSI 高光谱数据反演了微山湖水域水体浊度。潘邦龙等(2017)利用 HJ - 1A 卫星 HSI 高光谱遥感数据,结合地面实测样点数据,构建基于空间八邻域与遗传算法的水体叶绿素 a 高光谱遥感反演模型。黄彦歌(2017)利用 ASD 地物光谱仪和 Landsat8 - OLI 影像对珠江口内伶仃洋水质参数进行了分析研究,分别建立了叶绿素 a 浓度、悬浮物浓度遥感反演模型。

(3)生态环境监测

徐明星等(2011)通过分析同历史时期土壤光谱信息,构建了历史时期土壤重金属含量的高光谱反演模型,结果表明,Cd、Cr、Cu、Ni 和 Pb 含量与原始光谱在 400~550 nm 和 1000~2500 nm 存在显著相关。

王明宽等(2017)利用 ASD 高光谱野外采集土样高光谱数据,然后采用多元回归和主成分分析方法建立估测氯离子含量的高光谱模型,以快速估测氯离子含量。

涂玉龙(2018)利用 ASD 地物光谱仪和实验室电感耦合等离子发射光谱法测定 83 个土壤样品 350~2500 nm 光谱信号和 Cu 含量,建立土壤 Cu 含量反演模型,反演了土壤 Cu。迟光宇(2017)利用高光谱遥感研究了农田重金属污染。徐良骥(2017)利用高光谱研究了煤矸石充填复垦区 Cu、Cr、As,分别对三种重金属物质进行了建模反演。

6.5 高光谱遥感技术在农产品检测中的应用

农产品是人类生产生活的必需品和国家重要的经济来源之一,随着社会经济的不断发展,人们对农产品的品质和安全问题越来越重视。因此,做好农产品内外部品质检测和质量监管工作尤为重要。目前农产品检测方法存在破坏样本、检测时间长、污染环境等缺点。随着现代科学技术的发展,无损检测技术已被应用于农产品检测。农产品无损检测技术是在不破坏被检测农产品的情况下,利用热、声、光、电、磁等技术对农产品内外品质进行测定和分析的方法,提高了农产品检测效率,降低检测成本。高光谱成像技术作为兴起于 20 世纪 80 年代的新一代光电检测技术,是一种图像及光谱的融合技术,在农产品的品质与安全性检测中,可以得到产品内外品质的全面检测信息,其光谱技术可以检测农产品内部物理结构和化学成分,图像技术能反映农产品外部特征、表面缺陷和污斑情况。因此,高光谱成像技术已成为农产品检测的一个重要手段,可以精确、快速、无损地获取农产品内外品质特性。

(1)在粮食品质检测中的应用

近几年来,研究人员应用高光谱成像技术对粮食品质进行检测取得了较好的发展。Monteiro 等(2007)应用高光谱成像技术对绿色大豆中糖度和氨基酸含量进行预测,结果表明,基于 PCA 建立的模型由于在 900 nm 以上波谱范围的信噪比低而产生误差,并且 PCA 模型的精确性还受到协方差累计误差的影响;基于 ANN 建立的模型对分析绿大豆的糖度和氨基酸含量有较好的效果,二阶导数非线性回归模型对大豆中的葡萄糖、蔗糖、果糖能够进行较好的预测,在可见光和近红外光谱段能够对氨基酸含量进行较好的预测。李江波等(2010)用高光谱成像技术(450~900 nm)及 ANN 对玉米含水率进行检测,通过玉米粒反射光谱图像获取反映其含水率的光谱特征波长,利用 ANN 建立玉米粒含水率的预测模型,模型相关系数达到0.98,预测结果误差绝对值最大为 2.1182、最小为 0.0024,相对误差绝对值的平均值为0.309%,研究表明该技术对玉米含水率进行无损检测是可行的。

(2)在水果品质检测中的应用

利用高光谱成像技术对水果品质进行无损检测已成为近年来的一个研究热点,国内外许多学者利用高光谱成像技术开展了对梨、苹果、番茄等水果品质进行无损检测的研究工作,并取得较好的研究结果。Kim 等(2001)通过高光谱成像技术对苹果表面的缺陷、擦伤以及真菌病等进行检测,发现在 680 nm 下检测效果明显。马本学等(2009,2012)通过高光谱成像技术,获取哈密瓜糖度光谱图像,选取 500~820 nm 为有效波段,分别采用 PLS、SMLR 和 PCR 方法,建立了带皮和去皮哈密瓜糖度检测模型,结果证明 SMLR 检测去皮哈密瓜糖度效果最好。李江波等(2010)利用高光谱成像技术,通过特征波段主成分分析法及波段比算法,有效地对带有溃疡病斑的脐橙进行分类识别。洪添胜等(2007)利用高光谱图像系统提取雪花梨中糖和水的光谱响应和形态特征参数,获取样品含糖量和含水率的敏感水分吸收光谱带,利用人工神经网络建立雪花梨含糖量和含水率预测模型及利用投影图像面积预测雪花梨鲜重。

(3)在蔬菜品质检测中的应用

采用传统机器视觉技术识别一些蔬菜表面的损伤是非常困难的,而高光谱成像技术在识别这类缺陷中表现出了较大的潜力。Xing 等(2006)通过高光谱成像技术,采用 PLSDA、COR-RELELOGRAM 和 GA 3 种方法,对西红柿表面的机械擦伤的特征波长进行选择和提取,通过分析 PLSDA 和 GA 图谱,发现在 640~750 nm 检测红色西红柿表面擦伤和 515~575 nm 下检测绿色西红柿表面擦伤都是可行的;在 930 nm 下能够较好地区分花萼和机械擦伤;用 PCA 法对不同光源的位置下的数据进行分析发现,垂直光源和平行光源对分析机械擦伤最有效。石吉勇等(2011)通过高光谱图像技术,利用 ICA 方法提取黄瓜叶子高光谱图像的独立分量信号,通过逐步线性回归进行优选,建立了叶绿素浓度回归模型。

(4)在肉类品质检测中的应用

表面安全检测和肉质评价是高光谱技术在畜产品品质检测分析主要研究的两大方向。Barbin 等(2012)利用高光谱技术,研究猪肉等级的分类,在近红外光谱选取 960nm、1074nm、1124nm、1147nm、1207nm、1341nm 为特征波长,利用主成分分析方法得到猪肉分类精度为96%。陈全胜等(2010)利用高光谱技术对 78 个猪肉样本在 400~1100 nm 范围进行光谱数据采集,通过 PCA 分析光谱数据进行降维,从中优选出 3 幅特征图像,并从每幅特征图像中分别提取对比度、相关性、角二阶矩和一致性 4 个基于灰度共生矩阵的纹理特征变量;再通过 PCA 对 12 个变量分析提取 6 个主成分变量,根据剪切力判断样本嫩度的分级结果,利用 ANN 法构建判别模型。结果表明,对校正集样本的判别正确率为 96.15%,预测集样本的判别正确率为 80.77%。

6.6 高光谱遥感技术在地质调查中的应用

地质应用是高光谱遥感应用最早、最成功的领域之一。20 世纪 80 年代以来,高光谱遥感被广泛地应用于地质、矿产资源及相关环境的调查中,尤其是在矿物识别与填图、岩性填图、矿产资源勘探、矿业环境监测、矿山生态恢复和评价等方面。

高光谱遥感应用于地质是光学、结晶学、光谱学、传感器技术和图像处理技术等学科共同发展的结果。它具有将高光谱分辨率的图像与光谱合二为一的特点,不仅能有效地直接识别地表物质,而且还能更深入地研究地表物质的成分及结构。高光谱遥感在地质中的应用可概括为以下几个方面。

① 制作基础地质图件。利用高光谱图像丰富的光谱和纹理信息,可以全面、快速、经济有效地对研究区岩石分布、构造形迹展布及沉积环境等进行综合研究,为相应的各种地质研究提供信息并加以更新。在研究区中可以利用图像光谱特征与光谱数据库中光谱的相似性,如光谱角度填图,进行岩石识别与分类,从而绘制不同岩石类型的分布图、不同构造单元的岩相图、不同变质程度的变质岩分级图以及火山岩系、火山的调查图等专题图。

② 反演大地构造演化过程。根据高光谱吸收特征的细微差别,利用遥感信息提取技术,加强对变质岩系的光谱特征研究,建立高光谱遥感变质岩原岩恢复模型,再造动力变质环境。对沉积岩区可通过加强该区沉积岩系的识别与分类制图,进行区域对比,进行古地理环境再造。对岩浆岩区的研究则可根据该区火山岩系的高光谱岩性识别与制图,全面展示不同构造的展布情况和空间关系。由火成岩和区域岩浆活动特征,进行古大陆岩石圈构造单元划分与大地构造环境再造。

③ 显示地质体空间关系。结合高光谱图像的纹理信息,利用定量遥感模型,确定岩矿的分布,进行岩矿空间分布关系研究。

④ 成矿预测。通过岩石光谱信息模型,反演某些指示矿物的丰度分布。结合遥感专题图件以及丰富的纹理信息,借助于相应的成矿模式和理论,可以从全局、综合的角度对研究区的矿产进行可持续的勘探和开发。

孙永彬等(2018)分别采用 HyMap 航空成像光谱仪和 Field Spec Pro FR 光谱仪,依据铜金矿床地表矿化蚀变现象明显,发育的褐铁矿化 + 黄钾铁矾化 + 绢云母化形成地物反射光谱特征,建立了红山铜金矿床高光谱遥感地空综合找矿模型。童勤龙等(2017)利用航空高光谱 SASI 数据,结合野外实测光谱,提取新疆吉木萨尔西大龙口地区油气渗漏引起的烃及高岭土化信息,利用高光谱技术研究了油气探测。贺金鑫等(2017)基于大营铀矿区的 Hyperion 卫星高光谱遥感影像数据,提出重点提取出含铁离子、碳酸盐、黏土矿物等典型矿化蚀变信息的研究方法,所提取出的多数矿化蚀变信息能作为该地区铀矿勘查工作中的重要找矿标志。李美玉等(2017)通过研究铀矿区的钻孔岩心 HySpex 成像光谱数,识别出高岭石、蒙脱石、伊利石、方解石、白云母 5 种蚀变矿物。王瑞军等(2016)利用 HyMap 和 CASI/SASI 高光谱数据,在前人未知盲区新发现品位较高、规模较大的金矿化线索,取得显著找矿效果。许文文等(2018)利用 Landsat 8 遥感数据 2、4、5、6 波段进行主成分分析,提取研究区内基性 - 超基性岩信息,对 BINARA 地区铬铁矿进行遥感找矿预测,确定研究区内的 Fe 含量为一级异常的区域作为预测区。刘德长等(2017)利用 CASI/SASI/TASI 航空高光谱成像系统,在甘肃北山柳园 – 方山口地区,发现了 7 处找矿靶区,取得了明显的找矿效果。

高光谱遥感技术在地质找矿中有其独特的优势,主要是可快速、大面积地提取蚀变矿物,从而可以识别规模小的近矿围岩蚀变。找矿实际上就是找近矿围岩蚀变。张翠芬等(2017)结合高空间分辨率 WorldView – 2 数据和高光谱分辨率 Hyperion 数据,以新疆乌恰县矿物岩石识别与地层划分为例,探讨多源遥感数据协同的岩性分类。孙永彬等(2018)以 CASI/SASI 航空高光谱遥感数据为数据源,以干旱半干旱高寒山区景观区为研究背景,评价研究该区 CASI/SASI 航空高光谱蚀变矿物遥感信息提取效果,通过野外地质调查,发现了镍、铁、钴、钒、钛、铜等元素多金属矿化线索,并最终圈定了 YC01 和 YC02 两处找矿预测区。王瑞军等(2017)研究成矿信息的遥感地质特征、遥感影像特征、遥感蚀变矿物信息特征,进一步构建遥感解译找矿模型,利用该找矿模型,在索拉克周边区域圈定多金属找矿预测区。杨雪等(2016)采用 ASD FieldSpec 3 型便携式地物光谱仪,对矿集区土壤样本进行高光谱反射率测定,通过研究得到 As、Cd 和 Zn 的光谱特征参数,并从 Aster 影像对应的特征波段上实现该 3 种元素含量的反演。

6.7 高光谱遥感技术在医学医药中的应用

高光谱遥感技术在医药医学领域中主要运用的是成像技术。传统医学成像诊断显示的是生物组织病变的解剖变化,这种成像方法已经不能适应生命科学和病理学发展的新要求。如何从细胞水平甚至分子水平研究疾病发生发展机制并探讨诊断和治疗疾病的有效方法,已经成为影像学、生物学和临床医学研究的热点。高光谱成像技术(hyperspectral imaging, HSI)由 20 世纪 70 年代的多光谱遥感成像技术发展而来,HSI 技术生成的高光谱图像由图像空间信息和光谱信息两部分构成。高光谱图像上在可见光、红外以及近红外波段上提供了连续的光谱信息,可实现单波段或任意波段组合的成像,从而实现了图谱合一。HSI 在生物医学领域的应用仍然是一项比较新的技术,作为一种诊断和评估治疗的非侵入性方法具有广泛的潜在用途。在测量不同波长的光的反射和吸收时,HSI 具有从高光谱图像中提取每个像素的光谱特征,同时提供关于不同组织成分及其空间分布信息的能力。在特定波长下,不同病理状态组织的化学组成和物理特征有着不同的反射率、吸收度以及电磁能量,表现为特征光谱峰存在差异,通过分析这些光谱信号可以实现组织状态信息的定性或定量检测,并根据高光谱图像提供的空间分布信息,实现组织不同病态的可视化,从而诊断组织疾病状态。近十年来的文献表明,作为一种新型的、非接触式的光学诊断技术,HSI 通过光谱图像信息为临床医学提供了一种有效的辅助诊断手段,具有巨大的发展潜力。

在医疗领域,HSI 的这种能力越来越多地应用于疾病检测和手术指导中。在疾病检测中,前人已经有了大量的研究与应用,研究对象包括头部、手足、皮肤、内脏、腺体、动脉等。其中头部的研究多集中在眼睛、舌头、牙齿,内脏多集中在胃部,腺体的研究多集中在前列腺和乳腺。研究内容上关于癌症的研究较多。在手术指导方面,HSI 能作为一种视力辅助工具,提供病变区域在分子、细胞和组织水平上的光谱图像,并准确地确定其边缘位置,为外科医生实时提供手术依据,帮助医生做出手术决策,指导手术的顺利进行,也可以通过手术前后 HSI 对比检测,用于检查手术效果。HSI 为外科手术的实施提供了技术支持,提高了手术的成功率。

HSI 技术在生物医学医药领域表现出了巨大的潜力,并且已经在疾病检测和手术指导方面取得了重大的进展。但作为医学领域中的一种新兴技术,HSI 也表现出了一些不足。目前,高光谱遥感技术在医学领域的应用还停留在实验水平。

越来越精确的空间分辨率和光谱分辨率为医学研究提供更多有价值的信息的同时,也大大地增加了数据量,如何快速准确地从冗余的信息中提取出有用的信息,是当今生物医学领域面临的一大挑战。相信随着 HSI 的不断发展与改进,HSI 将在生物医学领域获得更广泛的应用并发挥更大的作用。

6.8　高光谱遥感技术在化学与化工中的应用

近红外波段指的是波长在 780～2500 nm 范围内的电磁波,一般将其分为短波近红外(780～1100 nm)和长波近红外(1100～2500 nm)。从光源发出的近红外光照射到由一种或多种分子组成的物质上,如果分子产生吸收,则该物质分子为近红外活性分子;否则,为非近红外活性分子。分子在近红外光谱区的吸收,产生于分子振动和转动状态在不同能级之间的跃迁,主要是中红外(2500～25000 nm)吸收基频(相对于分子振动状态在相邻振动能级之间的跃迁)的倍频(相对于分子振动状态在相隔一个或几个振动能级之间的跃迁)和合频(相对于分子两种振动状态的能级同时发生跃迁)。近红外光谱的波段在 2500 nm 以下,从频率范围划分,其波数在 4000 cm^{-1} 以上,因此只有频率在 2000 cm^{-1} 以上的基频振动才可能在近红外光谱区产生一级倍频,而满足该条件的主要是含氢基团(C—H、O—H、N—H、S—H)的伸缩和弯曲振动,这就为高光谱技术在化工上的应用提供了基础。20 世纪 80 年代,随着化学计量学方法的发展和引入,采用化学计量学方法在解决背景干扰及提取光谱信息方面取得了良好的结果,使高光谱技术在化学与化工上的应用得到了非常快速的发展。当前,高光谱遥感技术已逐步应用于化学成分检测和石油化工。

① 高光谱遥感技术在化学成分监测方面的应用。高光谱遥感数据以其高光谱分辨率和多而连续的光谱波段为监测土壤、植被、大气等所含化学成分提供了有力工具。高光谱技术主要应用于土壤重金属监测、污染物监测、化学气体检测以及植被作物的生物化学参数的监测方面。

② 高光谱遥感技术在石油化工方面的应用。高光谱技术以其独特的优势在石油化工领域被充分应用,囊括了从地下石油储藏的定位到石油污染监测等方面。胡畔等(2009)利用高光谱遥感识别烃蚀变矿物,达到了探测油气烃类微渗漏和定位地下油气藏的目的;崔颖等(2018)设置了 4 种方式的石油污染光谱指数值计算方法及其污染信息提取的指数取值范围,确定了土壤端元的石油污染程度。高光谱技术在石油化工的应用还包括从生产过程质量控制到石化产品质量检测等各个方面。在汽油分析上,高光谱技术主要体现在快速测定汽油族组成、汽油辛烷值、汽油物性参数、在汽油调和中的运用等方面;在柴油分析上,主要体现在对柴油组成和柴油氧化安定性的测定上;润滑油分析上,体现在对润滑油基础油的化学族组成、基础油黏度指数测定等方面。总的来说,高光谱技术已被石化企业广泛应用在石油性质、品质分析,以及在线分析监控炼油工业、汽油调和及石油大分子含量测定上,被各种重要炼油装置,如原油蒸馏、催化裂化和蒸汽裂解等普遍采用。

6.9　高光谱遥感技术在国防安全中的应用

高光谱成像技术不同于传统的单一波段成像技术,而是将成像技术和光谱测量技术相结合,获取的信息不仅包括二维空间信息,还包含随波长分布的光谱辐射信息,形成所谓的"数据立方"。丰富的目标光谱信息结合目标空间影像,极大地提高了目标探测的准确性,扩展了传统探测技术的功能。

高光谱遥感技术作为新型侦察技术而具有不同于传统(全色、多光谱)侦察技术的优势。研究表明,许多地表目标的吸收特征在吸收峰深度一半处的宽度为 20~40 nm,由于高成像光谱系统获得的连续波段宽度一般小于 10 nm,因此能以足够的光谱分辨率区分出具诊断性光谱特征的地面目标;而传统光学传感器的波段宽度一般为 100~200 nm,且在光谱上并不连续,无法探测这些有诊断性光谱吸收特征的目标。高光谱成像仪能在连续光谱段上对同一目标同时成像,可直接反映被观测物体的光谱特征,甚至物体表面物质的成分,使目标检测识别能力显著提高,且目标的探测由定性分析转为定量分析成为可能。

军方一直是推动高光谱技术研究的一个重要需求方。从事高光谱成像应用的 Galileo 公司发展之初便为美国政府的一系列工程服务,如通过航空高光谱侦查识别地面战斗目标等。军用卫星高光谱遥感器的发展迅速,如美国海军研究室的 NEMO 卫星携带了海洋海岸高光谱仪(COIS),还有澳大利亚研制的 ARIES 卫星高光谱传感器。高光谱遥感在军事方面的应用包括以下方面。

① 情报侦查。在军事目标侦察、识别伪装方面,高光谱遥感能够依据背景与伪装目标不同的光谱特性发现军事装备;通过光谱特征曲线,可反演出目标的组成成分,从而揭露与背景环境不同的目标及其伪装。

绿色伪装材料检测的一个重要手段就是利用植被的"红边"效应,植被在 680~720 nm 反射率急剧升高,通过检测其位置和斜率的特征就可以识别植被的种类和状态。现有绿色伪装材料的光谱曲线大体上可以与植被相吻合,在多光谱侦察条件下能够满足伪装要求,但是在高光谱细微的分辨能力下,经过伪装的目标便无所遁形。

战场侦察方面,有目标识别、地雷探测、搜索营救等。识别伪装方面,它能够根据目标与伪装物或者自然物不同的光谱特性发现真正目标,包括没有先验特征目标的异常探测和识别;高光谱探测不仅因为地面物体材质不同,还因为高光谱成像仪能探测到地面被扰动的痕迹;战场逃生的飞行员或失踪人员,如果撒一些特殊物质粉末于藏匿环境中,将有利于高光谱图像中找到该区域,便于搜寻营救,而且不用发射敌方也能接收的信号;还有战场情报准备的地形分类,基于高光谱图像的地形特征和特殊背景的算法研究是一个重要应用方面,军用高光谱系统准确的地形分类能力为军事行动提供有力支持。

② 实时系统开发。高光谱实时系统应用有很广泛的需求,比如高光谱数据实时压缩系统研究,使之能够嵌入无人机等航空平台,执行军事战术任务。高光谱技术也能在智能导弹跟踪与对抗的实时系统中发挥作用,OPTO – knowledge 公司的空中目标跟踪与对抗实时识别研究,由可见光、近红外和中波红外光谱成像仪搜集信号,将传感器数字化的信号传送到计算机取景器,经过高光谱实时处理中特殊的数学变换,完成目标与干扰的识别。

③ 探测核生化武器。高光谱遥感是防止大规模杀伤性武器的技术选项,以对核查人员无害方式,通过高光谱遥感可以探测工厂的烟雾等排放物,高光谱成像仪不但可探测目标的光谱特性,还可分析识别其物质成分。

④ 打击效果评估研究。打击效果评估是军事决策的重要依据,高光谱具有很强的侦察能力,将其用于打击效果评估,尤其是对地下建筑的破坏评估是可发展的技术。

⑤ 海军作战。海军利用高光谱数据可获得近海环境的动态特性,对海水透明度、海深探

测、水下危险物、洋流、潮汐、海底类型、海洋生物发光场、海滩特征、油泄、海洋大气能见度、大气水汽量和低能见度、卷云等特性进行舰上自动化分析处理和特征提取的研究,这对海军作战有十分重大的意义。

⑥ 探测计算目标真实温度和发射率。目前,在热红外探测中,用 Planck 定律将发射率和温度这两个未知参数合并为一个参数,在辐射测温学中称为假设温度或辐射温度等。假设温度是真实温度与光谱发射率的耦合温度,并不能反映被测目标的真实温度。军事目标的热红外伪装,主要是利用低发射率遮障降低目标的辐射能量,使目标与背景耦合温度接近,则热红外探测器难以发现、识别。但是如果采用高光谱探测,在热红外波段利用线性假设构造方程,即可计算出目标表面的真实温度和发射率。高光谱突破了假设温度测量的局限性,使温度的测量求解更加逼近于物体表面的实际温度,从而更加有效地识别伪装目标与背景。

参 考 文 献

白丽,王进,蒋桂英,等.干旱区基于高光谱的棉花遥感估产研究[J].中国农业科学,2008,41(8):2499-2505.

程帆,赵艳茹,余克强,等.基于高光谱技术的病害早期胁迫下黄瓜叶片中过氧化物酶活性的研究[J].光谱学与光谱分析,2017,37(6):1861-1865.

程街亮,李洪义,史舟.不同类型土壤的二向反射光谱特性及模拟[J].光谱学与光谱分析,2008,28(5):1-5.

程立刚,王艳姣,王耀庭.遥感技术在大气环境监测中的应用综述[J].中国环境监测,2005(5):17-23.

迟光宇,郭楠,陈欣.重金属污染农田的高光谱遥感监测研究[J].土壤与作物,2017,6(4):243-250.

陈红艳,赵庚星,李希灿.小波分析用于土壤速效钾含量高光谱估测研究[J].中国农业科学,2012,45(7):1425-1431.

陈述彭,童庆禧,郭华东.高光谱分辨率遥感信息机理与地物识别[D].北京:科学出版社,1998.

陈鹏飞,刘良云,王纪华,等.近红外光谱技术实时测定土壤中总氮及磷含量的初步研究[J].光谱学与光谱分析,2008,28(2):295-298.

陈全胜,张燕华,万新民,等.基于高光谱成像技术的猪肉嫩度检测研究[J].光学学报,2010,30(09):2602-2607.

陈守煜.工程水文水资源系统模糊集分析理论与实践[M].大连:大连理工大学出版社,1998.

陈守煜.可变模糊集理论与模型及其应用[M].大连:大连理工大学出版社,2009.

陈文召,李光明,徐竟成,等.水环境遥感监测技术的应用研究进展[J].中国环境监测,2008,(3):6-11.

曹引,冶运涛,赵红莉,等.基于离散粒子群和偏最小二乘的水源地浊度高光谱反演[J].农业机械学报,2018,49(1):173-182.

崔颖,杨可明,郭添玉,等.土壤的石油污染信息高光谱遥感监测方法[J].科学技术与工程,2018,18(03):92-98.

戴昌达.中国主要土壤光谱反射特性分类与数据处理的初步研究[C].遥感文集.北京:科学出版社,1981.

邓孺孺,田国良,柳钦火.粗糙地表土壤含水量遥感模型研究[J].遥感学报,2004,(1):75-80.

房贤一,朱西存,王凌,等.基于高光谱的苹果盛果期冠层叶绿素含量监测研究[J].中国农业科学,2013,46(16):3504-3513.

福永圭之介.统计图形识别导论[M].北京:科学出版社,1978.

飞康蕴天,李敬清.近红外光谱法测定汽油辛烷值[J].现代科学仪器,2002,(1):50-52.

丰炳波.红外高光谱图像化学气体检测技术研究[D].哈尔滨:哈尔滨工业大学,2013.

高国龙.高光谱成像仪寻求军事用途[J].红外,2004,(4):48.

高慧璇.应用多元统计分析[M].北京:北京大学出版社,2005.

高林,杨贵军,于海洋,等.基于无人机高光谱遥感的冬小麦叶面积指数反演[J].农业工程学报,2016,32(22):113-120.

龚绍琦,王鑫,沈润平.滨海盐土重金属含量高光谱遥感研究[J].遥感技术与应用,2010,25(2):169-177.

龚小进,王刚,欧中华.高光谱成像技术在生物医学中的应用[J].激光生物学报,2016,25(4):289-294.

耿修瑞.高光谱遥感图像目标探测与分类技术研究[D].北京:中国科学院遥感应用研究所,2004.

郭云开,刘宁,刘磊,等.土壤Cu含量高光谱反演的BP神经网络模型[J].测绘科学,2018,43(1):135-139.

关泽群,刘继琳.遥感图像解译[M].武汉:武汉大学出版社,2007.

韩兆迎,朱西存,刘庆,等.黄河三角洲土壤有机质含量的高光谱反演[J].植物营养与肥料学报,2014,20(6):1545-1552.

贺金鑫,梁晓军,路来君,等.内蒙古大营铀矿区高光谱遥感蚀变信息提取[J].吉林大学学报(信息科学版),2017,35(2):153-157.

洪添胜,乔军,Michael O. Ngadi,等.基于高光谱图像技术的雪花梨品质无损检测[J].农业工程学报,2007,(2):151-155.

黄凤岗,宋克欧.模式识别[M].哈尔滨:哈尔滨工程大学出版社,1998.

黄彦歌.基于实测光谱与Landsat8_OLI影像的珠江口内伶仃洋水质参数遥感反演[D].广州:广州大学,2017.

胡红,胡广鑫,李新辉.水体水质遥感监测研究综述[J].环境与发展,2017,29(8):158+160.

胡畔,田庆久,闫柏琨.柴达木盆地烃蚀变矿物高光谱遥感识别研究[J].国土资源遥感,2009,(2):54-61.

胡著智,王慧麟,陈钦峦.遥感技术与地学应用[M].南京:南京大学出版社,1999.

何挺,王静,林宗坚,等.土壤有机质光谱特征研究[J].武汉大学学报(信息科学版),2006,31(11):975-979.

纪文君,史舟,周清.几种不同类型土壤的VIS-NIR光谱特性及有机质响应波段[J].土壤,2012,31(3):277-282.

纪文君,李曦,李成学,等.基于全谱数据挖掘技术的土壤有机质高光谱预测模型研究[J].光谱学与光谱分析,2012,32(9):2393-2398.

李慧华.基于光谱分析技术的水稻病虫害早期检测研究[D].杭州:中国计量学院,2013.

姜红,玉素甫江·如素力,拜合提尼沙·阿不都克日木,等.基于支持向量机回归算法的土壤水分光学与微波遥感协同反演[J].地理与地理信息科学,2017,33(6):30-36.

姜雪芹,叶勤,林怡,等.基于谐波分析和高光谱遥感的土壤含水量反演研究[J].光学学报,2017,37(10):1028001-1-11.

李江波,饶秀勤,应义斌,等.基于高光谱成像技术检测脐橙溃疡[J].农业工程学报,2010,26(8):222-228.

李江波,饶秀勤,应义斌.农产品外部品质无损检测中高光谱成像技术的应用研究进展[J].光谱学与光谱分析,2011,31(8):2021-2026.

李江波,苏忆楠,饶秀勤.基于高光谱成像及神经网络技术检测玉米含水率[J].包装与食品机械,2010,28(6):1-4.

李娟,陈超,王昭.基于不同变换形式的干旱区土壤盐分高光谱特征反演[J].水土保持研究,2018,25(1):197-201.

路杰晖,王凤华,刘志文,等.基于多元统计分析的土壤铬含量高光谱估测模型[J].山东农业大学学报,2018,49(1):144-147.

李美玉,朱黎江,王俊虎.基于HySpex成像光谱数据的钻孔岩心蚀变矿物提取及其地质意义[J].铀矿地质,2017,33(4):246-251.

李明亮,李西灿,张爽.土壤含水量高光谱灰色关联估测模式[J].测绘科学技术学报,2016,33(2):163-168.

李庆利,薛永祺,刘治.基于高光谱成像技术的中医舌象辅助诊断系统[J].生物医学工程学杂志,2008,25(2):368-371.

李庆利,薛永祺,王建宇.高光谱成像系统在中医舌诊中的应用研究[J].红外与毫米波学报,2006,25(6):465-468.

李庆利.医学成像光谱技术研究进展[J].影响科学与光化学,2008,26(6):507-515.

李伟,张书慧,张倩.近红外光谱法快速测定土壤碱解氮、速效磷和速效钾含量[J].农业工程学报,2007,23(1):55-59.

李希灿,黄庆文,邢文洁.一种确定预报因子权重的方法[J].辽宁工程技术大学学报(自然科学版),2002,21(1):124-127.

李希灿.模糊数学方法及应用[M].北京:化学工业出版社,2017.

李希灿,解明东,许德生,等.模糊聚类与模糊识别理论模型研究[J].模糊系统与数学,2002,16(2):58-64.

李希灿,宗学才,李军,等.模糊综合分析预测模式与应用[J].山东农业大学学报(自然科学版),2003,34(2):267-271.

李希灿,王静,王芳,等.基于模糊识别的土壤性质指标光谱反演[J].辽宁工程技术大学学报(自然科学版),2010,29(2):324-327.

李希灿,王静,李玉环,等.基于模糊集分析的土壤质量指标高光谱反演[J].地理与地理信息科学,2008,24(4):25-28.

李西灿,赵庚星,陈红艳,等.土壤有机质含量区间值高光谱估测[J].测绘科学技术学报,2014,31(6):592-597.

李越强,李庶中,贾宇.光谱成像技术在海上目标探测识别中的应用探讨[J].光学与光电技术,2015,13(1):79-86.

李志忠,杨日红,党福星,等.高光谱遥感卫星技术及其地质应用[J].地质通报,2009,28(Z1):270-277.

刘翠玲,吴静珠,孙晓荣.近红外光谱技术在食品品质检测方法中的应用[M].北京:机械工业出版社,2016.

刘代志.国家安全地球物理学的若干研究方向[J].地球物理学进展,2007,(4):1327-1331.

刘德长,田丰,邱骏挺,等.柳园-方山口地区航空高光谱遥感固体矿产探测及找矿效果[J].地质学报,2017,91(12):2781-2795.

刘汉湖,杨武年,沙晋明.高光谱分辨率遥感在地质应用中的关键技术及前景[J].世界地质,2004,(1):45-49.

刘红,张清海,林绍霞,等.遥感技术在水环境和大气环境监测中的应用研究进展[J].贵州农业科学,2013,41(1):187-191.

刘焕军,张柏,赵军,等.黑土有机质含量高光谱模型研究[J].土壤学报,2007,44(1):27-32.

刘焕军,吴炳方,赵春江,等.光谱分辨率对黑土有机质预测模型的影响[J].光谱学与光谱分析,2012,32(3):739-742.

刘建学.实用近红外光谱分析技术[M].北京:科学出版社,2008.

刘立新,李梦珠,赵志刚,等.高光谱成像技术在生物医学中的应用进展[J].中国激光,2018,45(2):0207017:1-10.

刘良云,王纪华,黄文江,等.利用新型光谱指数改善冬小麦估产精度[J].农业工程学报,2004,(1):172-175.

刘磊,沈润平,丁国香.基于高光谱的土壤有机质含量估算研究[J].光谱学与光谱分析,2011,31(3):762-766.

刘莎,朱虹,褚小立.汽油族组成的近红外光谱快速测定[J].分析测试学报,2002,21(1):40-43.

刘卫东.高光谱遥感土壤信息提取与挖掘研究[D].北京:中国科学院遥感应用研究所,2002.

刘伟东,Frédéric Baret,张兵.高光谱遥感土壤湿度信息提取研究[J].土壤学报,2004,(5):700-706.

刘燕德,张光伟.高光谱成像技术在农产品检测中的应用[J].食品与机械,2012,28(5):223-226,242.

陆婉珍,袁洪福,徐广通.现代近红外光谱分析技术[M].北京:中国石化出版社,2000.

罗丹.基于高光谱遥感的冬小麦氮素营养指标监测研究[D].杨凌:西北农林科技大学,2017.

罗阳,何建国,贺晓光,等.农产品无损检测中高光谱成像技术的应用研究[J].农机化研究,2013,35(6):1-7.

雷彤,赵庚星,朱西存,等.基于高光谱和数码照相技术的苹果花期光谱特征研究[J].中国农业科学,2009,42(7):2481-2490.

麻永平,张炜,刘东旭.高光谱侦察技术特点及其对地面军事目标威胁分析[J].上海航天,2012,29(1):37-40,59.

马本学,肖文东,祁想想,等.基于漫反射高光谱成像技术的哈密瓜糖度无损检测研究[J].光谱学与光谱分析,2012,32(11):3093-3097.

马本学,应义斌,饶秀勤.高光谱成像在水果内部品质无损检测中的研究进展[J].光谱学与光谱分析,2009,29(6):1611-1614.

马竞涛,蔡大雄,陆文琼.近红外光谱法在线测定在汽油调合中的应[J].石油炼制与化工,1998,29(1):67-68.

毛节泰,李成才.气溶胶辐射特性的观测研究[J].气象学报,2005,63(5):622-635.

车少敏.机器学习与大数据技术[M].北京:人民邮电出版社,2018.

尼曼.模式分类[M].北京:科学出版社,1988.

欧阳爱国,吴建,刘燕德.高光谱成像在农产品无损检测中的应用[J].广东农业科学,2015,42(23):164-171.

潘邦龙,申慧彦,邵慧,等.湖泊叶绿素高光谱空谱联合遥感反演[J].大气与环境光学学报,2017,12(6):428-434.

彭杰,王家强,向红英.土壤含盐量与电导率的高光谱反演精度对比研究[J].光谱学与光谱分析,2014,34(2):510-514.

浦瑞良,宫鹏.高光谱遥感及其应用[M].北京:高等教育出版社,2000.

浦瑞良,宫鹏.森林生物化学与CASI高光谱分辨率遥感数据的相关分析[J].遥感学报,1997,1(2):115-123.

邱华旭,黄张裕,李希灿.土壤性质指标光谱反演数据变换模型研究[J].测绘科学,2013,38(3):131-133.

任红艳,庄大方,潘剑君,等.重金属污染水稻的冠层反射光谱特征研究[J].光谱学与光谱分析,2010,30(2):430-434.

尚璇,李西灿,徐邮邮,等.土壤水与有机质对高光谱的作用及交互作用规律[J].中国农业科学,2017,50(8):1465-1475.

石吉勇,邹小波,赵杰文,等.高光谱图像技术检测黄瓜叶片的叶绿素叶面分布[J].分析化学,2011,39(2):243-247.

沈润平,丁国香,魏国全,等.基于人工神经网络的土壤有机质含量高光谱反演[J].土壤学报,2009,46(3):391-397.

史舟.土壤地面高光谱遥感原理与方法[M].北京:科学出版社,2014.

史舟,梁宗正,杨媛媛,等.农业遥感研究现状与展望[J].农业机械学报,2015,46(2):247-260.

史舟,王乾龙,彭杰.中国主要土壤高光谱反射特性分类与有机质光谱预测模型[J].中国科学:地球科学,2014,44(5):978-988.

宋海燕.土壤近红外光谱检测[M].北京:化学工业出版社,2013.

孙勃岩.油菜的高光谱特征及其生理参数估算模型研究[D].杨陵:西北农林科技大学,2017.

孙永彬,王瑞军,魏本赞,等.高光谱遥感地空综合预测方法在新疆卡拉塔格地区铜金矿床找矿中的应用[J].中国地质,2018,45(1):178-191.

孙永彬,董双发,王瑞军,等.干旱半干旱高寒山区蚀变矿物遥感信息提取效果与找矿预测[J].矿产与地质,2016,30(5):814-820+827.

童勤龙,刘德长,张川.新疆吉木萨尔西大龙口地区航空高光谱油气探测[J].石油学报,2017,38(4):425-435.

童庆禧,郑兰芬,王晋年.湿地植被成像光谱遥感研究[J].遥感学报,1997,1(1):50-57.

童庆禧,张兵,郑兰芬.高光谱遥感原理、技术与应用[M].北京:高等教育出版社,2006.

涂宇龙,邹滨,姜晓璐,等.矿区土壤Cu含量高光谱反演建模[J].光谱学与光谱分析,2018,38

（2）：575-581.

万余庆,谭克龙,周日平.高光谱遥感应用研究[M].北京:科学出版社,2006.

王建成,刘会通,宋万禄.临近空间短波红外多光谱成像技术[J].航天电子对抗,2011,27(6)：14-16.

王捷,周伟,姚力波.国外成像侦察技术现状及发展趋势[J].海军航空工程学院学报,2012,27(2)：199-204.

王明宽,莫宏伟,陈红艳.基于近地高光谱的土壤氯离子含量估测[J].水土保持通报,2017,37(6)：214-219.

王宁,曹丛华,黄娟,等.基于遥感监测的黄海绿潮漂移路径及分布面积特征分析[J].防灾科技学院学报,2013,15(4)：24-29.

王人潮,苏海平,王深法.浙江省主要土壤光谱反射特征及其模糊分类在土壤分类中的应用研究[J].浙江农业大学学报,1986,12(4)：464-471.

王人潮,史舟,王珂.农业信息科学与农业信息技术[M].北京：中国农业出版社,2003.

王仁红,宋晓宇,李振海,等.基于高光谱的冬小麦氮素营养指数估测[J].农业工程学报,2014,30(19)：191-198.

王瑞军,董双发,孙永彬,等.新疆索拉克地区成矿信息要素遥感解译研究及应用[J].矿产与地质,2016,30(6)：972-979.

王瑞军,董双发,孙永彬,等.典型金矿床地质-高光谱找矿模型构建及应用[J].遥感信息,2017,32(4)：70-82.

王绍庆.土壤和水体反射光谱特性及其应用.见：童庆禧,等主编.中国典型地物波谱及特征分析[M].北京:科学出版社,1990,611-618.

王树文,赵越,王丽凤,等.基于高光谱的寒地水稻叶片氮素含量预测[J].农业工程学报,2016,32(20)：187-194.

王韬,张录达,劳彩莲,等.三维高光谱NPLS模型用于冬小麦估产的初步研究[J].光谱学与光谱分析,2006,(10)：1915-1917.

王维,沈润平,吉曹翔.基于高光谱的土壤重金属铜的反演研究[J].遥感技术与应用,2011,26(3)：348-354.

王艳斌,郭庆洲,陆婉珍.近红外分析方法测定润滑油基础油的化学族组成[J].石油化工,2001,30(3)：224-227.

王艳斌,袁洪福,陆婉珍.近红外分析方法测定润滑油基础油粘度指数[J].润滑油,2001,16(6)：53-56.

王燕.石家庄污灌区土壤重金属含量的高光谱遥感监测研究[D].石家庄:河北科技大学,2013.

王永敏,田亚林,李西灿,等.基于小波与包络线的土壤有机质高光谱估测[J].地理信息世界,2018,25(4)：36-41.

王植,曹均,曹庆昌,等.高光谱遥感监测板栗病虫害的可行性初探[J].中国农学通报,2010,26(13)：380-384.

吴秋菊,舒清态,刘延,等.烟草主要生化参数高光谱遥感监测现状[J].绿色科技,2017,(14)：

255-258.

徐彬彬.土壤剖面的反射光谱研究[J].土壤,2000,(6):281-287.

徐广通,刘泽龙,杨玉蕊.近红外光谱法测定柴油组成及其应用[J].石油学报,2002,(4):65-71.

徐良骥,李青青,朱小美,等.煤矸石充填复垦重构土壤重金属含量高光谱反演[J].光谱学与光谱分析,2017,37(12):3839-3844.

徐明星,吴绍华,周生路,等.重金属含量的高光谱建模反演:考古土壤中的应用[J].红外与毫米波学报,2011,30(2):109-114.

徐邮邮,李西灿,尚璇,等.可变模糊集的土壤含水量高光谱估测模型[J].测绘科学,2018,43(9):81-87.

许洪.多光谱、超光谱成像探测关键技术研究[D].天津:天津大学,2009.

许文文,成功,鲁裕民,等.马达加斯加索菲亚省BINARA地区铬铁矿遥感找矿预测[J].地质找矿论丛,2018,33(1):108-114.

辛蕾.绿潮卫星遥感监测方法精细化研究[D].青岛:中国海洋大学,2014.

肖新平,宋中民,李峰.灰技术基础及其应用[M].北京:科学出版社,2005.

闫欢欢,陈良富,陶金花,等.基于OMI传感器的二氧化硫的反演研究[C].中国光学学会2010年光学大会论文集,2010.

闫欢欢,张兴赢,王维和.卫星遥感监测全球和中国区域污染气体NO_2和SO_2时空变化[J].科技导报,2015,33(17):41-51.

余蛟洋,常庆瑞,由明明,等.基于高光谱和BP神经网络模型苹果叶片SPAD值遥感估算[J].西北林学院学报,2018,33(2):156-165.

于涛,李希灿,王晓,等.高光谱技术应用情况研讨[J].测绘科学,2012,37(2):115-118.

于涛,李希灿,袁征,等.基于贴近度的土壤有机质含量估测[J].地理与地理信息科学,2013,29(s1):11-13.

严衍禄,陈斌,朱大洲.近红外光谱分析的原理、技术与应用[M].北京:中国轻工业出版社,2013.

杨雪,谢洪斌,罗真富,等.基于实测光谱的矿业开发集中区土壤元素含量反演[J].环境监测管理与技术,2016,28(4):10-14.

杨勇,张冬强,李硕,等.基于光谱反射特征的柑橘叶片含水率模型[J].中国农学通报,2011,27(2):180-184.

姚云军,秦其明,张自力.高光谱遥感技术在农业遥感中的应用研究进展[J].农业工程学报,2008,24(7):301-306.

叶勤,姜雪芹,李西灿,等.基于高光谱数据的土壤有机质含量反演模型比较研究[J].农业机械学报,2017,48(3):164-172.

叶荣华,范文义,龙晶,等.高光谱遥感技术在荒漠化监测中的应用[M].北京:中国林业出版社,2001.

叶元元.多金属矿区土壤重金属的高光谱定量估算研究[D].徐州:中国矿业大学,2014.

殷宗玲,李克忠,武文华.近红外光谱分析快速测定柴油氧化安定性[J].现代仪器,2004,(1):

42-44.

袁征,李希灿,于涛,等.高光谱土壤有机质估测模型对比研究[J].测绘科学,2014,39(5):117-120.

曾桂香,戴军.土壤理化性状的高光谱定量反演研究进展[J].广东农业科学,2014,41(24):63-67.

张保华,李江波,樊书祥,等.高光谱成像技术在果蔬品质与安全无损检测中的原理及应用[J].光谱学与光谱分析,2014,34(10):2743-2751.

张兵.时空信息辅助下的高光谱数据挖掘[D].北京:中国科学院遥感应用研究所,2002.

张朝阳,程海峰,陈朝辉,等.高光谱遥感的发展及其对军事装备的威胁[J].光电技术应用,2008,(1):10-12.

张翠芬,杨晓霞,郝利娜,等.高光谱Hyperion与高分辨率WorldView-2卫星数据协同下的岩性分类[J].成都理工大学学报(自然科学版),2017,44(5):613-622.

张栋,李萌龙,王淑友.高光谱成像技术对人体面部和手掌的成像及光谱分析[J].激光生物学报,2014,23(4):301-307.

张娟娟,田永超,姚霞.同时估测土壤全氮、有机质和速效氮含量的光谱指数研究[J].土壤学报,2012,49(1):50-59.

张良培,张立福.高光谱遥感[M].北京:测绘出版社,2011.

赵晓庆,杨贵军,刘建刚,等.基于无人机载高光谱空间尺度优化的大豆育种产量估算[J].农业工程学报,2017,33(1):110-116.

赵靓.基于GOSAT卫星的大气CO_2和CH_4遥感反演研究[D].长春:吉林大学,2017.

周鼎浩,薛利红,李颖.基于可见一近红外光谱的水稻上全磷反演研究[J].土壤,2014,46(1):47-52.

朱西存,赵庚星,董芳,等.基于高光谱的苹果花磷素含量监测模型[J].应用生态学报,2009,20(10):2424-2430.

朱西存,赵庚星,雷彤.苹果花期冠层反射光谱特征[J].农业工程学报,2009,25(12):180-186.

朱西存,赵庚星.局地不同下垫面对气象要素的影响及其气候效应[J].中国生态农业学报,2009,17(4):760-764.

朱西存,姜远茂,赵庚星,等.基于模糊识别的苹果花期冠层钾素含量高光谱估测[J].光谱学与光谱分析,2013,33(4):1023-1027.

朱逢乐.基于光谱和高光谱成像技术的海水鱼品质快速无损检测[D].杭州:浙江大学,2014.

朱荣光,马本学,高振江,等.畜产品品质的高光谱图像无损检测研究进展[J].激光与红外,2011,41(10):1067-1071.

周清,周斌,张杨珠,等.成土母质对水稻土高光谱特性及其有机质含量光谱参数模型影响研究初探[J].土壤学报,2004,41(6):905-911.

Akbari H,Halig L V,Zhang H. Detection of Cancer metastasis using a novel macroscopic hyperspectral method[J].Proc SPIE,2012,8317(3):208-220.

Ardouin J P,Levesque J,Rea T A. A demonstration of hyperspectral image exploitation for military applications[C]. International Conference on Information Fusion. IEEE,2012: 1-8.

Barbin,Douglas,Elmasry. Near-infrared hyperspectral imaging for grading gand classification of pork [J]. Meat Science,2012,90(1): 259-268.

Best S L,Thapa A,Holzer M J. Minimal arterial inflow protects renal oxygenation and function during porcine partial nephrectomy;confirmation by hyperspectral imaging[J]. Journal of Urology,2011,78 (4): 961-966.

Briottet X,Boucher Y,Dimmeler A,et al. Military applications of hyperspectral imagery[J]. Proc Spie,2006,6239: 62390B-62390B-8.

Calinski R B,Harabasz J. A dendrite method for cluster analysis[J]. Communications in Statistics, 1974,3(1):1-27.

Chang G W,Laird D A,Mausbach M J,et al. Near-Infrared reflectance spectroscopy-principal components regression analysis of soil properties[J]. Soil Science Society of America Journal,2001,65 (2):480-490.

Clark R N,Roush T L. Reflectance spectroscopy: Quantitative analysis techniques for remote sensing applications[J]. Journal of Geophysical Research: Solid Earth (1978-2012), 1984, 89 (B7): 6329-6340.

Gurrutxaga I,Albisua I,Arbelaitz O,et al. SEP/COP: An efficient method to find the best partition in hierarchical clustering based on a new cluster validity index[J]. Pattern Recognition,2010,43 (10): 3364-3373.

Davies D L,Bouldin D W. A cluster separation measure[J]. IEEE Transactions on Pattern Analysis and Machine Intelligence,1979,2(PAMI-1):224-227.

Dicker D T,Lerner J,Van Belle P. Differentiation of normal skin and melanoma using high resolution hyperspectral imaging[J]. Cancer Biology & Therapy,2006,5(8): 1033-1038.

Dmitry Y,Aksone N,Laurent P. Hyperspectral imaging in diabetic foot wound care[J]. Diabetes Sci Technol,2010,4(5): 1099-1113.

Eismann M T,Cederquist J N. Comparison of infrared imaging hyperspectral sensors for military target detection applications[J]. Proceedings of SPIE-The International Society for Optical Engineering,1996,2819: 91-101.

Fabclo H,Ortega S,Kabwama S. HELICoiD project: a new use of hyperspectral imaging for brain cancer detection in real-time during neurosurgical operations[C]. SPIE,2016,9860: 986002.

Farifteh J,Vander Meer F,Atzberger C,et al. Quantitative analysis of salt-affected soil reflectance spectra: A comparison of two adaptive method (PLSR and ANN)[J]. Remote Sensing of Environment,2007,110(1):59-78.

Fukuyama Y,Sugeno M. A new method of choosing the number of cluster for fuzzy c-means method [C]//5th Fuzzy System Symposium. Kobe,1989: 247-250.

Gebbers R,Adamchuk V I. Precision agriculture and food security[J]. Science,2010,327(5967): 828-831.

Green A A,Berman M,Swilzer P,et al. A transformation for ordering multispectral dada in terms of image quality with implications for noise removal[J]. IEEE Transaction on Geoscience and Remote Sensing,1988,26(1):65-74.

Gong X J,Wang G,Ou Z H. The application of hyperspectral imaging technique in biomedicine[J]. Acta Laser Biology Sinica,2016,25(4): 289-294.

Hummel J W,Sudduth K A,Hollinger S E. Soil moisture and organic matter prediction of surface and subsurface soils using an NIR soil sensor[J]. Computers and Electronics in Agriculture,2001,32 (2):149-165.

Jia X,Richards J A. Segmented principal components transformation for efficient hyper-spectral remote sensing image display and classification [J]. IEEE Transaction on Geoscience and Remote Sensing,1999,37(1):538-542.

Kim M S,Chen Y R,Mehl P M. Hyperspectral reflectance and fluorescence imaging system food quality and safety[J]. American Society of Agricultural Engineers,2001,3(44): 725-728.

Kiyotoki S,Nishikawa J,Okamoto T. New method for detection of gastric cancer by hperspectral imaging: a pilot study[J]. Journal of Biomedical Optics,2013,18(2): 026010.

Kwon S H. Cluster validity index for fuzzy clustering [J]. Electronics Letters, 1998, 34 (22): 2176-2177.

Kwon H,Nasrabadi N M. Kernel RX-algorithm: a nonlinear anomaly detector for hyperspectral imagery[J]. IEEE Transactions on Geoscience & Remote Sensing,2005,43(2): 388-397.

LI Xican,WANG Jing,ZHAO Gengxing,et al. Weighting grey relational of runoff forecasting in mid and long term[J]. The Journal of Grey System,2007,19(4):381-388.

LI Xican,WANG Jing. The complete analysis model of fuzzy c-means clustering[J]. Journal of Information and Decision Science,2009,4(1):1-9.

LI Xican,YU Tao,WANG Xiao,et al. The soil organic matter content grey relationship inversion pattern based on hyper-spectral technique[J]. Grey Systems: Theory and Application,2011,1(3): 261-267.

LI Mingliang,LI Xican,Tian Ye,et al. Grey relation estimating pattern of soil organic matter with residual modification based on hyper-spectral data[J]. The Journal of Grey System,2016,28(4): 27-39.

LI Xican,YUAN Zheng,ZHANG Guangbo. Grey GM(0,N)estimation pattern of soil organ content based on hyper-spectral technique [J]. Grey System: Theory and Applications, 2013, 3 (2): 112-120.

LI Xi-can,ZHANG Guang-bo,QI Fengyan,et al. Grey cluster estimating model of soil organic matter content based on hyper-spectral data[J]. The Journal of Grey System,2014,26(2):28-37.

Li Li,Renxiang Wang,Xican Li. On double fuzzy C-means model and its application in technology innovation level of China[J]. Journal of Intelligent & Fuzzy Systems,2016,30 (6): 2895-2901.

Liu Z,Wang H,Li Q. Tongue tumor detection in medical hyperspectral images[J]. Sensors,2012,12 (1): 162-174.

Lu G,Fei B. Medical hyperspectral imaging: a review [J]. Journal of Biomedical Optics,2014,19

（1）：010901.

Luft L，Neumann C，Freude M，et al. Hyperspectral modeling of ecological indicators – A new approach for monitoring former military training areas［J］. Ecological Indicators，2014，46（46）：264-285.

Mahesh S，Jayas D S，Paliwal J. Hyperspectral imaging to classify and monitor quality of agricultural materials［J］. Journal of Stored Products Research，2015，61：17-26.

Monteiro S T，Minekawa Y，Kosugi Y. Prediction of sweetness and amino acid content in soybean crops from hyperspectral imagery［J］. Photogrammetry & Remote Sensing，2007，62（1）：2-12.

Milligan G，Cooper M. An examination of procedures for determining the number of clusters in a data set［J］. Psychometrika，1985，50（2）：159-179.

Miao Chuanhong，Li Xican，Lu Jiehu. The grey relation estimating model of soil pH value based on hyper-spectral data［J］. Grey System Theory and Application，2018，8（4）：436-447.

Okin G S，Clarke K D，Lewis M M. Comparison of methods for estimation of absolute vegetation and soil fractional cover using MODIS normalized BRDF-adjusted reflectance data［J］. Remote Sensing of Environment，2013，130（5）：266-279.

Panasyuk S V，Yang S，Faller D V. Msdical hyperspectral imaging to facilitate residual tumor identification during surgery［J］. Cancer Biology &Therapy，2007，6（3）：439-446.

Peller J，Thompson K J，Siddiqui I. Hyperspectral imaging based on compressive sensing to determine cancer margins in human pancreatic tissue ex vivo［C］. SPIE，2017，10060：100600J.

Pourrcza-Shahri R，Saki F，Kehtarnavaz N. Classification of ex-vivo beast cancer positive margins measured by hyperspectral imaging［C］. IEEE international Conference on Image Processing. 2014：1408-1412.

Reeves J，McCarty G，Me singer J. Near infrared reflectance spectroscopy for the analysis of agricultural soils［J］. Journal of Near Infrared Spectroscopy，1999，7（1）：179-193.

Schweizer J，Hollmach J，Steiner G. Hyperspectral imaging-A new modality for eye diagnostics［J］. Biomedical Engineering，2012，57（2）：293-296.

Seroul P，Hbert M，Jomier M. Hyperspectral imaging system for in-vivo quantication of skin pigments［C］. IFSCC，Oct 2014，Paris，France.

Stoner E R，Baumgardner M F. Characteristic variations in reflectance of surface soil［J］. Soil Science of American Journal，1981，45（6）：1161-1165.

Swain P H，Davis S M. Remote Sensing：The Quantitative Approach［M］. New York：McGrowHill Inc，1978.

Tang Y G，Sun F C，Sun Z Q. Improved validation index for fuzzy clustering［C］//American Control Conference Portland，2005：1120-1125.

Tiwari K C，Arora M K，Singh D. An assessment of independent component analysis for detection of military targets from hyperspectral images［J］. International Journal of Applied Earth Observation & Geoinformation，2011，13（5）：730-740.

Viscara Rossel R A，Bui E N，Caritat P D，et al. Mapping iron oxides and the color of Australian soil using visible-near infrared reflectance spectra[J]. Journal of Geophysical Research,2010,115(F4): 1-13.

Wolfe W L. Introduction to imaging spectrometers[J]. Optics & Photonics News,1997,9(9).

Wu C,Han X,Niu Z. An evaluation of EO-1 hyperspectral Hyperion data for chlorophyll content and leafarea index estimation[J]. International Journal of Remote Sensing,2010,31(4): 1079-1086.

Wu C,Wang L,Niu Z. Non-destructive estimation of canopy chlorophyll content using Hyperion and Landsat /TM images[J]. International Journal of Remote Sensing,2010,31(8): 2159-2167.

Xing J,Ngadi M,Wang N. Wavelength Selection for Surface Defects Detection on Tomatoes by Means of a Hyperspectral Imaging System [C]. American Society of Agricultural and Biological Engineers,2006.

Xie X L,Beni G. A validity measure for fuzzy clustering[J]. IEEE Transactions on Pattern Analysis and Machine Intelligence,1991,13(8):841-847.

Xican Li,Tao Yu,Xiao Wang,et al. The pattern of grey fuzzy forecasting with feedback[J]. Kybernetes,2012,41(5): 568-576.

Zakian C,Pretty I A,Ellwood R. Near-infared hyperspectral imagine of teeth for dental caries detection[J]. Journal of Biomedical Optics,2009,14(6): 064047.

Zhu S,Su K,Liu Y. Identification of cancerous gastric cells based on common features extracted from hyperspectral microscopic images[J]. Biomedical Optics Express,2015,6(4): 1135.